数聚未来

新一代绿色数据中心

朱强 吴伟 高剑波 王丽 王涛 朱关峰 王克勇 樊云龙 等◎编著

U0350716

人民邮电出版社

北 京

图书在版编目（CIP）数据

数聚未来：新一代绿色数据中心 / 朱强等编著. --
北京 ：人民邮电出版社，2021.11（2023.3重印）
    ISBN 978-7-115-57130-4

    Ⅰ．①数… Ⅱ．①朱… Ⅲ．①计算机中心－研究
Ⅳ．①TP308

    中国版本图书馆CIP数据核字(2021)第159969号

内 容 提 要

　　本书融入了近些年数据中心新的建设理念和创新技术，从数据中心的背景开始，介绍了国内外数据中心的发展历程和演进趋势，数据中心全生命周期内规划、建设、运营阶段的内容，数据中心及其内部各个系统基础知识、建筑节能创新技术、空调节能创新技术、电源节能创新技术、网络节能创新技术、智能化节能创新技术等内容，并结合各种节能创新技术分析多种适用场景及具体应用案例。

　　本书适合数据中心领域的初涉者和从业者、在校的本科高年级学生以及研究生等阅读，对通信运营商及数据中心领域相关的建设、设计、监理、施工和设备厂家等单位也有较好的参考价值。

◆ 编　　著　　朱　强　吴　伟　高剑波　王　丽　王　涛
　　　　　　　　朱关峰　王克勇　樊云龙　等
　　责任编辑　　赵　娟
　　责任印制　　陈　犇

◆ 人民邮电出版社出版发行　　北京市丰台区成寿寺路 11 号
　　邮编　100164　　电子邮件　315@ptpress.com.cn
　　网址　https://www.ptpress.com.cn
　　北京九州迅驰传媒文化有限公司印刷

◆ 开本：800×1000　1/16
　　印张：24.5　　　　　　　　　2021 年 11 月第 1 版
　　字数：467 千字　　　　　　　2023 年 3 月北京第 4 次印刷

定价：159.80 元
读者服务热线：(010)81055493　印装质量热线：(010)81055316
反盗版热线：(010)81055315
广告经营许可证：京东市监广登字 20170147 号

策划委员会

殷 鹏 郁建生 朱 强 袁 源 朱晨鸣

编审委员会

石启良　田　原　王　丽　刘瑞义　袁　钦

魏贤虎　戴春雷　周　斌　刘海林　唐怀坤

蒋晓虞　徐啸峰　施红霞

序
Preface

    数据中心作为信息高速公路的汇聚点，是数据、内容和算力的承载平台，是建设网络强国、数字中国、智慧社会的国家战略基础设施，是数字经济的新动能和新引擎，在抗击新冠肺炎疫情、恢复社会正常运转中发挥了不可或缺的作用。我国数字经济顶层设计及对数据中心的国家战略资源定位必将有力推动整个数据中心行业的高质量平衡有序发展，为国家经济战略转型提供扎实的基础保障。新基建政策的出台将进一步推动我国应用新理念、新技术，为数据中心赋予发展的新动能、应用的新功能、自我完善自我学习的新机能，数据中心行业必将成为推动数字经济稳步发展的主力军。

    数据中心的快速发展导致耗电量迅猛增长，解决能耗高企问题已经成为数据中心不断革新演进的驱动力。近年来，国家有关部委和各级政府均对数据中心电能使用效率（Power Usage Effectiveness，PUE）提出了明确要求，引导推动数据中心向绿色环保、低能耗、高效率的方向发展，可以预见，新型绿色数据中心将会拥有更加广阔的发展前景。

    随着覆盖数据中心全生命周期的运维大数据技术的应用以及第五代移动通信技术（5th Generation Mobile Communication Technology，5G）、人工智能（Artifical Intelligence，AI）、物联网（Internet of Things，IoT）、虚拟现实（Virtual Reality，VR）、增强现实（Augmented Reality，AR）、地理信息系统（Geographic Information System，GIS）、建筑信息模型（Building Information Modeling，BIM）技术的普及和推广，资产维修维护成本趋于精准合理，运行维护效率得到提高，运维团队人力成本明显降低，节能工作主动性加强，节能收益显著。近年来节能新技术层出不穷，节能创新解决方案的推广速度势如破竹，本书集数据中心行业主力军——通信运营商各位专家的集体智慧，从数据中心选址规划、建设运维、建筑结构、机电暖通、节能创新、智慧运营等专业视角系统性地阐述了当今数据中心技术发展的科学探索路径，分享了丰富的创新实践案例，值得数据中心从业者阅读。

感谢为此书编写付出努力的专家团队，希望读者能从书中得到启发和帮助。

中国通信企业协会云数据专委会委员

中国数据中心产业发展联盟技术委员会主任

中国通信学会通信电源委员会委员

雄安云网科技有限公司技术总监

袁晓东

2021 年 3 月 18 日

前 言
Foreword

　　我国数据中心 2018 年耗电量已达 1608 亿千瓦时，预计我国数据中心 2025 年耗电量将达 3950 亿千瓦时，占全社会用电量的 4.1%，耗电量增长迅猛，不容忽视。数据中心行业的节能减排工作大有可为，坚持节能减排工作与企业发展相结合，企业自身节能与助力社会节能相结合，管理创新与技术创新相结合的三大原则，在保证网络运行安全的前提下，企业应当优先选择投资回收期短、经济效益高的成熟节能减排技术。

　　本书融入了近些年数据中心行业新的建设理念和创新技术，从分析数据中心行业背景形势开始，介绍了数据中心全生命周期内容、数据中心及内部各个系统基础知识、建筑节能创新技术、空调节能创新技术、电源节能创新技术、网络节能创新技术、智能化节能创新技术等内容，并结合各种节能创新技术分析了适用场景及应用案例。

　　本书由多位长期在一线工作的资深设计师、专家编写而成，作者团队有着丰富的数据中心设计经验，曾参与工业和信息化部及国家标准的编制，并参与了中国电信集团数据中心和节能减排技术研究与方案的制订，是该领域的佼佼者。本书可为各家通信设计院、通信运营商以及其他行业数据中心的设计、建设、运营以及数据中心节能减排技术改造提供较好的经验介绍和参考依据。

　　本书由朱强、吴伟同志策划和主编，高剑波、王丽、王涛同志负责全书的结构及内容把控。参与相关章节编写的同志有朱关峰、王克勇、徐钦、杨玲、徐辉、殷卫东、周丹、徐靖文、张金辉、许渊、徐梁、乔爱峰、刘康康、樊云龙、杜安亮、刘斌、张隽轩、张爱卿等。

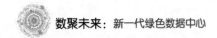数聚未来：新一代绿色数据中心

在编写期间，本书得到了石启良、宋嘉、过静芳等同志的支持和帮助，在此向他们表示衷心的感谢。

由于时间仓促，书中难免有疏漏和不妥之处，恳请广大读者不吝批评指正。

编著者

2021 年 6 月

目录
Contents

第 1 章

总　　论

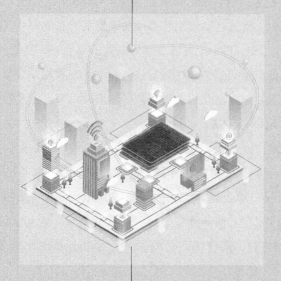

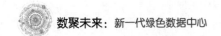

1.1 背景形势及意义

数据中心（Data Center，DC）是指实现大规模数据集中存储、传输、交换、处理和管理的封闭物理空间，是由各类专业设备构成的复杂的设施系统，不仅包括计算机系统和其他相关的配套设备（例如通信系统和存储系统），还包括冗余的数据通信连接、动力环境控制设备、网络监控设备以及各种安全装置。

随着数据中心的发展，新一代数据中心是基于云计算架构，计算、存储及网络资源松耦合，高度虚拟化、模块化、自动化、绿色节能的新型数据中心。通常数据中心由基础设施、软件系统和硬件设备组成，是用于存储生产、运行和管理过程中的基础数据并实现数据整合、交换和共享的平台。其中，基础设施包括机柜模块、供电系统、制冷系统、网络布线系统、消防系统、安防及监控管理系统等。

1.1.1 数据中心行业宏观环境

传统的数据中心以企业自用为主，具备联网功能，处理的数据大多与企业自身生产经营相关。近年来，随着互联网、云计算、大数据、5G 和人工智能（AI）技术的快速发展，为了满足高并发、低时延的应用需求，应用软件开发架构从浏览器/服务器（Brower/Server，B/S）架构逐步向 C/C 架构演变。在新的架构模式下，应用系统和数据被部署在云端，用户可以通过计算机、手机及其他智能终端随时随地进行访问，且必须依赖提供云服务的互联网数据中心。互联网数据中心（Internet Data Center，IDC），可以理解为公共的商业化"互联网机房"，能为互联网内容提供商（Internet Content Provider，ICP）、企业、媒体和各类网站提供大规模、高质量、安全可靠的专业化服务器托管、空间租用、数据灾备、网络批发带宽以及应用服务供应、电子商务（Electronic Commerce，EC）等业务。

目前，数据中心已经成为全球企业发展业务的基石，兴建数据中心支撑业务发展成为很多企业的必然选择。随着我国互联网行业的快速发展，不断丰富的互联网应用激发了更大的流量需求，短视频、直播、增强现实（Augmented Reality，AR）/虚拟现实（Virtual Reality，VR）等新兴行业的迅速崛起，使数据中心进一步优化升级。近年来，我国 IDC 行业规模的增长速度明显快于全球增速，同时我国 IDC 规模占全球规模的比重增幅明显。2013 年，我国 IDC 市场规模达 210.8 亿元，占全球 IDC 总规模的 15.21%；2019 年，我国 IDC 市场规模达 1562.5 亿元，占全球市场规模约 28%；2020 年该占比超过 30%。当前，国内 IDC 产

业正处于稳步发展时期。2013—2019 年，我国 IDC 市场规模不断扩大，年均复合增长率在
35% 以上。未来，随着 5G、物联网等终端侧应用场景的技术演进与迭代，终端侧上网需求
量将呈高速增长，同时新兴技术对 IDC 的应用范围也将进一步扩大，新基建等政策影响导致
IDC 市场需求随之拉升。2021 年，中国 IDC 市场将迎来新一轮大规模增长，市场规模将
超过 2000 亿元。

1.1.2　绿色数据中心发展态势和社会意义

自 2010 年以来，绿色通信持续成为热点，各大设备厂商及企业纷纷提出各自的绿色数据中
心解决方案。绿色数据中心提倡在数据中心全生命周期内节约资源，减少污染，降低成本，这
已经成为全球数据中心的一个发展共识。高德纳（Gartner）咨询公司一项针对首席信息官（Chief
Information Officer，CIO）的调查显示，电力和制冷问题是数据中心面临的最大问题，且能耗
支出逐年增加已不容忽视。例如，在美国，数据中心 3 年的能耗支出已经等于其设备购置成本；
在欧洲，数据中心 3 年的能耗成本是其设备购置成本的 2 倍。然而，目前我国数据中心的能耗
成本居高不下，已经在企业日益沉重的 IT 成本中占据第二位，并呈急速上升之势。为了应对日
益沉重的数据中心能耗压力，数据中心的节能减排愈发引人关注。

当前，构建绿色数据中心一方面已经成为企业发展乃至人们生活不可或缺的重要组成部分，
也是国家信息化发展以及通信、金融、电力、政府、互联网等实现"数据集中化、系统异构化、
应用多样化"的有力支撑和重要保障；另一方面构建绿色数据中心是企业承担节能减排的社会
责任，构建精细化维护管理体系，实现降本增效的必然要求，也是把握时代脉搏，打造资源节
约和环境友好的综合信息服务型新企业，提升行业核心竞争力的重要举措。

1.2　数据中心的发展历程和趋势

数据中心的发展经历了外包业务阶段和 IDC 阶段，当前正处于 IDC 阶段向云计算数据中心
阶段的转型期，各大企业商业全球化扩张趋势明显，全球数据海量存储和处理、容灾备份需求
也日益旺盛，可以预见下一代数据中心将朝着全球化、大型化、虚拟化、综合化和服务个性化
的方向蓬勃发展。

从整体来看，数据中心的演变大致经历了数据存储中心、数据处理中心、信息中心、云数据
中心 4 个阶段。

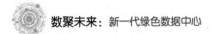

1. 数据存储中心阶段

数据中心最早出现在 20 世纪 60 年代，采用的是以主机为核心的计算方式。一台大型主机就是一个小的数据中心，其主要业务是集中存储和管理数据。相对于普通计算机而言，这种数据中心拥有更强大的计算能力、更大的数据存储空间和更稳定的操作系统。随着业务的增长，主机进行扩容，变成多态主机集群，存储集中备份和管理，按需进行扩容。这个阶段数据中心的功能单一，维护相对简单。

2. 数据处理中心阶段

20 世纪 70 年代以后，随着计算需求的不断增加、计算机价格的下降、广域网和局域网的普及应用以及通信技术的逐步发展，大量的计算机逐渐被应用到各个领域，数据中心的规模不断增大，数据中心开始承担核心的计算任务。这个阶段，数据中心的规模和集约化程度大幅提高，专业化发展态势逐步明显，集中的动力环境控制、运行维护需求越来越明显。

3. 信息中心阶段

20 世纪 90 年代，互联网的迅速发展使网络应用多样化，客户端 / 服务器的计算模式得到广泛应用。连接型网络设备取代了老一代的计算机，网络连接成为企业部署 IT 服务的必备选择。网络服务运营商和服务器托管商在成百上千个数据中心的创建中得到充分发展，数据中心作为一种服务模式已经被大多数公司接受，数据中心具备了核心计算和核心业务运营支撑功能。

4. 云数据中心阶段

进入 21 世纪，数据中心规模进一步扩大，服务器数量迅速增长。虚拟化技术的成熟应用和云计算技术的迅速发展使数据中心进入新的发展阶段。数据中心承担着核心运营支持、信息资源服务、核心计算、数据存储和备份等功能。软件定义网络（Software Defined Network，SDN）、网络功能虚拟化（Network Functions Visualization，NFV）等技术的发展，逐渐改变了数据中心的组网结构，服务器功能呈现多元化，网络结构呈现扁平化发展趋势，数据中心运维也面临新的挑战。

当前，欧美地区加速新建大型云计算数据中心，以增强其企业的全球化服务能力。例如，经过了 30 多年的发展，在近 10 年的大规模合并重组后，美国已经拥有 20 多家专门经营数据中心的服务商。同时，美国政府通过发布"联邦云计算策略白皮书"，在政策上大力引导关闭部分低效率的传统数据中心，并在资金上鼓励支持建设新型数据中心。在欧洲，数据中心的起步早，但土地租赁等固定成本昂贵，数据中心的进一步扩张也因此动力不足。当前，欧盟正在积极开展"Vision Cloud——面向未来互联网的虚拟化存储服务"的研究。目前，亚太地区成为数据中心增长最快的市场，其中，日本、新加坡是亚太地区数据中心部署量较高的国家，未来几年亚太地区有望成为世界级通信服务中心。印度正在成为大型数据中心经营者关注的新兴市场。韩国在2011年就开设了政府通用云计算中心。而日本在2020年前培育出累计规模超过40万亿日元的云计算数据中心新市场。智言咨询发布的报告显示，2014年全球IDC业务市场整体规模达2821亿元，2018年全球IDC业务市场规模增至6253亿元，2020年全球IDC业务市场规模将突破9000亿元。

随着云计算的普及，传统数据中心的建设正面临异构网络、静态资源、复杂管理、高企能耗等方面的问题，云计算数据中心与传统数据中心有所不同，它既要解决如何在短时间内快速、高效地完成企业级数据中心的扩容部署问题，还要兼顾绿色节能和高可靠性要求。快速交付、高利用率、一体化、模块化、低功耗、自动化管理成为云计算数据中心建设的关注点，整合、绿色、节能成为云计算数据中心构建技术的发展特点。数据中心的整合首先是物理环境的整合，包括供配电和精密制冷等，解决数据中心基础设施的可靠性和可用性问题；其次是构建针对基础设施的管理系统，引入自动化和智能化管理软件，提升管理运营效率；最后是存储设备、服务器等的优化、升级，以及推出更先进的服务器和存储设备。

集装箱数据中心的出现兼顾了数据中心快速高效和绿色节能的需求。集装箱数据中心是一种既吸收了云计算思想，又可以让企业快速构建自有数据中心的产品。与传统数据中心相比，集装箱数据中心具有高密度、低电能利用效率、模块化、可移动、灵活快速部署、建设运维一体化等优点。谷歌、微软、英特尔等公司已经开始开发和部署大规模的绿色集装箱数据中心。服务器虚拟化、网络设备智能化等技术可以实现数据中心的局部节能，但尚不能完全实现绿色数据中心的节能要求。因此，以数据中心为整体目标来实现节能降耗成为重要的发展趋势，围绕数据中心节能降耗的技术将不断演进创新并取得突破，数据中心高温化是一个发展方向，低功耗服务器和芯片产品也是一个方向。

1.2.1 数据中心在国外的发展现状

进入21世纪以来，随着虚拟化和云计算技术的飞速发展，数据中心也演变成了一个集大量运算和存储为一体的新型数据中心。2006年3月，亚马逊公司推出了全球第一款存储服务——

简易存储服务（Simple Storage Service，S3），这是世界上首款公有云服务。由于 S3 是先面向服务的架构（Service Oriented Architecture，SOA），所以从那时起，亚马逊云服务就被命名为"Amazon Web Services"，简称"AWS"。亚马逊 AWS 也成为亚马逊云计算业务的品牌。目前，亚马逊 AWS 在全球 20 个地区部署了区域云和 61 个数据可用云，全球拥有超过 200 万台服务器，服务 190 多个国家和地区的数百万名客户。2007 年，全球首个虚拟化数据中心——Sun 公司的"黑盒子"面世，该数据中心可以容纳 200 多台 Sun 服务器。同年，Salesforce 公司推出了软件即服务（Software as a Service，SaaS）服务，客户可以根据需要订购软件应用服务，按服务多少和时间长短支付费用。谷歌数据中心采用的是标准的集装箱设计，每个集装箱可以容纳 1000 多个服务器，并配备了冷却系统。谷歌于 2007 年推出了 Google Docs 在线办公服务，随后又推出了 Google App Engine 程序开发平台，将平台作为一种服务提供给客户。IBM 建立了可移动式模块化数据中心（Portable Modular Data Center，PMDC）（业内常写作 PMDc），并推出了蓝云计算平台，为客户提供即买即用的云计算平台。它包括了一系列虚拟化软件，使来自全球的客户可以访问云计算的大型服务器资源池。惠普公司推出了性能优化数据中心（Performance Optimized Data Center，PODC）（业内常写作 PODC）。思科公司推出了统计算系统（Unified Computing System，UCS），集中统一管理计算、网络、存储等虚拟化资源。微软公司在芝加哥建立了该公司最大的数据中心，占地面积为 65000m^2，集装箱中放置着微软云计算产品的重要组件，每个集装箱都存放了上千台服务器，为微软的云计算提供服务。微软公司 2008 年推出了 Windows Azure 系统，基于互联网架构，打造新的云计算平台，将微软公司所拥有的数以亿计的 Windows 用户和桌面接到云中。经过数十年的发展，国外数据中心云计算技术已趋于成熟，大量的数据中心已逐步完成改造。

目前，世界各国对互联网、云计算的发展和管理态度不一，部分发达国家政府积极推进数据中心整合和能效提升。2010 年，美国管理和预算办公室（Office of Management and Budget，OMB）启动了美国联邦数据中心整合计划（Federal Data Center Consolidation Initiative，FDCCI），以减少对昂贵和低效的老旧数据中心的整体依赖。2014 年，美国推出了"联邦信息技术采集办法改革法案"（Federal Information Technology Acquisition Reform Act，FITARA），加大了对联邦政府 IT 支出的监督力度，提升了透明度。这两项政策促使美国在 2010—2015 年总共关闭了 1900 多个联邦数据中心。2016 年，美国公布了"数据中心优化倡议"（Data Center Optimization Initiative，DCOI），要求美国联邦政府实现对数据中心电能、PUE 目标、虚拟化、服务器利用率以及设备利用率等指标的监控和度量。在 3 年的时间内，美国联邦政府关闭了约 52% 的数据中心，3 年内降低的成本和节省的费用达到 27 亿美元。欧盟为提高能效水平提出了数据中心行为规范，数据中心行为规范是 2012 年在欧盟的主导下，由英国计算机协会及 AMD、APC、戴尔、富士通、Gartner、惠普、IBM、英特尔等公司共同发起以提高数据中心能效为目的的项目。此欧盟数据中心行为规范项目主要针对小型数据中心开发减少能耗和碳排放的解决方案，要求遵循行为规范的数据中心必须实施最佳节能实践方案，满足采购标准，同时每年报告能耗。该项目鼓励采用软件，特别是利用虚拟化的方法来管理能耗、提高服务器的使用率。

在业务发展方面，近年来国际 IDC 企业加速全球扩张，保持领先优势。受市场需求驱动，全球领先的传统 IDC 企业数据中心资源重点围绕经济发达、客户聚集、信息化应用水平较高的中心城市布局。考虑到能耗和运维成本，越来越多的国外大型互联网公司将自有业务部署在自然条件优越地区，例如，寒冷地区的数据中心利用气候条件优势可以实现极低的 PUE 数值，大幅降低运营成本。这些数据中心大多承载企业的自有业务，通过灵活、智能化的网络组织调度，满足业务质量要求。

1.2.2 数据中心在国内的发展现状

我国数据中心的建设始于 20 世纪 80 年代。1982 年颁布的《计算站场地技术条件》（GB2887—82）（后被 GB2887—89 替代）统一了机房建设的各项指标，使数据中心机房建设从此有了统一标准。机房专用空调、UPS 等保障设备的引进，以及监控设备、消防报警及灭火设备在机房中的使用，为数据中心的建设提供了物理基础设施保障。随着网络技术的飞速发展，数据的大量传输成为可能，大规模的数据中心机房也开始建设，集中对数据进行处理和存储，提高了数据中心的稳定性并有效降低了运行及维护成本。

目前，全球通信行业正处于 4G 向 5G 过渡的阶段，移动技术的迭代升级带来的是数据流量的井喷式增长。海量应用将会把用户对数据流量的存储和分析需求推向一个全新的高度。我国在 2020 年已实现 5G 规模商用，移动数据流量将迎来一个更为蓬勃的持续爆发期，作为基础设施中的重要一环，迅速扩张的流量规模和数据资源势必会进一步推动 IDC 行业的发展。

在行业应用方面，国内数据中心发展迅速，各大通信运营商拥有的数据中心数量最多，金融证券企业、民航企业、电力企业、部分传统互联网服务提供商（Internet Service Provider，ISP）及政府部门也都相继投入大量资金建设个性化的数据中心。近几年遍及全国各大城市的国际性大型数据产业聚集区也日益增多。我国的数据中心主要集中在北京、上海、广州等城市，由此带来的信息灾备安全和能耗紧张问题也日益突出。

我国的传统数据中心当前存在的典型问题包括能耗高、设计不合理、成本支出高、不够环保，其系统稳定性、可维护性和可扩展性低，评估困难。以某运营商为例，其拥有星级 IDC 机楼 300 个以上，共有 4 万多客户、IDC 机房运行着 16 万余台设备，每年总耗电量在 10 亿千瓦时左右，其中，空调用电量占总耗电的比例已由过去的 30% 上升为 40% 左右。随着电信业务资费价格的下降和电费单价的上升，该运营商的能耗增长速度已经超出了业务收入的增长速度。受国内供电能力制约和绿色节能大环境的综合影响，在运营商数据中心大力推广节能减排已迫在眉睫。

在大型、超大型数据中心建设方面，美国拥有数量已占到全球总量的 40%，而我国占比较低，尚不足 10%，大型数据中心仍有较大的发展空间。作为新一代信息技术与制造业深度融合的产物，工业互联网日益成为新工业革命的关键支撑，我国拥有巨大的信息化、数字化、智能化应用市场，传统行业的信息化改造、数字化及智能化升级，未来企业上云、设备上云步伐将加快，工业计算需求将呈爆炸式增长，并且，我国高度重视工业互联网的发展，2019 年 3 月，工业互联网首次被写入《政府工作报告》，提出要围绕推动制造业高质量发展，打造工业互联网平台，拓展"智能+"，为制造业转型升级赋能。工业互联网的应用部署与发展，工业计算服务需求将成为未来数据中心发展的新动力。目前，全球 5G 建设进展迅速，2019 年 4—8 月，全球 5G 终端厂商数量便已从 26 家增至 59 家。由于 5G 网络的峰值速率、流量密度、连接密度等显著优于 4G，所以"万物互联"计划得以进一步推行。

1.2.3 数据中心发展趋势

新一代绿色数据中心发展趋势汇总见表 1-1。

表1-1 新一代绿色数据中心发展趋势汇总

序号	发展趋势	具体内容	典型案例	备注
1	更大的市场规模	全球化、国际性，几万平方米的机房规模	运营商和互联网企业自建园区	
2	更强大的功能和业务	云计算、资源整合化、业务综合化、服务个性化、更加灵活智能、安全可靠		值得关注并借鉴
3	更合理的布局和建设	选择有特殊资源的地区、机房建筑及工艺的综合规划	水资源丰富、气候寒冷、清洁能源丰富且价格较为低廉的地区	适合国内
4	新型数据中心	云计算数据中心、模块化数据中心 PMDc、集装箱数据中心、船舶数据中心、海上漂浮数据中心	谷歌公司基于城市码头的船舶数据中心	值得关注并借鉴
5	绿色节能	节能环保、绿色低碳、节能产品及节能技术	空调设备、电源设备、机房建筑节能技术	适合国内

（续表）

序号	发展趋势	具体内容	典型案例	备注
6	更安全高效的运维管理	高效、便捷和安全的智能集中管理系统		适合国内
7	更合适的机房环境	推荐的数据中心温度为18℃～27℃，湿度在60%	美国采暖、制冷及空调工程师协会推荐并认证	可以借鉴
8	高热密度数据中心	应用垂直排风管机柜及配套制冷系统	英特尔公司借此实现了单机柜热密度32kW，且机房中无任何机柜局部过热现象	可以借鉴
9	更完善的评价体系	包含全面科学的评价标准及评估指标		亟须制订

① 市场规模趋势：新一代绿色数据中心将朝着全球化、国际化的云计算数据中心、数据产业聚集园、国际信息港发展。

② 功能和业务趋势：新一代绿色数据中心将迈入大数据时代。随着云计算的深入发展，在功能和业务上将呈现资源整合化、业务综合化、服务个性化、系统更加灵活智能和更安全可靠的特点。

③ 布局和建设趋势：新一代绿色数据中心将开始在更加适合的地区发展，主要是一些气候寒冷、水资源丰富、清洁能源丰富、靠近发电站、土地及其他成本相对较低的地区。例如，脸书、谷歌、苹果等公司在俄勒冈州、北卡罗来纳州、吕勒奥等气候寒冷地区建设了新的大型数据中心。另外，惠普公司于2010年在爱尔兰东北部建立了首个风冷型数据中心，它利用爱尔兰北海上吹拂的冰川风来降低IT设备和机房的温度，还通过收集雨水来控制湿度。

当前，我国众多业内人士提出在温度适宜、能源充足、空间广阔、土地价格低廉的"三北"地区（华北、东北、西北）重点建设新一代数据中心并进行数据远程传输的布局策略。该策略在减少资源浪费、节约空间、保护环境以及经济成本方面成效显著。

④ 数据中心模式趋势：新一代绿色数据中心将打破传统数据中心在地域、功能和规模上的局限，不断涌现出新型的数据中心模式，例如，云计算数据中心、模块化数据中心PMDc、集装箱数据中心、船舶数据中心、海上漂浮数据中心。

⑤ 绿色节能趋势：新一代绿色数据中心将力求实现"节能环保、绿色低碳"的目标，并大力提倡全生命周期低碳运营的思想，涵盖规划、采购、建设、运维和营销服务各个环节，从技术和管理上综合开展节能减排工作，同时包括对传统数据中心的节能减排改造。改造的重点将

集中在通信机房、数据中心机房改造和基站机房方面，并且将从"网络运营""综合管理"和"营销服务"3 个方面全面、持续地推进节能减排。例如，在数据中心部署光纤网络取代铜缆系统会大幅降低能耗，提高空间利用率。康宁公司试验和计算得出，在传输 10G 以上的数据时采用光纤介质所耗费的能源及其制冷能耗相比于采用铜缆节省了 86%。

⑥ 运维管理趋势：新一代绿色数据中心要求绿色环保、高能效、高可靠性、高智能化、高密度、高灵活性、可扩展性强，具备主动防御的信息安全保障体系，在后期运营维护和管理上将需要从安全、高效和节能 3 个方面进行权衡。新一代绿色数据中心应具有高可靠的供电系统、高能效的制冷系统、智能化的集中管理系统，全过程实现节能减排，方便用户使用和后期的平滑扩容。

⑦ 运行环境趋势：结合我国国情和国际趋势，适当提高数据中心运行环境温度也是未来绿色数据中心最直接且富有成效的发展趋势之一。美国采暖、制冷及空调工程师协会（American Society of Heating Refrigerating and Air-conditioning Engineers，ASHRAE）在 2008 年发布的白皮书指南中推荐的数据中心温度为 18℃～ 27℃，湿度在 60%。国外众多用户应用实践表明，提高数据中心温度在技术实践上是可行的。

⑧ 高热密度数据中心趋势：据 ASHRAE 预测，未来数据中心平均每机柜所需的制冷量为 37kW，而目前全球数据中心的每机柜的平均热密度大约为 6.5kW。高热密度数据中心的制冷是未来亟须解决的问题之一。英特尔公司在全球 30 个高热密度数据中心应用垂直排风管机柜及配套制冷系统，实现了单机柜热密度达到 32kW，且机房中无任何机柜局部过热现象。

⑨ 评价体系趋势：新一代绿色数据中心亟须一套紧跟国际、适合我国国情的评价体系，它将包括全面科学的评价标准及评估指标，用来指导传统数据中心节能改造、安全评估和整改，以及新建数据中心的前期规划、建设和后期运维。

1.2.4　数据中心技术发展趋势

1. IT 设备发展趋势

近 10 年，IT 设备的集成度越来越高，IT 设备容量、单机架功率密度的发展趋势如图 1-1 所示。IT 设备容量从 500G 到 2T、10T、100T 甚至更高；单机架的功率密度也从原来的 10A，提高到 20A、40A 甚至更高。例如，某互联网企业布置的核心机柜单机架功耗高达 24kW，较传统机架提高了 10 倍。

随着 IT 设备的发展，互联网企业新建数据中心普遍采用整机柜布置；以前数据中心机房的部署以服务器为单元，现在以整机柜为单元。

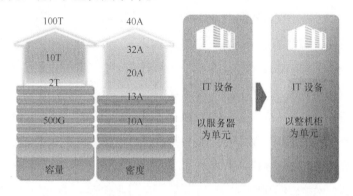

图1-1 IT设备容量、单机架功率密度的发展趋势

2. 供冷技术发展趋势

数据中心冷却系统的首要目的是保证 IT 设备安全运行，维持 IT 设备运行环境的稳定，在此前提下要尽可能做到节能。目前数据中心冷却系统的发展趋势如下所述。

（1）末端冷却设备越来越贴近服务器和核心的发热设备（例如，CPU）

以前数据中心机房普遍采用房间级空调从地板下送风冷却的方式，该方式建设成本低，机房利用率高，可用于解决 3 ～ 5kW 的单机柜发热。但随着机架式、刀片式服务器在机房的大量应用，单机柜内设备数量、功率密度、发热密度显著提高，传统的房间级空调已经不能解决 IT 设备的散热问题，行级空调、背板空调应运而生。这种新型的空调末端更贴近热源，能够解决局部"热点"、高密度问题，通过近距离的冷量传输，减小风机功耗，达到节能的目的。

末端冷却设备的发展趋势如图 1-2 所示。从图 1-2 可看出，从房间级空调到行级空调、机柜级空调（背板）、芯片级空调（液冷），冷却系统越来越接近发热设备，越来越节能。

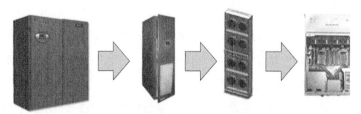

图1-2 末端冷却设备的发展趋势

众所周知，传统服务器是利用空气带走机箱内发热元器件散发出的热量，这种冷却方式被称为空气冷却或"空冷"。由于空气的换热效率很低，热流密度很低，所以空冷服务器会出现冷却能耗高、噪声大、设备密度低等问题。为解决服务器散热难题，数据中心开始采用液冷技术，使用工作流体作为中间传输热量的媒介，将热量从发热区传递到远处再进行冷却。液冷技术将冷媒介直接导向热源，同时由于液体比空气的比热容大，液体的散热速度远远大于空气，所以制冷效率远远高于风冷散热，可有效解决高密度服务器的散热问题，降低冷却系统能耗并降低噪声。液冷技术还可以有效降低服务器 CPU 的工作温度，服务器 CPU 可超频运行。

综上所述，液冷技术应用于数据中心具备诸多优点，国内外多家公司已将液冷技术视为未来数据中心的发展趋势，并开展广泛研究。

（2）自然冷却技术被广泛利用

随着数据中心竞争加剧，运营成本的压力越来越大，企业对数据中心冷却系统的节能越来越重视。随着耐高温服务器的出现，越来越多的数据中心减少使用机械冷却的时间，采用自然冷却（free cooling）。自然冷源利用工作方式示意如图 1-3 所示。

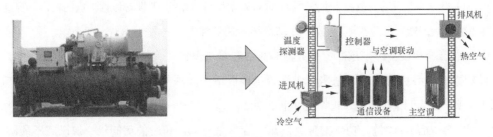

图1-3　自然冷源利用工作方式示意

目前，各种形式的自然冷却技术已经被广泛应用于数据中心，已经成为数据中心提升运行能效，降低运维成本的主要助力。

3. 供配电技术发展趋势

作为数据中心正常运行的电力保障，供配电系统的设计和管理无疑在数据中心整体设计建设中占有重要地位。其发展主要呈现以下趋势。

（1）预制化、快速部署

从全球领先的互联网企业的创新实践来看，"预制化"正在成为数据中心供配电发展的主要趋势之一。

预制化供配电系统和预制化数据中心理念相同，是一种全新的不同于传统供配电建设的方式，即设备在场外进行预制和装运，并在现场进行组装。预制化供配电系统可以更好地适应特定项目的地理位置、气候环境、技术规范、IT 应用及商业目标，同时利用模组化设计实现高效性和经济性。

预制化供配电系统的最大特点之一就是部署速度快。

传统数据中心的建设周期需要 12～24 个月，其中，4～8 个月是用在机电安装等方面。而预制化供配电系统，可以在工厂进行系统的预制化生产，能够节省 50% 左右的机电部署时间，这在很大程度上能够提升数据中心整体的交付速度。可以说，部署速度快是预制化供配电建设模式获得大型互联网企业青睐的重要原因之一，充分满足了其快速扩展数据中心的需求和业务需求。

同时，预制化供配电系统的领先之处还体现在高灵活性及性能提升上。预制化供配电系统是针对特定场景的定制化设计，基本不存在固有缺陷，并且在性能上能够满足整个系统的可用性要求。例如，相对于传统供配电建设方式，预制化供配电系统实现了适度的高密度、高集成、短路径，其系统损耗相应降低，效率有效提升。

预制化供配电系统可以按照功率、类型、电源选型等维度进行分类。

① 从功率维度看，预制化供配电系统的容量范围在 100～2500kVA，而容量之所以控制在 2500kVA 以内，主要是出于与变压器容量匹配的需要。

② 从类型维度看，预制化供配电系统包括中低压一体化、低压一体化两种模式。目前，在行业数据中心建设中，更多的是采用低压一体化的预制式解决方案。

③ 从电源选型维度看，预制化供配电系统主要采用 UPS 系统及 240V 直流系统，其中，在行业数据中心，UPS 系统应用最为广泛。

对于数据中心用户来说，预制化供配电建设模式是一种全新的理念和方案，因此在设计及应用层面需要结合业务需要、技术实践、经济成本、厂商能力等因素综合考虑。数据中心用户还需重点考察供应商的核心工程能力、项目管理与维护综合服务能力和方案投资经济性。

（2）模组化、高效耦合

"模组化"也是数据中心供配电系统发展的一个主要趋势。

预制化供配电系统可以实现与工程现场的完全解耦，但是预制化供配电系统是由多个独立功能的电气模组耦合而成，模组间耦合的有机性、合理性就显得至关重要。因此电气模组的耦合也必须符合一定的原则，才能保证预制化供配电系统的快速部署。

预制化供配电系统模组往往包含中压配电系统、低压配电系统、隔离变压器系统、谐波抑制系统、UPS 输入和输出配电系统、UPS 系统或 240V 直流系统、末端精密配电系统、防雷接

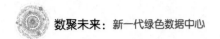

地系统，以及自动一体化监控与管理系统等。

这些系统作为独立单元在进行耦合时，模组间的高效性、耦合的合理性决定了整个预制化供配电系统的可用性。

多个独立系统进行有机耦合的最终目的是实现整个供配电系统安全、快速、标准和正确地交付，而供配电模组化设计一般需遵循以下两个基础原则。

① 一致性原则，涉及连接和造型两个方面。

连接的一致性包括一次侧连接和二次侧连接，一次侧连接更多的是电力主回路的连接，二次侧连接主要是二次回路监控管理的连接。对比传统的连接方式，一次侧连接采用铜排连接，不仅不会受制于现场工况，而且还可以做到无外部桥架，提高部署速度，同时铜排连接散热效果更好，可靠性也得到更大的提升。二次侧连接采用标准化、透明化的接口界面，能够将各个独立的电气单元模组快速接入，保证连接的快速性。

造型的一致性能够实现整体系统的合理布局，减少外部拼接，简洁美观，体现工业之美。

② 简约优化原则，可用为先。

预制化供配电系统在实现将全套设备融为一体的过程中，更注重简约优化。

预制化供配电模组采用简约优化的设计理念，涉及电气链路优化、防雷接地简化、3极/4极断路器合理性设计、智能一体化管理等多个方面。更为重要的是，简约优化的前提是不牺牲可靠性，以此为基础实现整体供配电系统的简约设计，保证系统的可用性。

（3）智能化、安全高效

数据中心供配电系统发展的另一个趋势是智能化。

供配电系统的智能化作用就是保障自身的安全可靠运行。其实，智能化是数据中心供配电系统的灵魂，保障整体供配电系统运营安全和高效可用。供配电系统的智能化是电力系统和监控管理的一个专业领域，更多地专注供配电系统自身的智能化运营管理。

数据中心供配电系统的运营管理体现在多个方面，包括设备的运行状态管理、系统的仿真测试、整体运行的动态分析和问题处理，以及对供配电系统发展趋势和运营趋势的预测，这些都需要专业的理解和实践，才能对数据中心供配电系统做出更深层次的智能化解读。

供配电系统智能化的高效率体现在多个方面。链路呈现、故障定位和快速排查，全方位多维度运营、管理报表自动生成、风险提前预警等，这些都是供配电系统智能高效的体现。现在很多数据中心的用户都期望供配电系统的运维管理能够提供丰富实效的数据和高效准确的管理模式，方便运维管理人员对供配电系统的安全和能效进行综合有效的掌控和评估。

综上所述，预制化、模组化、智能化已经成为数据中心供配电系统发展的主要趋势。

4. 智能化技术发展趋势

（1）数据中心智能化管理平台加速部署应用

伴随数据量的高速增长，新建数据中心以大规模、超大规模为主，大量设备和复杂系统向高效管理发起了挑战。智能的数据中心基础设施管理是对 IT 设备和数据中心风火水电基础设施的在线实时监控管理，可节省大量的维护时间和费用，让企业更加专注于上层业务。在人工智能、云计算的快速发展下，部分管理平台，例如数据中心管理即服务（Datacenter Management as a Service，DMaaS），将基础设施管理与 IT 设备管理集成，运用大数据分析、机器学习等方法实现对数据中心基础设施故障的有效预测和预防，缓解数据中心效率低下和容量不足等问题，提高数据中心的运营效率。智能能耗管理系统采集数据中心各台设备的用电参数，精确分析数据中心的能耗水平、能耗分布及构成，实现主动式分析与预警、精细化监测与管理、合理化规划与决策，为管理能耗优化提供有力依据。例如，通过监测分析精确定位数据中心局部"热点"，采取整体或局部优化措施，实现精确制冷，并减少安全隐患。

数据中心行业的关注点已逐步由建设转向管理。新一代数据中心必须是一个能够高效利用能源和空间的数据中心。高利用率、自动化、低功耗、自动化管理无疑是数据中心行业的重要关注点。以成熟的美国市场为例，其数据中心的建设投入占比仅维持在 20% 左右，更多的投入重心在改建与扩建等方面，这也意味着管理投入的增加。国内外数据中心发展形势分析如图 1-4 所示。数据中心运营管理需求驱动管理手段升级如图 1-5 所示。

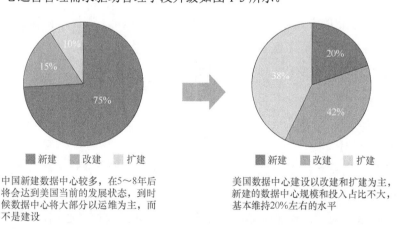

图1-4　国内外数据中心发展形势分析

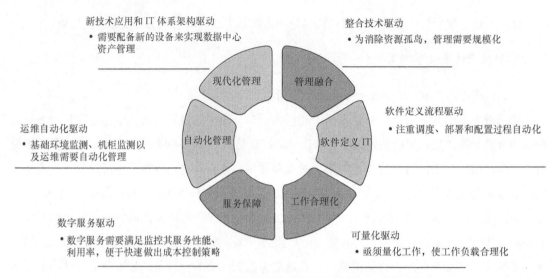

新技术应用和IT体系架构驱动
• 需要配备新的设备来实现数据中心资产管理

整合技术驱动
• 为消除资源孤岛，管理需要规模化

运维自动化驱动
• 基础环境监测、机柜监测以及运维需要自动化管理

软件定义流程驱动
• 注重调度、部署和配置过程自动化

数字服务驱动
• 数字服务需要满足监控其服务性能、利用率，便于快速做出成本控制策略

可量化驱动
• 亟须量化工作，使工作负载合理化

现代化管理　管理融合　自动化管理　软件定义IT　服务保障　工作合理化

图1-5　数据中心运营管理需求驱动管理手段升级

数据中心行业的关注重心逐步由建设转向运营管理，数据中心基础设施监控管理（Data Center Infrastructure Management，DCIM）系统等数据中心智能化管理平台的应用价值更为凸显，平台的部署也呈加快趋势。

（2）数据中台技术在数据中心行业广泛运用

数据中台是通过数据建模，采用数据治理使异构数据形成有机联系且可供存取、处理、分析及传输的集合，从数据视角其也被称为数据湖。目前，数据中心行业智能化系统楼与楼之间、各期项目之间、各个专业之间系统独立，各自形成"信息孤岛"，难以数据共享、系统联动、智慧管理，数据中台技术的引入将打破数据及子系统之间的壁垒。数据中台基于系统化的数据整合与分析，激活数据内在的业务联系，实现自动化的运管机制。

数据中心的数据中台需要具备以下基本功能。

① 数据的汇聚和整合。

② 数据的提纯和加工。

③ 数据服务可视化。

④ 数据价值变现进而实现数据资产化（提供各式各样的数据接口和数据服务，反哺给各个业务应用，实现数据的价值最大化利用）。

数据中台技术的应用能够扩大数据的价值呈现，助力数据中心园区的数字化、智慧化运营。

（3）智能巡检机器人或将替代大量传统人工巡检

人工智能和大数据技术的飞速进步，使数据中心基础设施管理向智能化方向发展，实现了运维自动化，降低了人工运维的强度和频次，提高了运维管理水平。

目前，大型数据中心是由很多规模宏大的集群系统组成的，其安全性至关重要。新技术层出不穷，使数据中心的安全运维变得越来越复杂，包括机房动力环境监控维护管理、机房空调与配电设备维护管理、机房供水系统和供电照明线路的维护管理、UPS 及电池维护管理、机房基础维护管理、机房主机设备维护管理、IT 设备维护管理等。

基于上述维护管理需求，成熟完善的全自动人工智能技术应被引入数据中心行业，例如，以机器视觉、大数据、物联网技术为核心的数据中心智能巡检解决方案。该方案以智能机器人为核心，旨在替代人工，完成部分数据中心的运维工作，并针对人工方式无法覆盖的范围，通过先进技术进行延展。

智能巡检机器人集成了智能识别相机、高清夜视相机、红外成像、环境监测传感器、激光导航、超声波传感等多个智能单元模块，它除了本身能够自动巡视、自主避障、自主充电、实时监控遥控之外，还可以对数据机房环境、场地设施、机架设备进行智能周期性巡检，并进行全方位的移动式立体环境监测、数据联动移动可视化、智能巡检、智能引导、远程控制、多方专家诊断会议等多项检查测试任务。

将已有的监控系统及管理平台与机器人巡检系统进行深度融合，形成"动环监控系统 + 人工智能巡检 + 专业工程师"相结合的三道安全防线，可保证数据中心运行状态实时可视可控和数据信息的准确性。尤其是在恶劣或高辐射环境下，智能巡检机器人不仅能替代人工实现标准化作业，减少人员资源投入，实现高效运维和降低故障率，还延伸了数据中心工作人员和管理人员的管理视角，实现数据中心状态实时准确、可视可管。

数据中心人工智能巡检系统的开发使用，是对传统人工运维模式的改革和创新，促进了数据中心的作业标准化，提升了信息安全水平，降低了升级改造成本，对提升运维及解决故障效率具有重要意义。可以预见，未来人工智能巡检系统在运维体系中将扮演越来越重要的角色。

1.3 未来新一代绿色数据中心的畅想

"未来已来"，未来不再遥不可及。让我们设想一下，未来数据中心会是什么样？建筑是什么样？供电是什么样？

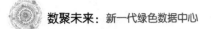

1. 建筑篇

未来数据中心的建筑将呈现生态性、智能化、超现实审美的形态特征。

其一，数据中心从诞生之初就表现出高能耗的特点，未来数据中心需要能够充分利用风能、太阳能、水能等自然能源，启用新型结构形式以增强功能空间适应性，应用新型建筑材料以循环利用、节约资源。

其二，未来的数据中心会更智能，通过应用信息技术、大数据和网络云化技术等，检测呈现建筑物信息，分析掌握建筑物能耗，响应优化建设运营维护问题，实施提供 AI 运维管理。

以上两点最终会体现在未来数据中心的形态特征上，例如，海上漂浮数据中心、海底浸没数据中心、冰屋型数据中心、仿生型数据中心等。海上漂浮数据中心的底部沉没于海水中，利用深层的低温海水进行降温，吸收海水潮汐能量供电。当然，未来的数据中心也会更多样，随着理念和技术的持续革新，类似拼积木的堆叠式和仓储式建筑，可移动的厢式／船式建筑等将会层出不穷地进入从业者的视界。虽然距离最佳实践还有相当长一段路要走，但是可以肯定的是未来数据中心建筑的发展前景将会非常广阔。

2. 供电篇

数据中心为服务器供电和冷却所消耗的电能成本约占数据中心总运营成本的 40%，因此，企业应从源头思考如何既能保证服务器单千瓦运算存储性能不降低，又能减少服务器 CPU 及其他电路元器件用电功耗。现在头部互联网公司更多倾向于和厂家合作定制开发适合自身使用的服务器甚至整机柜。虽然单个机柜功率密度明显提升，但其单千瓦运算存储性能已较前一代显著提高，假设总运算存储能力一定，则服务器自身总用电功耗较前一代已有所降低。越来越多的数据中心从业者意识到降低服务器用电功耗的益处，并追随开拓者的脚步继续前行。

未来数据中心可充分利用综合能源站、太阳能、风能、水能、化学储能等多种形式能源，收集余热和废烟气供电供冷，降低数据中心综合能源消耗及用能成本，提升数据中心的能源效率，不断促进数据中心绿色、可持续发展。在数据中心供电技术持续演进变革的今天，我们已看到有些公司推出了"巴拿马电源"，未来会不会有其他公司推出"苏伊士电源"呢？我们已看到有些公司引导服务器采用"市电直供＋不间断电源"的供电方式，未来会不会有公司推出"市电双直供"方式？我们已看到锂电池开始应用于数据中心，未来会不会有更环保、更安全的氢燃料电池、氮燃料电池在数据中心中应用呢？

3. 其他

未来，数据中心会趋向极简的架构，将机柜模块、机房模块、机电系统模块、建筑模块灵活匹配、动态拼组，实现最大限度的灵动可变。各个系统的集成度、模块化程度更高，可由用户依据需求进行菜单式勾选，减少中间环节人为因素造成的差异，实现数据中心极简可靠的运营。

未来，数据中心的技术创新将进一步提速，会出现更多的预制化应用。数据中心不仅机柜会一体化预制，机房、机电系统、楼宇甚至园区都会越来越多地应用预制化，室外型机柜模块方舱、高低压模块方舱、油机模块方舱、供冷模块方舱、不间断电源模块方舱、装配式建筑等目前已有成功的应用案例，相信未来的数据中心模块化和预制化应用发展将会非常迅速。

另外，5G 应用以其惊人的发展速度，将助力创建真正的智慧生态。在数据中心领域，智慧规划、智慧建设和智慧运营会是一个新的命题。目前已经有人工智能被试点应用于机房运维，未来甚至会在数据中心建设现场见到上百个各司其职的机器人，它们结合预制化的模块产品，按照预设图纸模型和工序流程进行组装建设，勘验排查和处理解决现场施工问题。

第 2 章

数据中心全生命周期建设简述

从项目全生命周期的角度考虑，数据中心全生命周期一般包括数据中心前期立项和投资决策阶段、数据中心建设实施阶段、数据中心投产和运维阶段、数据中心升级扩容以及数据中心最终的报废拆除阶段。虽然从短期来看，数据中心不一定会处于最终的报废拆除阶段，但从长期来看，无论是数据中心设备使用寿命有限，还是互联网、通信技术演进升级淘汰落后技术，或者是土地使用年限或建筑设计使用年限到期，数据中心最终仍然会面临报废拆除的结局，这也是事物发展的客观规律。

从全生命周期角度考虑数据中心的建设，一方面是为了尽可能地延长数据中心的使用寿命，另一方面也是将总拥有成本（Total Cost of Ownership，TCO）的理念融入数据中心的建设和管理，重点关注数据中心的规划、建设和运营阶段。对于不同阶段的数据中心，建设和管理的侧重点不同，前期规划是基础，规划设计质量的高低将直接影响数据中心建设成本和后期投产与运维。建设实施是关键，建设阶段是对规划设计的实现过程，也是反向检查和验证规划设计合理性的过程，建设阶段的质量管控不到位，会直接导致后期运营成本大幅提升。运营维护是保障，只有按照设备运行最佳状态的标准来维护数据中心的动力、环境、网络等，才能确保数据中心性能最优，延长数据中心的寿命，从而提高投资产出效益。

2.1 规划阶段

2.1.1 数据中心选址的要素

数据中心建设选址是数据中心总投资的重要影响因素，选址不当不仅会对建设成本产生影响，还会对后期招商运营、业务承载、运行维护等产生深远影响。

1. 地理位置要素

地理位置要素是数据中心选址的第一要素，在项目决策一开始就应该被充分考虑，要综合且充分地进行可行性分析论证。企业需要分析包括在备选址地点发生自然灾害的概率和频率（地震、洪水、台风等）、环境危害因素（数据中心对于其所在地环境影响的程度）、气候因素（常年平均气温、空气湿度、降雨量等）、周边建筑及交通（远离居民区、靠近交通要道）等。此外，冷却成本也占据了数据中心运营成本的很大一部分。相对较冷的气候可以更多地提供自然冷却空气，当使用自然冷却空气来降低数据中心的温度时，可以显著降低数据中心的冷却成本。

2. 电力能源要素

因为电力成本是数据中心设施经营成本的主要成分，所以电力或动力也是数据中心选址的关键要素。需要分析的因素包括以下内容。

① 可用性：在了解当地电力供应情况的同时，我们需要权衡备选地点是否有多个成熟的电网，市电质量是否满足要求。

② 经济性：关于工业用电、波峰波谷用电价差的因素分析（尽可能降低单位能耗成本）。

③ 替代性：要考虑备选地点是否有诸如太阳能、风能、空气等可再生能源，以及其对于电力中断应急设置（例如 UPS、油机等）的要求。

3. 通信基础要素

数据中心的通信问题也是选址决策的重要内容。数据中心在选址时，需要从通信基础设施的角度出发考虑各种因素，例如，光纤主干线路路由器到数据中心光纤接入点的距离，这有助于衡量从光纤主干线路到数据中心所需投资的确切数据；光纤类型会影响传输速度；所在地通信服务运营商的类型及其支持的服务模式，以及骨干光纤环网的流量、带宽、延迟等因素也需要考虑，以避免在特殊业务上产生瓶颈。

4. 运行维护要素

尽管目前数据中心的维护趋于智慧化、无人化，但数据中心的日常运维仍然不可缺少高级技术人员，尤其是在网络、动力、安全等方面的维护人员。数据中心在选址的同时也应该考虑备选地点人力资源供应情况，加强本地化应急响应，保障业务的稳定性和可用性。

2.1.2　数据中心规划的原则

1. 统筹规划原则

数据中心由 IT 设备、空调、不间断电源、照明等诸多子系统构成，其建设过程是一项分阶段、分系统实施的复杂过程，不可避免地会涉及不同系统之间的衔接。因此为保证数据中心能按期交付，负责团队在规划设计阶段就需要考虑施工衔接问题，从全局出发统一规划、统筹考虑，保证各个子系统之间使用通用技术，制定统一的信息标准以及各个系统之间的接口标准，便于

各个子系统协调整合。

① 在初期规划时应统一考虑机房中的所有系统。

② 各个子系统相互关联，在实施过程中应被全面兼顾。

③ 空调系统分区与消防系统分区应协调配合。

④ 配电系统、通风系统与消防系统联动，保障各系统统一。

⑤ 根据机楼容量、气候环境、客户需求等合理选择空调系统形式。

⑥ 消防系统采用组合分配方式，合理分区。

⑦ 钢瓶间应设置在新建机房区的最近部位，根据机房实际需要划分为多个灭火区域等。

2. 标准规范原则

在系统规划设计数据中心时，需要严格遵守国际、国家以及特殊行业的有关标准，包括各种建筑、机房设计标准，电力电气保障标准以及计算机局域网、广域网标准，坚持统一标准规范的原则，从而为未来的业务发展、设备扩容奠定基础。

3. 安全可靠原则

数据中心作为承载 IT 业务的重要基础设施，担负着稳定运行和业务创新的重任。在新经济形势下，高可用性的绿色数据中心对安全性和可靠性有着更高的要求。因此为保证各项业务的应用，数据中心绝不能出现单点故障，其机房布局、结构设计、设备选型、日常维护等方面必须要进行高可靠性的设计。同时采用相应技术提高管理机制、控制手段和事故监控与安全保密的能力等，以提高机房的安全可靠性。具体而言，数据中心的安全可靠性设计可以分为物理环境层和应用管理层。

物理环境层：数据中心设计方案需要保证为用户提供不间断的"7×24"小时服务；在设计和建设时要减少单点故障的存在，对可能存在单点故障的环节要尽可能减少其对整个系统的影响。

应用管理层：数据中心设计方案应包括用完整的安全策略和切实可靠的安全手段来保障系统和用户数据的安全。在安全设计上应满足相关机房安全规定要求。系统方案中应考虑安全策略和安全机制，具体包括多种用户验证方式的选择，根据不同的用户权限采用不同的安全措施、数据加密等。根据各个区域的重要程度设定相应的安全级别，设置各个级别的出入管理系统。在大楼入口处设置大型闸机，在多人来访时也可以进行安全管理，保障顺利出入。

4. 节能环保原则

新一代绿色数据中心应该符合国际及行业发展趋势，引入绿色节能环保概念，构建绿色机房，通过采用切实有效的措施或技术充分体现节能、环保、减排的要求，在具体规划设计方案时可以从以下 7 个方面着手。

① 在满足业务需求或具备同样处理存储能力的设备中，选用低功率、低耗能的设备。

② 对 IDC 机房内的用电设备进行有效合理的区分，制订不同等级的可用性和差异化供电方案，避免供电容量浪费和供电设备冗余。

③ 根据环境特点，灵活地选择合适的制冷方式和运行模式，例如，北方地区冬季的冷空气可以被用于机房制冷（非直接引进室外空气）；西北地区的干燥空气也可以被用来制冷，冷冻水机组本身比制冷剂更节能。

④ 合理布局机房和组织气流，保证气流运动，提升散热效果。

⑤ 特殊设备特殊对待，对于高功率设备，应该采用特殊的散热机柜和散热方式，这样不至于为了照顾个别的高发热设备而将机房温度降低太多。

⑥ 为防止跑冒滴漏，IDC 机房的门窗应该密闭并使用良好的隔热材料，墙壁、地板、天花板应该进行隔热处理。

⑦ 选用材料应环保、阻燃、耐用、不释放有害气体，并考虑节能和将来的环保要求。

5. 技术先进原则

在下一代绿色数据中心的规划设计方案中，建筑空间布局、各个子系统的选择及容量规划在满足当下功能需求和可靠性要求的前提下，应充分考虑未来几年快速增长的发展需求，避免因规划不足导致二次改造，造成资源浪费。

下一代绿色数据中心应采用高效实用的系统结构，合理设置负载和冗余，实现有效的流量控制和负载均衡，避免"网络风暴"和"数据瓶颈"，确保系统正常畅通运行，并能适应数据中心多业务发展的需求。同时在数据中心的设计中必须保障服务器、网络及设备的高吞吐能力，保证各种信息（数据、语音、图像）的高质量传输，构建高质量的可服务于图像、语音、数据的多业务网，为关键业务提供服务质量（Quality of Service，QoS）保障。

6. 开放兼容原则

数据中心建设是一项涉及各类软硬件安装的复杂工程，其中，软硬件可能来自不同的厂家。

因此在数据中心设计阶段就要考虑软硬件的安装调试问题，采用开放式的系统结构方案，保证绿色数据中心具有良好的开放性和兼容性，具体包括采用符合开放式系统互联（Open System Interconnect，OSI）标准的技术和通信协议，采用国际和国家标准的网络规范，使符合国际标准的不同厂商的产品可以无缝地添加进来；采用公认的工业标准技术制造的产品，使系统符合公认的工业标准结构；遵循公认协议开发的系统便于集成不同厂家的自动化系统和设备，实现不同系统间数据的共用和相互操作。

考虑到未来不断发展的需要以及逐步提升的投资效益，下一代绿色数据中心应该具有灵活的扩展能力，能够根据今后的业务不断深入发展的需要，扩大设备容量，提供技术升级，更新设备灵活性。因此采用的技术和产品应标准化，系统结构及设备应易于扩展，技术和产品的发展应该具有良好的可持续性、可扩充性，便于平滑地对原有系统进行升级和更新。

在机房面积、电力供应、空调容量、通信点数等方面都应该预留合理的设计冗余度，以应对一些不可预见的需求，使机房当前的投资及今后的发展都能得到可靠的保障。

硬件方面的设备应该支持对系统进行灵活的配置和组合，相关软件也能便捷的升级和更新，同时系统容量应能确保满足用户的需求。各个子系统都应该具有可持续发展能力，在系统设计上具有较大的灵活性。机房建设可采取"统一设计、分期实施"的方案，即容量规划和系统设计要求一步到位，在机房使用的过程中可以随着IT系统的实际规模逐步安装设备。在平面规划和主要系统的设计上，应当采用模块化的手段。

7. 管理高效原则

数据中心建设虽然是一项短期的一次性工程，但是后期的管理工作却是长期且复杂的，特别是随着系统的扩容和业务量的增加，整个中心管理工作必然是日益繁重的。因此在设计阶段就需要考虑在数据中心内建立一套全面、完善的机房管理和监控系统，该系统应具有较强的集中式管理逻辑，能为分布式实施及调整提供基础。所选用的设备应具有智能化、可管理的功能，同时采用先进的管理监控系统设备及软件，实现先进的集中式管理监控，实时监控、监测整个机房的运行状况，记录实时灯光、语音报警、实时事件，迅速确定故障发生原因，提高机房运行的性能和可靠性，简化机房管理人员的维护工作，从而为数据中心机房的安全可靠运行提供最有力的保障。

8. 维护便利原则

考虑到数据中心分期投入及未来发展维护的需要，机房各个系统在设计和设备选择上应该充分考虑可维护性，尽量做到后期系统维护升级施工不影响现有系统连续运行。

2.1.3　数据中心设计的标准

经过多年的发展，数据中心的规划建设越来越规范，从国家到地方，从行业到协会，已经逐步形成较为完整的标准规范体系。数据中心在建设过程中，应该充分与已有的规范标准对标，具体来讲包括通用标准、行业标准、企业标准、专用标准和其他标准。

1. 通用标准

数据中心相关的主要通用标准见表2-1。

表2-1　数据中心相关的主要通用标准

序号	名称	编号
1	数据中心设计规范	GB 50174—2017
2	数据中心基础设施施工及验收规范	GB 50462—2015
3	信息安全技术网络安全等级保护基本要求	GB/T 22239—2019
4	建筑工程施工质量验收统一标准	GB 50300—2013
5	数据中心电信基础设施标准	TIA-942
6	供暖通风与空气调节术语标准	GB/T 50155—2015
7	工业建筑供暖通风与空气调节设计规范	GB 50019—2015
8	建筑给水排水及采暖工程施工质量验收规范	GB 50242—2002
9	建筑电气工程施工质量验收规范	GB 50303—2015
10	建筑照明设计标准	GB 50034—2013
11	建筑物电子信息系统防雷技术规范	GB 50343—2012
12	建筑物防雷设计规范	GB 50057—2010
13	数据中心基础设施运行维护标准	GB/T 51314—2018
14	供配电系统设计规范	GB 50052—2009
15	低压配电设计规范	GB 50054—2011

（续表）

序号	名称	编号
16	建筑设计防火规范	GB 50016—2014
17	声环境质量标准	GB 3096—2008

注：以上仅罗列部分主要标准。

2. 行业标准

数据中心相关的主要行业标准见表2-2。

表2-2　数据中心相关的主要行业标准

序号	名称	编号
1	数据设备用网络机柜	YD/T 2319—2020
2	通信局（站）机房环境条件要求与检测方法	YD/T 1821—2018
3	数据设备用电交流电源分配列柜	YD/T 2322—2011
4	电信设备环境试验要求和试验方法第2部分：中心机房的电信设备	YD/T 2379.2—2011
5	互联网数据中心技术及分级分类标准	YD/T 2441—2013
6	互联网数据中心资源占用、能效及排放技术要求和评测方法	YD/T 2442—2013
7	电信互联网数据中心（IDC）的能耗测评方法	YD/T 2543—2013
8	电信网和互联网物理环境安全等级保护要求	YD/T 1754—2008
9	电信网和互联网物理环境安全等级保护检测要求	YD/T 1755—2008
10	集装箱式数据中心总体技术要求	YD/T 2728—2014
11	数据中心基础设施（机房）等级评定标准	AB/T 1101—2014
12	金融业信息系统机房动力系统测评规范	JR/T 0132—2015
13	金融业信息系统机房动力系统规范	JR/T 0131—2015
14	通信建筑工程设计规范	YD 5003—2014

注：以上仅罗列部分主要标准。

3. 专用标准

数据中心相关的主要专用标准见表2-3。

表2-3　数据中心相关的主要专用标准

序号	名称	编号
1	通信用阀控式密封铅酸蓄电池	YD/T 799—2010
2	通信用阀控式密封胶体蓄电池	YD/T 1360—2005
3	通信用阀控式密封铅布蓄电池	YD/T 1715—2007
4	通信用前置端子阀控式铅酸蓄电池	YD/T 2343—2020
5	固定型阀控式铅酸蓄电池	GB/T 19638.1—2014
6	通用阀控式铅酸蓄电池	GB/T 19639.1—2014
7	通信用高温型阀控式密封铅酸蓄电池	YD/T 2657—2013
8	不间断电源设备（UPS）第 3 部分：确定性能的方法和试验要求	GB 7260.3—2003
9	通信用模块化交流不间断电源	YD/T 2165—2017
10	通信用 240V 直流供电系统维护技术要求	YD/T 2556—2013
11	计算机和数据处理机房用单元式空气调节机	GB/T 19413—2010
12	多联式空调（热泵）机组应用设计与安装要求	GB/T 27941—2011
13	单元式空气调节机	GB/T 17758—2010
14	通信机房用恒温恒湿空调系统	YD/T 2061—2020
15	蒸汽压缩循环冷水（热泵）机组第 2 部分：户用及类似用途的冷水（热泵）机组	GB/T 18430.2—2016
16	单元式空气调节机能效限定值及能效等级	GB 19576—2019
17	冷水机组能效限定值及能效等级	GB 19577—2015
18	屋顶式空气调节机组	GB/T 20738—2018
19	多联机空调系统工程技术规程	JGJ 174—2010
20	通风与空调工程施工质量验收规范	GB 50243—2016
21	空调与制冷设备用铜及铜合金无缝管	GB/T 17791—2017
22	通信用低压柴油发电机组	YD/T 502—2020
23	通信用 10kV 高压发电机组	YD/T 2888—2015
24	低压成套开关设备和控制设备 第 2 部分：成套电力开关和控制设备	GB 7251.2—2013
25	低压成套开关设备和控制设备 第 6 部分：母线干线系统（母线槽）	GB 7251.6—2015
26	通信用配电设备	YD/T 585—2010
27	通信设备用电源分配单元（PDU）	YD/T 2063—2009
28	通信电源用阻燃耐火软电缆	YD/T 1173—2016
29	电气装置安装工程 母线装置施工及验收规范	GB 50149—2010
30	电气装置安装工程 接地装置施工及验收规范	GB 50169—2016

注：以上仅罗列部分主要标准。

4. 其他标准

数据中心相关的主要其他标准见表2-4。

表2-4　数据中心相关的主要其他标准

序号	名称	编号
1	建筑抗震设计规范	GB 50011 —2010
2	通信建筑抗震设防分类标准	YD/T 5054—2019
3	电信设备安装抗震设计规范	YD 5059—2005
4	综合布线系统工程设计规范	GB 50311—2016
5	视频安防监控系统工程设计规范	GB 50395—2007
6	智能建筑设计标准	GB/T 50314—2015

注：以上仅罗列部分主要标准。

2.1.4　数据中心系统的构成

一个完整的数据中心系统一般至少包括基础设施子系统、供电子系统、空调子系统、网络子系统、计算子系统、存储子系统、安全子系统、运维子系统等内容，各个系统之间互相协同，共同保障数据中心处于高性能、高可用状态。

1. 基础设施子系统

基础设施子系统是围绕数据中心机房建筑工程及配套的系统。对于新建机房而言，在规划阶段一般还包括数据中心的选址。《数据中心设计规范》（GB 50174—2017）对机房选址进行了一般性规定，例如，电力供给应充足可靠，通信应快速通畅，交通应便捷，采用水蒸发冷却的数据中心，水源应充足。另外，数据中心应远离粉尘油烟、有毒有害、易燃易爆或腐蚀性物品贮存场所，避开强磁、强震、强噪等区域。

选址确定后，数据中心的功能布局、网络架构应满足相关规范和业务要求，在此基础上完成数据中心的装饰装修、照明、给排水和综合布线等规划设计内容。需要注意的是，数据中心机房装修需要满足机房环境工艺指标要求，包括机房门窗、墙面、架空地板、防水堤、机房特殊工艺的间隔墙、机房吊顶、机房特殊工艺组件的包装、机房内末端照明和插座、消防设备以及其他接口预留等。

2. 供电子系统

供电子系统是数据中心机房运行所需动力的关键保障，数据中心机房一般要求能够不间断运行，这意味着电力要不间断地稳定供应。除了各个环节供配电以外，供电子系统还应保障用电安全，同时考虑绿色数据中心节能减排的要求，对能耗加以监控，对能效加以分析以便优化控制。通常供电子系统包含供配电模块、后备发电机模块、不间断电源模块、防雷接地与能耗监控等模块。

数据中心整个供配电系统是从电源线路进户起经过中／低压供配电设备到负载的整个电路系统，主要包括市电引入、中压配电系统、柴油发电机系统、低压配电系统、不间断电源系统、空调供电系统及其他用电系统。正常情况下，数据中心使用市政电力供电，市政电力中断时由不间断电源进行短时间供电，市电停电时间较长时需要切换到柴油发电机供电。供配电系统要综合考虑市电供应质量、数据中心各级能耗需求、供配电设备能力等具体情况进行设计和建设。

发电机系统的分类方式有多种，装机容量也有不同的规格，需要根据实际需求进行配置。需要注意的是，柴油发电机在工作过程中噪声较大且会产生废气，在设计过程中要考虑相关的保护机制。另外，柴油属于易燃物品，在储存时应进行防渗阻燃等防护，加强温湿度控制等。近年来，随着我国电力事业的发展，市电供应质量已经显著提升，很多地区的数据中心存在配备的发电机系统常年不启动，突然断电时却启动异常，导致数据中心业务中断的情况。因此数据中心的发电机系统的配置规模应结合项目的实际情况进行综合考虑，同时也应加强发电机系统的日常维护和试运转。

不间断电源系统是利用电池化学能作为后备能量，在市电出现中断或异常等情况下为负载提供不间断供电的装置。数据中心常见的不间断电源系统有 UPS 交流系统、240V直流系统、336V直流系统，选用哪种形式的不间断电源，往往取决于负载供电类型、系统供电架构、投资成本、用户要求等因素。目前不间断电源系统仍是实现数据中心高可靠性供电的重要一环。

数据中心机房的防雷接地系统应按照现行国家标准《建筑物防雷设计规范》《通信局（站）防雷与接地工程设计规范》，以及《建筑物电子信息系统防雷技术规范》的有关规定执行。该系统主要包括公用接地（大楼联合接地）、等电位连接、防雷接地（浪涌保护器）、机房工作接地、机房静电释放系统（保护接地）等。它们不可分割，相互渗透，共同组成了机房综合防雷接地系统。

从能源管控和绿色节能的角度考虑，数据中心一般都会建设能耗监测系统，一方面对供电的质量和稳定性进行监测，另一方面对各类设备能耗进行分析统计，不仅可以配合峰谷电价储电用电策略，也可以通过监测分析情况优化空调策略。

3. 空调子系统

数据中心的空调子系统不同于家用空调系统，需要根据发热情况动态调整制冷量以平衡环境温度。因此空调子系统的装机容量需要与数据中心设备功耗紧密关联，除了制冷外，良好的空气组织系统也是空调子系统的设计重点。

数据中心机房使用的空调通常是机房专用精密空调（也称恒温恒湿空调）。机房专用精密空调设备制冷系统形式很多，可以根据工程项目的特点，选用不同的制冷系统。机房专用精密空调设备制冷系统主要的冷却形式有风冷式、水冷或乙二醇水冷式、冷冻水式、双冷源系统等。一般而言，在选择冷源形式时需要参考的内容大致包括系统投资、系统效能、运营维护成本，以及所在地气候条件等。而合理的气流组织，例如，送风方式的选择、机架摆放及走线方式、冷热通道布置等，可以实现 IT 设备快速散热，提高空调的利用效率。

作为建筑暖通工程的一部分，机房往往也会建设新风系统。机房新风系统是由主机新风换气机及管道附件组成的一套独立系统。新风换气机是一种将室外新鲜气体经过过滤、净化、热交换处理后送进室内，同时将室内受污染的有害气体经过过滤、净化、热交换处理后排出室外，而室内的温度基本不受新风影响的一种高效节能、环保型的高科技产品。机房新风系统一方面可以为机房提供足够的新鲜空气，为工作人员创造良好的工作环境；另一方面还可以维持机房对外的正压差，避免灰尘进入机房，保证机房有更好的洁净度。新风系统与空调系统一起使用可以提高机房冷热源的利用效率，减少不必要的冷源浪费，提高数据中心的 PUE 值。

4. 网络子系统

网络子系统是数据中心的重要组成部分，是连接数据中心大规模服务器，进行大型分布式计算的桥梁。随着数据中心流量从传统的以"南北流量"为主演变为以"东西流量"为主，数据中心网络的带宽量和性能将面临新的挑战，再加上虚拟化技术的应用需求，这些都需要有相应的网络体系支撑。为了保证数据中心网络的高可用、易扩展、易管理，在进行数据中心网络架构设计时，应遵循结构化、模块化和扁平化的设计原则，对网络拓扑、网络核心层、网络接入层的设计，既要满足业务规划的需求，同时也要兼顾未来网络技术发展的趋势，充分考虑网络设备虚拟化、网络链路虚拟化、软件定义网络、OpenFlow 等技术的应用和扩展。

5. 计算子系统

计算子系统是数据中心的重要组成部分，随着计算机硬件技术的快速发展以及计算机体系结构的不断创新，计算机硬件系统的综合处理能力不断增强。然而，计算能力的快速增长并未带来计算资源利用效率和灵活性的相应提升，反而使计算系统日趋复杂，软件支撑环境类型变多、版本变多、管理配置困难，这给数据中心计算技术的发展带来了巨大的挑战。因此，建设数据中心计算子系统需要有效组织现有的、不断发展的计算设施及资源，在快速发展的硬件系统、多种类型和版本的软件环境以及多样化的应用需求之间寻找新的平衡点，探索新型计算架构。

早期的数据中心计算设备都是 IBM、惠普、富士通等厂家提供的大中型机，也有一部分小型机，它们因系统稳定、计算性能优异而被广泛使用。随着分布式计算、云计算等技术的应用推广，虚拟化技术促进了 x86 架构计算机的规模化应用，当前数据中心计算机设备以计算机服务器和刀片服务器为主。其中刀片服务器的集成度高、扩展性好，近年来被广泛应用。

6. 存储子系统

数据中心的存储子系统不同于服务器本身的存储。一般情况下，服务器自身都带有硬盘槽位，用于安装服务器的一些驱动或者操作系统等，这些存储容量不大，一般从数百 GB 到数 TB 不等，但存储子系统的容量一般都是从数百 TB 到数 PB，它承载的是整个数据中心的存储任务。

早期的存储介质是磁带和磁盘，随着技术的发展，固态硬盘（Solid State Drives，SSD）也逐渐被应用到数据中心的存储系统中。为了保障数据中心业务和数据的准确性、持续性，数据中心存储需要特殊的备份、容错机制。常用的磁盘阵列技术（Redundant Arrays of Independent Disks，RAID）通过条带化、镜像以及奇偶校验技术实现多块磁盘形成有机整体，提供可靠且安全的数据读写服务。

除了存储介质的管理，存储网络的设计也对数据读写性能有重大的影响。目前主流的存储网络架构有 3 种，包括直连依附存储（Directed Accessed Storage，DAS）、附网存储（Net Attached Storage，NAS）和存储区域网络（Storage Area Network，SAN）。这 3 种网络架构各有优劣，应用较为广泛的是 SAN 架构，根据协议不同，它可以分为 FC-SAN 和 IP-SAN。

7. 安全子系统

安全子系统既包括网络数据安全，也包括物理安全。在网络数据安全方面，除了常规的容灾备份、加密措施之外，作为互联网出入口，安全子系统还应该设置相应的安全设备，例如防火墙、入侵检测系统、病毒防护、漏洞扫描、堡垒机、负载均衡等，以及配置相应的物理安全策略和访问控制策略。

物理安全主要是指针对数据中心出入的管控以及防范意外事故，例如消防安全等。根据国家标准《数据中心设计规范》以及《数据中心基础设施运行维护标准》，数据中心对于安全防范系统的功能设计有明确的要求，并对安全防范系统的功能联动提出了基本的智能化要求，可以说安全防范系统正在成为数据中心建设的重要一环，具体包括视频安防监控系统、智能门禁管理系统、入侵报警系统、图像视频监控管理系统。

智能门禁管理系统主要是由门禁管理软件、联网门禁控制器、电控锁、门禁卡、读卡器等构造而成的，机房监控系统实现了对机房的出入控制、进出信息登录、保安防盗、报警，同时提供了多种规格的联网功能。

入侵报警系统通常由前端设备（包括探测器和紧急报警装置）、传输设备、中心控制设备部分构成。前端探测部分由各种探测器组成，它是报警系统的触觉部分，相当于人的眼睛、鼻子、耳朵、皮肤等，感知现场的温度、湿度、气味等各种物理量的变化，并将其按照一定的规律转换成适于传输的电信号。监控中心负责接收、处理各个系统发来的报警信息、状态信息等，并将处理后的报警信息、监控指令分别发往报警接收中心和相关系统。

图像视频监控管理系统将机房监控系统和闭路监控合二为一，可以随意实现动力环境与图像的联动控制，一旦有异常事件发生，机房监控系统自动弹出现场图像画面，即时录像并作报警提示和处理。

在消防安全方面，由于数据中心主要是电气化设备，需要降低火灾对设备、业务和数据的影响，所以其对灭火响应和灭火介质及原理有不同的要求。数据中心消防安全系统一般分为3个部分：气体灭火系统、细水雾系统和数据中心火灾报警系统。

气体灭火系统可分为化学气体灭火剂和惰性气体灭火剂。化学气体灭火剂的原理是灭火剂参与燃烧过程，并切断燃烧的链式反应。典型的化学气体灭火剂是七氟丙烷，该灭火剂的优点是灭火效率高，尤其是对油类灭火。惰性气体灭火剂的灭火原理是降低保护区内的氧气浓度，使之不能支持燃烧，这与化学气体灭火剂完全不同。典型的惰性气体灭火剂是 IG-541，其成分为氮气、氩气、二氧化碳按 5:4:1 的混合物。细水雾系统是高压水经过特殊喷嘴而产生极其细小且具有充足动量的水喷雾。该技术灭火、控火的效率远高于普通水喷淋系统，并且具有高效、环保、节水的特点，在欧洲已被广泛用于数据设备机房。

另外，数据中心消防要想做到防患于未然，火灾自动报警系统是其中重要的一环，是尽早发现火灾、提醒现场工作人员采取必要的灭火手段，或者联动启动自动灭火的系统。该系统有很多种类，可用于数据中心的主要有吸气式烟雾探测系统、感烟探测系统、感温探测系统。

8. 运维子系统

一个评价良好的数据中心，三分靠建设，七分靠运维。数据中心的运维专业化程度高，管理内容复杂。除了所有硬件设备的巡检、维护和保养，还包括机房环境的运维，以及网络资源、计算资源、存储资源的运维等。一般需要借助环境监控系统和网络监控系统来实现对机房全方位状态的掌控。

机房环境监控系统是一个综合利用计算机网络技术、通信技术、自动控制技术、新型传感技术等构成的计算机网络，提供一种以计算机技术为基础、基于集中管理监控模式的自动化、智能化和高效率的技术手段，系统监控对象主要是机房动力、环境以及智能设备，具体包括供配电设备、不间断电源设备、空调设备、漏水检测、机房温湿度、视频监控、门禁监控、防雷系统、消防系统。

网络监控系统是对局域网内的计算机进行监视和控制，是针对内部计算机上互联网活动（上网监控）以及非上网相关的内部行为与资产等的过程管理，有些还增加了数据安全相关的透明加密软件部署。对于开展云计算业务或者本身就是云计算架构的数据中心，有时会通过网络监控系统进行虚拟机状态监控，例如虚拟机的启停、虚拟 CPU 负荷、虚拟存储的使用情况等，有时也可以将这部分内容独立出来，作为计算子系统的管理系统。在实际建设的过程中，运维子系统可以根据数据中心的业务规划情况，进行有针对性的调整。

2.2　建设阶段

2.2.1　数据中心工程建设准备

1. 工程资料准备

从数据中心全生命周期来看，数据中心经过前期的规划设计阶段后，即将转入建设实施阶段，但是在施工单位进场破土动工之前，还有相当一部分准备工作需要完成。数据中心的规划设计阶段主要是确定项目是否建设以及如何建设的问题，而工程建设准备阶段是如何把资源协调到位，确保建设实施与规划设计一致的关键环节。

对于一般的数据中心新建工程而言，建设单位在完成立项决策后，还应完成相关的建设用地规划许可、建设工程规划许可、施工许可手续等，从程序上确保项目的合法性。申领施工许可应当具备确定的施工单位、有满足施工需要的施工图纸及技术资料、有保证工程质量和安全的具体措施、建设资金已落实等条件，这也就意味着，在正式开工前，所有的分包采购都应该准备妥当。

2. 分包采购准备

对于有建设能力的建设单位而言，除了行政审批相关的准备工作以外，还需要在综合数据中心各个专业方案的前提下，进行充分的工作分解结构（Work Breakdown Structure，WBS）分解，然后协调安排相应的内部资源组织施工和集成。对于没有建设能力的建设单位而言，需要协调外部资源组织施工和集成，可以采用工程总承包（Engineering Procurement Construction，EPC）的方式。建设单位既可以选用一家集成能力和技术实力优秀的单位进行承揽，也可以根据 WBS 进行标包分解，与不同的供应商进行合作。一般情况下，建设单位可以按照"基础设施、供电、空调、计算、网络、存储、安全、运维"八大版块进行分包，也可以按照施工、硬件、软件、集成的维度进行分包，总体原则是不重项、不漏项地完成数据中心各个子系统的建设。

在招标采购环节，需要注意的是施工承揽资质和设备到货周期的问题。根据《中华人民共和国建筑法》《中华人民共和国行政许可法》《建设工程质量管理条例》《建设工程安全生产管理条例》等法律、行政法规，企业在被审查取得合格建筑业企业资质证书后，方可在资质许可的范围内从事建筑施工活动。除总承包相关资质之外，我国对企业的工程造价、勘察、设计等方面也有相关的资质要求，是企业进行项目承揽的依据。在设备采购方面，需要结合采购周期、到货周期、设计参数、项目施工进度计划等多个方面的因素，合理安排采购工作计划和到货签收计划，避免因业务扎堆或其他因素导致计划执行落后，影响项目整体的计划工期。

为了提高招投标效率，在保证充分竞争的前提下，使投标单位的能力和招标项目的需求高度匹配，降低评标的工作量，缩短评标周期，招标单位在招标文件的资格条件中会明确资质最低标准，如果先进行资格预审则会在资格预审条件中注明。资质条件设置得不合适可能会招致潜在投标人的质疑，因此编制招标文件应注意项目投资规模和投标单位资质条件允许承揽项目的匹配性。

2.2.2 数据中心工程施工管理

数据中心工程施工管理主要是对施工过程的管理，而施工过程是将工程材料转变为工程实体的过程,在这个过程中需要通过高效的组织和协调实现各个工序的合理衔接,进而实现在有限的时间内顺利完工。总体上讲,工程施工管理是围绕工程质量、安全、进度、成本等目标,对工程所需资源、工艺等进行全方位组织、控制和协调的过程。

数据中心工程的施工内容繁多,专业性强,需要进行合理的分解以方便施工的组织和管理。根据施工过程组织的侧重不同,可以划分为3个阶段:第一阶段是建筑安装工程施工过程;第二阶段是机房装修工程施工;第三阶段是数据中心机电设备安装与集成施工。不同的施工阶段可以根据不同专业再进行更细致的分部分项工程划分,每个阶段都需要围绕质量、安全、进度、成本等方面进行综合管控。

1. 数据中心工程施工质量管理

确保施工过程质量是数据中心建成投产后稳定运行的前提,而保障施工质量的前提是按图施工。无论是在建筑工程阶段、装修工程阶段,还是在机电安装工程阶段,都需要遵循相应的工艺工序设计和安排,加强监督和检验,满足相应的施工质量标准。

在建筑工程环节,从地下到地上,从材料到工序,从作业到养护,都需要严格遵守质量管控的要求。例如,地基与基础工程、主体结构涉及的梁、板、柱等构件,需要经过绑钢筋、支模板、浇筑混凝土、拆模和养护环节,用到的材料(例如混凝土)要满足设计标号要求,要随机留置试块进行强度检测,浇筑前要进行坍落度测试;钢筋要满足设计牌号的屈服强度、抗拉强度等要求,同样进场前要进行质量检验,钢筋搭接的方案(绑扎、焊接或机械连接等)要根据设计方案执行;在混凝土浇筑过程中,需要注意浇筑的顺序、速度,施工过程中分隔缝、抗震缝以及后浇带也需要按照相关的标准进行施工和养护,养护时需要注意混凝土温度,养护条件包括湿度和时间保障,这些都是工程质量管控的要点。

在装修工程环节,需要特别注意的是数据中心机房特殊的装修要求。例如,数据中心机房有防尘、防潮、防静电等要求,在处理地板、墙面、吊顶等装修节点时,一方面需要确保相关装修材料的质量和性能,另一方面要注意对已完工工程的保护。对于隐蔽工程,要严格执行检验合格后再覆盖,避免因质量缺陷而返工。

在机电安装环节,需要按照设计尺寸和点位进行设备的装配。例如配电柜、机架、送风管道等,所有金属器件和用电设备都应考虑接零或接地保护。设备安装完成后,需要进行相应的单机功能调试和系统联调。

无论是在数据中心工程的哪个环节,质量管控归根结底还是对数据中心工程项目影响因素和风险的管控，主要包括在项目质量目标策划、决策和实现过程中产业影响的各种客观因素和主观因素，包括人的因素、机械因素、材料（含设备）因素、方法因素和环境因素等。其中，人的因素起决定性作用。人的因素包括两个方面：一是直接履行项目职能的决策者、管理者和作业者个人的质量意识和质量活动能力；二是承担项目策划、决策或实施的建设单位、勘察设计单位、咨询服务机构、工程承包企业等实体组织的质量管理体系及其管理能力。在工程建设领域，我国目前已形成了较为规范的制度体系对各方质量进行保障，包括建筑业企业经营资质管理制度、市场准入制度、执业资格注册制度、作业及管理人员持证上岗制度等。从本质上讲，这些制度体系都是对从事工程活动的人的素质和能力进行的必要控制。还有机械、材料的选用，性能参数的确定，对工程质量有一定的影响，需要通过控制设计质量、检验试验和实物复验等多种手段进行综合控制。

2. 数据中心工程施工安全管理

由于工程建设项目规模大、周期长、参与人数多、环境复杂多变，所以安全生产的难度很大。2017 年颁布的《中共中央　国务院关于进一步加强城市规划建设管理工作的若干意见》和《国务院办公厅关于促进建筑业持续健康发展的意见》强调，建设工程应完善工程质量安全管理制度，落实工程质量安全主体责任，强化工程质量安全监管，提高工程项目质量安全管理水平。通过建立安全生产管理制度体系规范建设工程参与各方的安全生产行为，对防止和避免安全生产事故发生起到重要作用。目前，我国正在执行的主要安全生产管理制度包括安全生产责任制度、安全生产许可制度、政府安全生产监督检查制度、安全生产教育培训制度、安全措施计划制度、特种作业人员持证上岗制度、专项施工方案专家论证制度、危及施工安全工艺 / 设备 / 材料淘汰制度、施工起重机械使用登记制度、安全检查制度、生产安全事故报告和调查处理制度、"三同时"制度、安全预评价制度、意外伤害保险制度等。在实际工程项目实施过程中，企业尤其需要注意施工组织设计、安全技术交底、专项施工方案评审或专家论证、安全隐患处置和安全文明施工措施的落地执行。

数据中心工程项目具备一般建筑工程的施工内容和特点，同时也具有自身的特殊性。在施工过程中，企业要注意安全文明施工费的专款专用，对于各类劳动防护设施和设备要按照要求配备完整，并监督施工人员使用。例如，施工涉及的"三宝、四口、五临边"的防护，针对常见的高处坠落、触电、物体打击、机械伤害及坍塌等要进行充分的防护，尤其是数据中心工程涉及大量的用电设备安装和集成，施工人员在带电作业时一定要注意触电防护。

3. 数据中心工程施工进度管理

进度管理是指在项目实施的过程中，对各个阶段的进展和项目最终完成的期限进行的管理，目的是保证在满足时间约束的条件下实现项目总目标。数据中心工程施工进度管理并没有明显的特殊性，主要还是对施工进度计划的监控和纠偏。

进度管理包括为确保项目按期完成而进行的所有过程，包括计划进度管理、工作定义、工作顺序安排、工作资源估算、工作时间估算、进度计划制订和进度控制等。其中最重要的是计划的制订和控制。

制订进度计划就是根据项目的工作定义、工作顺序及工作持续时间估算的结果和所需要的资源，创建项目进度模型的过程。其主要任务是确定项目各项工作的起始和完成日期、具体的实施方案和措施，最常用的方法有关键路径法（Critical Path Method，CPM）、计划评审技术（Program Evaluation and Review Technique，PERT）、图示评审技术（Graphical Evaluation and Review Technique，GERT）等。根据项目建设内容的划分，各部分进度计划汇总形成进度计划系统，是项目进度计划控制的依据。

在工程项目的实施过程中，由于受到种种因素的干扰，经常造成实际进度与计划进度产生偏差。这种偏差得不到及时纠正，必将影响进度目标的实现。为此，在项目进度计划的执行过程中，必须采取系统的控制措施，经常进行实际进度与计划进度的监测比较，发现偏差，及时采取纠偏措施。常用的进度控制方法有趋势分析法、关键路径法和赢得值法。其中趋势分析法具体包括横道图比较法、前锋线比较法、S 形曲线比较法、香蕉曲线比较法、列表比较法等。在项目进度监测的过程中，一旦发现实际进度偏离计划进度，即出现进度偏差时，必须认真分析产生偏差的原因及其对后续工作及总工期的影响，并采取合理且有效的进度计划调整措施，确保进度目标的实现。

4. 数据中心工程施工成本管理

施工成本的管理本质上是对施工过程费用的管理，站在建设单位的角度，是对工程造价的管理，站在施工单位的角度，是对施工过程中各类经济性支出的管理。要实现对施工成本的精细化管理，首先要了解工程造价的构成。工程造价是指建设一项工程预期开支或实际开支的全部固定资产投资费用，从这个意义上讲，工程造价就是建设工程固定资产总投资。对于生产性建设项目而言，工程造价仅相当于固定资产投资，在不考虑建设期利息的情况下，固定资产投资就是建设投资。根据《建设项目经济评价方法与参数（第三版）》（发改投资〔2016〕1325 号）规定，建设投资包括工程费用、工程建设其他费用和预备费 3 个部分。其中，工程费用包括设备及工器具购置费、建筑安装工程费，工程建设其他费用包括建设单位管理费、用地与工程准备费、市政公用配套设施费、技术服务费、建设期计列的生产经营费、工程保险费和税费，预备费包括基本预备费和价差预备费。

数据中心工程施工成本管理是对数据中心整个施工过程中影响工程造价因素的综合管理。为此，控制建设工程造价不仅是控制建设工程本身的建造成本，还应同时考虑控制工期成本、质量成本、安全与环境成本，从而实现工程成本、工期、质量、安全、环保的集成管理。全要素造价管理的核心是按照优先性原则，协调和平衡工期、质量、安全、环保与成本之间的对立统一关系。

2.2.3　数据中心工程验收交付

数据中心工程竣工以后，一般要求施工单位在自检合格的基础上，报监理或建设单位申请竣工验收。

验收工作包括工程质量自检、竣工验收准备、制订竣工验收计划、编制并提交竣工验收申请报告等。

验收审核工作包括工程质量、技术和检验等资料移交与审核、现场工程实体质量验收、签署竣工验收记录。

工程实体移交的工作包括编制并审核竣工验收报告、全套竣工资料移交及备案、施工现场清理、颁发工程接收证书等。

数据中心工程的建设内容多、技术难度大、专业性较强，验收过程中需要有针对性地进行功能和性能验证。除了对建筑工程实体的验收之外，工程验收还包括对数据中心空调子系统、供电子系统、计算子系统、网络子系统、存储子系统、安全子系统、运维子系统等进行功能测试和性能测试，这些系统要达到设计及合同相关标准要求。数据中心工程主要验收维度包括以下几个方面。

1. 设备质量验证

数据中心基础设施覆盖面极为广泛，即使是质量过关的设备，经过运输、安装也可能产生诸多隐患。设备是否符合数据中心设计要求也需要在此环节进行控制，例如，某数据中心测试发现电源分配单元（Power Distributed Unit，PDU）上联交流开关到货为三相开关，与设计方案的单相开关不一致，这将显著增加单相 PDU 跳闸的影响范围；某数据中心测试发现管道阀门螺栓未按设计要求采用防锈蚀材料，出现严重锈蚀情况，将可能影响后续管道的运营和维护。

2. 施工工艺验证

设备安装是数据中心建设过程中最为繁重的施工部分。例如焊接、螺栓连接、绝缘保护、保温层保护等诸多细节都可能成为数据中心的薄弱环节，因此设备安装对施工工艺的要求较高。以低压配电柜为例，电缆螺栓连接力矩不足，可能产生抖动、集聚热量从而引起绝缘损坏，威胁设备运行，甚至引发火灾；而管道焊接出现虚焊，可能导致机房运行期间出现暖通管道爆管的风险，严重威胁数据中心的运行。

3. 系统可用性验证

新建数据中心投产，要求其各个系统均可持续稳定运行，数据中心需要验证各个系统的功能是否符合设计要求。例如，对于高压细水雾消防系统，需要验证在模拟情况下，消防系统能否被正常触发；尤其需要关注高压细水雾消防系统的实际工作效果是否是以雾状填满机房空间的。

4. 系统可靠性验证

系统的可用性满足了数据中心正常运行的基本要求，但数据中心仍需要验证各个系统的可靠性。例如，群控系统能否实现冷机平滑加机、减机；当市电异常时，各级电动阀、设备是否保持设定的运行状态等。而配电系统双路市电切换、市电与柴油发电机组投切逻辑也必须进行实际投切验证。

5. 系统可维护性验证

在数据中心基础设施全生命周期中，运营阶段长达 10 年以上，因此系统的可维护性也是至关重要的。除此之外，测试团队还应协助梳理数据中心基础设施各个系统常见的故障场景，配合运营团队开展模拟演练，进而形成维护指导手册，从而避免因人为误操作引起故障的情况发生。

2.2.4　数据中心工程的移交

在对数据中心工程检查验收完成以后，施工单位要向建设单位办理工程移交手续，并签订交接验收证书，办理工程结算手续。

工程移交主要包括工程资料的移交和工程实体的移交。竣工资料应记录和反映项目的设计、采购、施工及竣工验收的全过程；真实记录和准确反映项目建设过程和竣工时的实际情况，图物相符、技术数据可靠，满足过程控制和质量追溯的要求，竣工资料的一般内容主要包括合同文件、设计文件、施工图、竣工图、施工组织设计文件、开工报告、设备材料报审表、隐蔽工程检查记录、施工试验记录、工程质量检验记录等。

竣工资料的编制一般应注意以下 7 个方面。

① 竣工资料的文件应为原件，因故不能提供原件的，应在复印件上加盖原件存放单位公章，注明原件存放处，并由经办人签字。

② 竣工资料应内容完整、结论明确、签字手续齐全；资料的文字、图表、图章应清晰。

③ 竣工资料文件的数量，竣工图套数应满足总承包合同要求并需提交给公司一套。

④ 竣工资料的各类文件应按文件形成的先后顺序或项目完成情况及时收集。

⑤ 声像材料应附文字说明，对重大事件的事由、时间、地点、人物、作者等内容进行著录。

⑥ 根据建设程序和工程特点，竣工资料的归档可以分阶段分期进行，也可以在单位或分部工程通过竣工验收后进行，项目部组织合作单位 / 分包商将各自形成的有关工程资料及时收集汇总。

⑦ 在项目完成后，将经整理、编目后形成的竣工资料进行资料归档。

工程实体的移交主要包括各出入口控制权限的移交，各个操作系统、管理平台账户的移交以及工程现场的清理等工作。工程实体移交完成后，建设单位可以正式开展数据中心的运营和管理工作。

2.3　运营阶段

2.3.1　数据中心云资源管理

云资源管理平台对数据中心云计算平台层提供统一的管理，具体包括通过管理视图直观展现计算资源、存储资源、网络资源等各类服务资源信息，基于可视化的流程，满足灵活多样的用户服务请求和配置策略，自动化完成资源配置、资源发布、资源变更、资源回收等管理，实现云计算平台层的统一运维和监控管理。云资源管理可分为虚拟数据中心管理、资源池管理、服务门户管理、认证与权限管理、自动化编制管理、监控与计量管理、运维流程管理和接口管理。

1. 虚拟资源管理

虚拟资源池采用虚拟化、抽象化和自动化的技术，使云计算平台层的应用与底层硬件完全分离。虚拟资源管理是对云计算平台层的计算资源、存储资源、网络资源的服务能力进行管理。

（1）虚拟服务器资源池

虚拟服务器资源池按照计算能力的单位（例如，每秒处理器运算次数、内存容量、处理器核个数等）被构建，并在使用协议中提供各种计算能力的可用组合方式。

虚拟服务器资源池对云实例生命所需的各种动作进行处理和支撑，使用应用程序接口（Application Program Interface，API）与云服务器（虚拟机）的宿主机进行交互并对外提供处理接口，以实现调配和管理虚拟化平台所创建的云服务器的虚拟计算资源，为应用系统提供计算资源服务。

虚拟服务器资源池可以进行策略管理，限制资源分配，包括云服务器的 CPU 约束设置 CPU 的性能、云服务器硬盘的读写速度、云服务器网络带宽约束设置网络带宽等。

（2）虚拟存储资源池

虚拟存储资源池按照存储能力的单位（例如，静态存储的字节数、存储的 I/O 次数、数据流量等）被构建，并在协议中提供各种存储能力的可用组合方式。

虚拟存储资源池包括对象存储资源和块存储资源。

对象存储资源主要用于存储静态数据，包括虚拟机镜像、备份和应用数据存储。将文件和其他对象写入分布在多个服务器上的一组磁盘驱动器，在整个集群内确保数据的可复制性和完整性。

块存储资源为后端不同的存储结构提供统一的接口，不同的存储设备通过驱动与云平台整合，以此来管理计算实例所使用的块级存储。该组件提供了用于创建块设备、附加块设备到服务器和从服务器分离块设备的接口，云用户通过仪表板统一管理它们的存储需求。

（3）虚拟网络资源池

虚拟网络资源池按照网络及安全能力的单位（例如网络地址个数、网络带宽等）被构建。

虚拟网络资源池通过可扩展、即插即用、API 来管理网络架构的系统组件，确保在部署虚拟网络资源池服务时，网络服务可快速交付。虚拟网络资源池管理组件支持标准接口，兼容众多厂商的网络技术，通过灵活定义网络、子网和路由器，以配置其内部拓扑，然后向这些网络分配 IP 地址和虚拟局域网（Virtual Local Area Network，VLAN）。同时其可在此基础上运用软

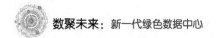

件定义网络技术来打造大规模、多租户的网络环境，包括虚拟路由器和虚拟交换机等。

传统的物理网络体系结构不够灵活，给通过云计算实现架构的全面敏捷化带来了很多问题，增加了运维管理的复杂性。通过用软件定义网络的方式，将物理网络同逻辑网络进行有效的隔离，通过在虚拟层创建逻辑网络来满足虚拟化应用和数据对敏捷性、灵活性和可扩展性的需求，可大幅简化操作，实现资源的高效利用，从而根据应用部署需求进行扩展。

2. 用户登录管理

服务门户作为云服务的统一用户入口，为用户提供基于 Web 的图形化界面。用户可以通过浏览器使用 Web 图形化界面，访问、控制和分配计算、存储网络资源。

用户登录管理员对云用户访问进行集中认证管理，集成了用户身份验证、策略管理和目录服务的功能，通过建立中央身份验证机制，管理用户目录以及可以访问的服务目录，并进行认证及授权。

基于角色的访问控制限制了用户可访问的系统和资源。用户、角色和资源的有机结合有效地规定了用户以什么角色访问云资源。基于不同的工作职能建立角色，每个角色被分配权限，执行某些操作。

3. 多租户管理

虚拟化数据中心管理是使用云计算平台面向用户服务的高级管理功能，管理云需要隔离计算资源、网络资源、存储资源。虚拟化数据中心具有完全独立的私有 IP 地址空间设置，与其他不在该私有云中的虚拟机完全地网络隔离。专有网络的私有 IP 地址被分割成一个或多个虚拟交换机，管理云根据需求将应用程序和其他服务部署在对应的虚拟交换机下，根据业务需求配置虚拟路由器的路由规则，管理专有网络流量的转发路径。对于云上的用户来说，虚拟数据中心通过虚拟化技术实现网络和计算资源的隔离，使用隔离技术保证虚拟数据中心资源的独享。

4. 多级资源审批

通过构建自动化功能，可以快速申请、调整或扩展现有的云资源池。数据中心利用管理工具与流程配合工作，确保云计算平台通过服务渠道快速处理政府云用户的服务请求。

对云平台的服务支持、日常运维、运营保障的管理，数据中心采用统一的运维管理平台，针对资源进行周期性管理，基于信息技术基础架构库（Information Technology Infrastructure Library，ITIL）管理的理念，对云基础架构、监控、运维等进行统一整合管理，通过数据流的处理路径及关联，统一展示和管理云平台的运行状况，保障云平台日常运维状况良好。

运维管理平台提供 API 接口供第三方在云平台上进行业务应用的开发部署，提供的接口涵盖基础设施即服务（Infrastructure as a Service，IaaS）、平台即服务（Platform as a Service，PaaS）、软件即服务（Software as a Service，SaaS）各个层面。

5. 服务目录

数据中心在服务门户上提供服务目录功能，定义云服务器、云存储、云负载均衡、云 VPN、云防火墙、弹性 IP、虚拟数据中心、云分布式拒绝服务攻击（Distributed Denial of Service，DDoS）、云备份、云备灾等服务产品，便于政府云用户进行服务选择。

服务目录提供已经定义好的模板库，包括完整的应用组模板（应用服务器、Web 服务器和数据库服务器等）和介质（操作系统、应用软件和数据库等），并定义模板的服务内容和服务水平，在用户服务门户中提供目录服务，为云用户提供快速的云资源部署服务。模板库包括虚拟机模板、网络和存储配置、查询与检索、快照和备份功能。

6. 监控与报表

对云计算平台层下的计算资源、网络资源、存储资源的运行状况进行监控，可从性能数据中提取运行状况、风险和能效指标，识别潜在的性能问题，进行性能管理。

控制面板可直观显示云平台的主要性能指标，集成式容量管理和成本报告计量功能可跟踪所消费的计算资源、网络资源、存储资源，策略性地定义针对关键应用、负载或政府部门的报警类型和通知的优先级。

针对不同的云服务类型，用户可以通过云平台管理界面查看各个虚拟机的量化运行情况和状态轨迹，对 CPU、内存、存储等云资源进行积累并以此作为计费依据。

7. 虚拟化管理中心

虚拟化管理中心被部署在云上，采用虚拟化架构逻辑视图对服务器架构统一管理，统一对虚拟化架构中的集群、底层物流服务器、虚拟资源池、虚拟机（云服务器）、虚拟交换机和虚拟存储进行集中管理。

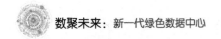

（1）资源管理

虚拟化管理中心采用虚拟化管理软件，将计算资源划分为多个虚拟机资源，为云应用系统提供高性能、可运营、可管理的虚拟机。它通过对运行在物理器上的虚拟机处理器、内存、存储和网络资源进行管理，包括分配、供给、修改，为 CPU、内存、磁盘和网络带宽确定最小、最大和按比例的资源共享，在虚拟机运行的同时修改分配，可使应用程序能够动态地获得更多的资源以适应性能需要，支持虚拟机资源的按需分配，支持多操作系统，满足云服务需求。

虚拟资源池统一管理中心对任意动态规模的虚拟化环境提供最高级别的安全和可靠性能。为集中管理和监控虚拟架构、自动化以及简化资源调配，虚拟资源池统一管理中心对物理资源、虚拟资源和虚拟机部署应用，减少了大量传统的管理工作，实现了集中化管理、操作自动化、资源优化和高可用性。基于虚拟化的分布式服务具有更好的响应能力、可维护性、管理效率和可靠性。

（2）可用性管理

虚拟化技术中的高可用性功能（High Availability，HA）和在线迁移可避免计划外和计划内的停机，利用动态资源调配实现多集群计算资源聚合，并基于业务优先级将资源动态地分配给虚拟机；利用自动化降低管理的复杂程度，实现资源动态平衡使用，防止因某个节点的资源瓶颈造成系统中断，实现经济高效、独立于硬件和操作系统的应用程序的可用性。

使用服务器虚拟化在线迁移技术对运行中的虚拟机执行无中断的 IT 环境维护，可以实现虚拟机的动态迁移，且服务不中断，方便有计划地开展服务器维护和升级迁移工作。

（3）权限管理

虚拟化管理中心可根据不同的用户角色提供权限管理功能，授权用户对系统容量的资源进行管理。

① 系统管理员权限：确认虚拟机的生命周期（创建、删除、重启、关机），手动调配资源，管理服务器。

② 应用管理员权限：虚拟机热迁移，虚拟机限制性操作（重启、关机）。

③ 查询权限：虚拟机状态查询、应用状态信息查询。

（4）部署管理

虚拟化管理中心具有灵活的模板机制和快速的应用部署；支持用户自定义模板，提升政务应用部署上线的效率；支持业界主要的操作系统，兼容主流的 IT 资源；快速发放资源，缩短业务上线时间。

2.3.2 数据中心运行监控

数据中心内的服务器、存储、网络和安全等物理设备以及各种虚拟设备的种类和数量与日俱增,这对数据中心的系统安全运营提出了更高的要求。因此需要建设综合性的数据中心监控平台支撑数据中心的日常管理,实现计算机运维工作自动化。它改变了传统手动模式,减少了运维工作人员的数量,全面提升了计算机运维的工作效率。数据中心运行监控平台主要对基础网络设备、IP 及子网、服务器、机房环境进行监控。

1. 基础网络设备监控

网络设备监控是指通过数据中心监控平台监控交换机 IP 地址、描述、端口信息、厂商、类型、当前状态、在线用户、端口状态、链接关系等信息。

交换机端口状态监控是指通过数据中心监控平台查看被管理的交换机的端口列表,包括该交换机所有的物理端口的端口名称、媒体存取控制(Media Access Control,MAC)地址、当前的管理状态、当前的链接状态、链接速率、当前该端口下链接设备的 MAC 地址情况,以及历史上曾经出现在该端口上的 MAC 地址使用情况与该端口互联设备的 IP 地址。如果是接入层设备,就会显示该端口接入的建筑物与房间号等信息。

无线网无线接入点(Access Point,AP)监控是指用户可以对网络中的 AP 在线状态进行监控,如果采用以太网供电(Power Over Ethernet,POE)方式,还可以设置对故障 AP 实施自行重启。系统专门针对目前主流的"瘦 AP+控制器"设计的方案,有效解决了"瘦 AP"的 IP 地址不固定等影响监控的问题。

2. IP 及子网监控

IP 及子网监控是通过数据中心监控平台对大量的 IP 地址分配和子网信息进行监控,包括网络地址、子网掩码、三层设备地址、VLAN ID 可用的 IP 地址数、当前子网内使用的 IP 地址数、历史上曾经使用的 IP 地址情况等信息,同时还监控收集拓扑中交换机各条链路的流量信息。

3. 服务器监控

数据中心监控平台可以对网络中心管理的或在网络中心托管的服务器进行监控和管理,包括对 IP 地址分配、服务器运行状况、服务器描述、操作系统、管理员、服务器配置等信息进行管理，数据中心监控平台可实时监控服务器的运行状态以及服务器上应用的运行状态，同时依靠服务器简单网络管理协议（Simple Network Management Protocol，SNMP）可深入了解服务器的运行情况，包括服务器的 CPU 利用率、内存使用率、磁盘 I/O 情况、网络流量情况等信息。

4. 机房环境监控

机房环境监控主要监控动力和环境两大类：动力类包括高压配电、低压配电、油机、电源、电池组、空调等；环境类包括门禁、烟感、温度、湿度等。

2.3.3 数据中心运维管理

在数据中心全生命周期中，数据中心运维管理是历时最长的一个阶段。数据中心运维管理是指对各项管理对象进行系统的计划、组织、协调与控制，是与数据中心信息系统服务有关的各项管理工作的总称。数据中心运维管理主要肩负起合规性、可用性、经济性、服务性四大目标，重点包括机房运行环境管理、网络运维管理、服务器和存储管理以及基础软件运维管理。

1. 机房运行环境管理

为确保数据中心机房得到真正的高质量、安全可靠的维护服务，达到生产系统运营管理设定的可靠性目标，数据中心需要对机房环境及配套的基础设施提供专门的运行维护服务，具体包括以下工作内容。

① 机房机柜管理。
② 服务器和网络设备摆放规划和日常管理。
③ 设备出入机房审批登记管理。
④ 内部人员出入机房审批登记管理。
⑤ 外部来宾机房参观审批登记管理。
⑥ 机房电力系统监控、问题及时上报。
⑦ 消防监控系统监控、接收报警短信和联系第三方。
⑧ 空调报警系统监控、接收报警短信和联系第三方；确认空调运行状态良好；清洁机房的空调防尘网。

⑨ 温湿度报警监控、接收报警短信和联系专业第三方。

⑩ 漏水报警系统监控、接收报警短信和联系专业第三方。

⑪ IC 卡门禁系统日常运维。

⑫ 视频监控系统日常运维。

⑬ UPS 报警系统监控和联系第三方。

⑭ 机房资产管理系统。

⑮ 机房环境维护：清理机房的杂物，将机房物品固定放置；清洁机房门窗、地面；检查机房所有可与外界连接的空洞是否已被严密封堵；检查机房玻璃、地板、天花板、通气口，墙体表面是否正常，外观是否完好，有无老化现象；检查机房是否有漏水现象；检查机房墙壁是否有渗水现象。巡检人员须填写巡检记录，发现问题及时报告。

⑯ 巡视电池区域；检查电池工作状态。

⑰ 确认机房照明良好，出现问题及时报告。

⑱ 定期检查可用性视频网络播放系统，有问题及时与专业第三方联系解决。

⑲ 填写巡检记录。

2. 网络运维管理

针对数据中心的网络，运维内容主要包括以下内容。

① 测试网络接入速度，监控网络访问可用性和访问质量，出现问题第一时间直接联系接入商解决。

② 网络接入商发生变化时，运维人员配合网络接入商对网络变更方案的可行性进行审查，对问题进行审查，配合网络接入商更替施工。

③ 本地局域网日常管理和维护；VLAN 划分；网络性能优化；故障排除；网络节点周期性检查，发现潜在问题并解决。

④ 负责无线局域网的日常管理和维护；排除客户端不能正常接入网络的故障；优化网络性能；排除故障；周期性检查网络节点，发现潜在问题并解决。

⑤ 制订 VPN 使用策略，实施 VPN 用户日常远程接入服务器的管理，以及性能优化和故障排除等。

⑥ 网络病毒查杀和网络安全保护。

⑦ 根据实际项目或安排而产生的其他工作。

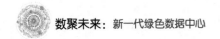

3. 服务器和存储运维管理

服务器、存储等硬件资源向用户提供 IT 服务的过程中也提供了计算、存储与通信等功能，是 IT 服务最直接的物理载体，其运维工作具体如下所述。

（1）服务器运行情况及性能监测

数据中心运维团队通过综合监控系统实施"7×24"小时平台设备监控，发现告警后及时处理；对系统运行进行实时检查，及时处理监控或维护中发现的问题、消除隐患、保障平台稳定运行；提供针对各种服务器物理资源的使用情况和操作系统的运行情况说明，进行实时监控，提供服务器安全监测报告。

主机性能监控的检查列表包括：CPU 利用率、内存使用情况、交换区使用情况、磁盘 I/O 情况、关键文件系统的状态、重要进程的运行情况（例程数量、消耗 CPU、占用内存）、操作系统的各类日志文件、网络、端口信息等。运维团队需要根据检查列表进行日常检查，并不断地改进日常检查列表，以满足对系统监控的需要。

（2）服务器软硬件兼容性检查

数据中心运维团队在维护系统稳定运行的同时，需要主动收集系统关键补丁、软件补丁、硬件微码等信息，在通过数据中心专家评审的前提下，对相关设备进行升级服务，并在升级完成后配合应用方对系统进行测试。升级前后数据中心运维团队需要和应用方及时做好沟通确认工作，确保系统不会产生兼容性故障。

（3）磁盘阵列设备管理

数据中心运维团队需要对磁盘阵列设备及其相关的部件（例如硬盘、控制器等）进行编号，并记录在案，对软件设置中的参数也要进行详细的记录，并在每次变更后及时更新相关的信息。

除此之外，数据中心运维团队须定期对每个服务器的系统容量进行监测和审核，并制订相应的容量规划，主要监测文件系统的空间、数据库的空间资源利用情况，分析资源利用趋势，并提供资源情况报表。

① 文件系统空间管理。数据中心运维团队须定期检查文件系统的空间使用情况，根据业务发展需求和新业务，制订合理的空间分配方案，新增、修改或删除空间。

数据中心运维团队须对文件系统空间的使用进行监控，如果发现空间使用不合理或需要清理的情况应尽快协调解决。

② 数据库空间管理。数据中心运维团队须实时监测数据存储空间的使用情况，根据业务数据的数据量、数据结构以及增长速度，制订合适的数据存储和结构优化策略，动态增加新的空间以存储业务数据；定期检查数据存储空间的使用情况，根据实际情况规划增加新的空间，填写数据库空间新增／修改／删除申请表，经审核后实施，并更新数据库配置状况记录表。

（4）协助第三方维护

对于由专业第三方提供运维的设备，当设备出现问题后，数据中心运维团队需要及时通知第三方并告知采购人，视情况严重性决定是否启动应急预案；配合第三方服务商一起排查和解决问题，开展系统软硬件的补丁、升级及维护工作；独立处理初级系统故障，与第三方厂商或服务商配合解决高级别系统故障，记录问题、故障的解决办法及解决过程；做出临时的配置变更以排除故障，在必要时提出永久性配置变更建议。

4. 基础软件运维管理

（1）操作系统

数据中心运维团队为充分保障服务器操作系统的稳定运行，应提供以下服务内容。

① 系统升级。数据中心运维团队在维护系统稳定运行的同时，需要主动收集系统关键补丁、软件补丁等信息，在通过数据中心专家评审的前提下，对相关系统进行升级服务，并在升级完成后配合应用方对系统进行测试。升级前后数据中心运维团队需要和应用方及时做好沟通确认工作，确保系统不会产生兼容性故障。

② 操作系统稳定性监控。数据中心运维团队须定时查看操作系统日志及 IIS 日志，查看 CPU、内存占用率，排除故障。

③ 权限与文件管理。服务器应明确责任人及管理账号持有人，不应出现多人单账户、单人多账户的情况。这便于在服务器出现问题后，对服务器进行操作维护。

④ 定期检查磁盘空间。运维人员应进行磁盘文件排列的优化和错误扫描并处理错误；定期删除系统各路径下存放的临时文件、无用文件、备份文件等，完全释放磁盘空间。

⑤ 维护系统注册表。

⑥ 优化系统配置，关闭无用服务和端口，以最适合系统运行的方式实现最小化安装等，维护系统配置文档。

⑦ 负责系统用户管理，例如增加／删除用户、重置用户密码、管理用户权限等，在进行系

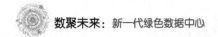

统用户管理时，记录所有相关的系统变更。

⑧ 对于新安装的服务器，数据中心运维团队应负责安装必要的应用软件，例如远程监控工具、备份工具、防病毒软件等。

（2）数据库

数据中心运维团队将对数据进行日常维护，数据库性能监控的检查列表包括资源使用情况、运行情况、数据库进程状态、数据库连接状态。运维团队对于监控结果应做登记管理，如实记录系统的日常运行状况及异常情况，填写日常运行情况记录表。

除此之外，数据库的运维工作还包括以下内容。

① 数据库备份和恢复。

② 做好备份计划，由工程师定时完成备份。当出现数据问题时，数据中心运维团队应向采购管理部门通报，说明数据情况后采取恢复措施。

③ 访问性能优化及数据库同步。

④ 服务器管理人员需要记录详细的设置参数；数据库如果需要同步，应明确同步时间和方式。

⑤ 数据中心运维团队对于数据库日志和表空间应定期进行整理，解决问题。

（3）中间件

数据中心运维团队针对中间件的工作内容如下所述。

① 辅助开发公司进行配置，保留配置文档；模块配置与更新，配合第三方配置 JAVA 及 WLS 的版本及更新工作；操作系统模块配置与更新；配合反馈第三方解决服务错误日志中的问题。

② 新软件安装，收集安装光盘、安装合同（可复印学习）、使用说明书、授权书；将纸质版文件扫描后入库，将电子版文件归入配置库。

（4）备份系统

为保证在系统崩溃或停止运行时能尽快恢复系统，企业应制订相关的数据备份制度，且针对不同系统制订不同的备份方案，包括备份方法、频率等。数据备份包括定期和不定期备份，对于重要数据应每月进行全备份和增量备份；不定期备份应该在数据变更后立即进行，更新前的备份按需要保存一定时间。

（5）应用系统

当前的应用系统及相关开发工作由第三方公司负责，数据中心运维团队主要起配合作用，相关工作内容如下。

① 当应用出现问题时，应及时联系第三方公司解决，并做好问题记录。

② 配合第三方公司进行操作系统、数据库和中间件的系统配置，并做好配置记录，在有授权运维的系统中，熟悉应用系统维护方法。

③ 配合第三方新应用系统上线，收集安装文件、源代码、部署文档和运维文档，扫描后将文档归入配置库，将其与合同库相关联，记录维护期间的联系人、原公司的质保期。

④ 每日上班后、下班前检查应用系统的可用性，确认无灾难性问题、黑客篡改等问题。

⑤ 根据实际情况处理其他待完成工作。

2.3.4 数据中心建设项目后评价

建设项目后评价是指在项目已经完成并运行一段时间后，对项目的目标、执行过程、效益、作用和影响进行系统、客观的分析总结的一种技术经济活动。它能够全面系统地对已完成的 IDC 建设项目开展评价，从 IDC 前期建设资源的投入情况、工程实施进展情况、投产运营后实际收入情况、业务资源利用情况、盈亏平衡点计算等维度，对项目投资的实际效果进行全面分析，总结成功经验，吸取失败教训，对投资决策形成闭环反馈，有助于形成未来新项目立项和评估的基础以及调整投资计划和政策的依据，也是提升 IDC 行业整体投资效益、提高管理能力、增强市场竞争力的重要保障。

1. 数据中心建设项目后评价的方法

数据中心建设项目后评价可采用调查法和对比法，并遵循以下原则。动态分析与静态分析相结合，以动态分析为主；综合分析与单项分析相结合，以综合分析为主；定量分析与定性分析相结合，以定量分析为主；既要重视项目决策效果评价，又要重视项目实施效果评价。

2. 数据中心建设项目后评价的内容和指标体系

数据中心建设项目后评价分为 3 个步骤。

① 对数据中心建设项目的实际情况与数据信息进行收集整理，对项目目标、过程、效益、影响和持续性进行系统、客观的分析。

② 对项目原预设目标与实际情况进行分析，找出发生偏差的原因，并提出改进建议。

③ 总结经验教训，对焦点问题提出解决思路与建议，为指导未来项目的决策，提高 IDC 项

目的投资效益提供依据。

　　数据中心建设项目后评价的主要内容包括项目目标评价、项目实施过程评价、项目效益评价、项目影响评价和项目持续性评价 5 个方面。本小节根据数据中心建设项目的特点和工程实践经验，对后评价可能用到的主要指标进行了排列总结，形成初步的项目后评价指标体系。该指标体系主要用于评估 IDC 建设项目在设计能力、资源利用、建设投资、投资效益等方面。项目后评价指标体系见表 2-5。

表2-5　项目后评价指标体系

类别	评估内容	评估指标	指标含义	基准
目标	建设规模	机柜建设完成率 /%	实际建设的机柜数量 / 计划任务书要求完成数量	100
	资源利用	机柜销售率 /%	已销售机柜数量 / 机柜总数	90
		机柜使用率 /%	已使用机柜数量 / 已销售机柜数量	100
		UPS 系统平均负载容量比 /%	实际负载 / 设备容量	70
		单套 UPS 负载容量比最大值 /%	实际负载 / 设备容量	80
		外市电负载容量比 /%	实际负载 / 外市电容量	70
过程	项目进度	进度偏差	对比项目实际开工至竣工时间与计划任务书的偏差	
	项目投资	投资偏差	对比项目各专业设计批复、竣工决算与可研批复的偏差	
		静态投资回收期 / 年	不考虑资金时间价值的项目净收益回收全部投资所需时间	< 7
效益	财务效益	动态投资回收期 / 年	考虑资金时间价值的项目净收益回收全部投资所需时间	< 10
		内部收益率 /%	资金流入现值总额与资金流出现值总额相等时的折现率	11.5
	产销量	盈亏平衡点	以内部收益率达到 11.5% 为目标，在不同销售模型下的销售单价	
影响与可持续性	成本影响	网间结算	定性分析	
	环境与影响	电力 / 水资源消耗量	定性分析	
		噪声与排污	定性分析	

第 3 章

基础知识

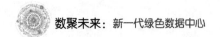

3.1 运营商数据中心分类

众所周知，数据中心根据性质或服务对象可以分为互联网数据中心（Internet Data Center，IDC）和企业数据中心（Enterprise Data Center，EDC）。

IDC 是电信业务经营者利用已有的互联网通信线路、带宽资源，建立标准化的电信专业级机房环境，通过互联网向用户提供服务器托管、租用以及相关增值等方面的全方位服务。它可以为各类应用和用户提供大规模、高质量、安全可靠的专业化服务器托管、空间租用、网络批发带宽以及网络应用服务、电子商务服务等。通过使用 IDC 服务，用户不需要再建立专门的机房，铺设昂贵的通信线路，也不需要组建专门的工程师队伍。

EDC 服务于企业或机构自身业务的数据中心，是一家企业数据运算、存储和交换的核心，它为企业及其用户、合作伙伴提供数据处理、数据访问等信息及应用支持服务。同时，对于信息系统、数据安全、保密等有特殊要求的行业或企业，他们会建设自己管理运行的数据中心，例如银行业、保险业及政府等。

以通信运营商为例，根据业务属性，其数据中心可以初步分为对外业务数据中心和对内业务数据中心。中国电信 2019 年业绩公告披露，2019 年中国电信"天翼云"在公有云 IaaS 市场份额排名全球第七，位居全球运营商之首；在中国混合云市场位居榜首；IDC 业务在国内综合排名第一。

3.1.1 对外业务数据中心

通信运营商对外业务数据中心可提供机房及相应配套设施，以外包出租的方式为用户的服务器等互联网或其他网络相关设备提供放置、代理维护、系统配置及管理服务，提供数据库系统或服务器等设备的出租及其存储空间的出租、通信线路和出口带宽的代理租用和其他应用服务。

以中国电信为例，其在国内大数据中心市场的服务对象包括政府、企业、行业客户等，对外业务数据中心产生的营收已成为中国电信非常重要的收入增量。

3.1.2 对内业务数据中心

通信运营商对内业务数据中心为企业自身业务服务，是为满足企业业务和网络发展而建设的数据中心。以中国电信为例，目前其对内业务数据中心包括通信机楼 DC 化改造、边缘 DC 等。

1. 通信机楼 DC 化改造

随着软件定义网络（Software Defined Network，SDN）的发展，通信运营商的传统通信产品逐步被互联网企业直接应用（Over The Top，OTT）（引申译）。未来的通信网络变革会以 IT 化的网络内在实现形式保留通信的网络品质，核心就是信息通信技术（Information and Communications Technology，ICT）深度融合国内电信运营商网络转型过程中数据中心的发展定位，结合国内通信运营商传统通信机房的特点，最后实现网络演进、网元的逐步替换。

很多国家的主要通信运营商已经推出了网络重构计划，例如，德国电信 PAN-EU 计划、西班牙电信 UNICA 架构、中国移动 NovoNet 2020、中国电信 CTNet 2025、中国联通 CUBE-Net 2.0、日本电报电话公司（Nippon Telegraph&Telephone，NTT）通信 Arcstar Universal One 架构、美国电话电报公司（American Telephone&Telegraph，AT&T）Domain 2.0 架构、法国电信 Cloud4Net 架构、沃达丰 OneCloud 架构、威瑞森电信（Verizon）SDN 转型。各大通信运营商的网络重构方向大同小异，核心都是网络云化、SDN、NFV 与开源。

运营商通信局所一般可分为枢纽楼、核心局楼、端局、模块局。各类局所的功能是按照传统时分多路复用（Time Division Multiplexing，TDM）网络层级加以规划，可谓层次分明。枢纽楼通常承担本省汇接及传输骨干网功能；核心局楼负责本地市汇接局功能；端局负责行政区模块局的传输汇聚及交换功能；模块局通常是靠近社区及乡镇居民集中区域的民房。

通信网络端局机房中有很多老旧的网元，例如 TDM、公共交换电话网络（Public Switched Telephone Network，PSTN）等，设备退网使传统机房空余出部分空间，此类网元的退网下电时间集中在 2015—2018 年，各个省市有了大量空闲的机房资源。可以确定的是，未来核心网、IT 网、业务网、传送网全部将实施"X+SDN"，设备将实施"X+NFV"，不过这是一个循序渐进的过程，不可能一蹴而就。

DC 改造的最终目标是形成区域 DC—核心 DC—边缘 DC 架构，但这并不是严格的层级关系。区域 DC 以多个省份为覆盖点，主要为近几年建设的超大型数据中心；核心 DC 以省内为覆盖点，主要为现有的 DC；边缘 DC 主要由上述 4 类局所机房转换而来，可采用分布式部署。

2. 边缘 DC

5G 技术快速发展，其最大的特点是业务应用多样化，既有话音、上网、专线等 5G 基础业务，也有视频、游戏、无人机／车联网等 5G 通用业务，还有包括面向电力、交通、医疗、工业制造等场景的 5G 垂直行业应用。边缘 DC 越下沉，离用户侧越近，网络时延越低，可支撑的 5G 业务类型越多，需要的边缘 DC 的节点数越多。

5G 通用业务、5G 垂直行业应用的开展路径和规模驱动是影响边缘数据中心建设进度和规模的主要原因。5G 网络以应用为本，强化固移融合、云网融合，因此，5G 是通信运营商推进网络重构的最佳机会。"云—边—端"模式的边缘计算网络和能力开放，将加速以 DC 为中心的新一代分布式基础设施的构建。

3.2　绿色数据中心建设理念、原则和指标

3.2.1　建设理念

随着数据中心规模的不断扩大，数据机房产生的能耗也在不断上升，需要通过新技术和新理念的应用，让数据中心中的 IT、制冷、电气、照明等系统取得最大化的能源效率和最小化的环境影响，因此建设绿色数据中心势在必行。

秉承安全、绿色、智慧、灵动、模块化的理念，建设绿色数据中心，可以从选址、建筑、规划、设计、施工、运维及设备（IT、制冷、供电）选型等多个方面着手，以提高机房的节能环保性能，降低机房能耗。

选址：自然环境应清洁，环境温度应有利于节约能源。

建筑：在全生命周期内，应最大限度地节约资源，保护环境、减少污染；应根据当地的气候和自然资源条件，充分利用可再生能源；新建数据中心的绿色建筑评价应符合国家、行业及地方相关标准的规定。

规划、设计、施工：合理规划、设计机房制冷、供电等系统，并注重施工工艺，在提供系统高可靠性、安全性的同时，达到系统节能效果，降低能耗。

运维：采用智慧运维模式，在公共区域采用自然光照明；尽量少用电梯；合理设定机房环境温度；进出机房随手关灯 / 关门，在维护时尽量减少机房门的开启次数；夏季维护时避免过度调低空调温度；制定运维规章制度、指导方针、规范标准、操作程序、工作流程、行为准则和工具方法等；定期总结运维工作中的经验与教训。

设备选型：IT、制冷、供电设备在选型时，在保证安全性的基础上，可以适当突破传统理念，采用较为前沿的技术，符合国家现行的节能政策。

3.2.2 建设原则

建设绿色数据中心，必须充分考虑用户类型、用户需求及数据机房的发展趋势，并符合以下原则。

1. 安全性

数据中心的规划、设计应具有完整的安全策略和切实可靠的安全手段，保障机房的物理安全和系统基础环境的安全。在建筑结构、物理安全、防恐、防盗、防火、防水、防小动物、防雷、防电磁干扰等方面应采取有效的措施。

2. 高可靠性

为保证提供连续不间断的机房环境服务，数据中心机房必须具有较高的可靠性。数据中心规划、设计应依据《数据中心设计规范》及相关设计标准进行。对于不同可靠性要求的机房区域，其规划、设计应保留一定的灵活性，即随着未来 IT 系统部署的变化，相应的机房区域可以较为灵活地提高或降低可靠性级别。

3. 高效性

数据中心的计算、网络及基础设施资源应具有高效的信息处理能力，并具备对突发流量及计算量的承受能力。

4. 高利用率

建设单位应充分考虑数据中心 IT 设备安装的有效空间，最大化地提升 IT 机房的装机率，提高单机柜平均额定功率，保证数据中心终期规划机架数的最大化。

5. 灵活性

数据中心的建设应考虑未来不断发展的需要及投资效益，在数据中心电量、空调容量、信息点等方面留有一定的冗余，保证其具有一定灵活性。

6. 扩展性

为便于实现扩展，数据中心的建设应采用标准化、模块化设计、灵活分期的方式。

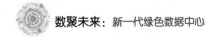

7. 开放兼容性

数据中心规划、设计、施工、运维等均应符合国际、国内及行业标准，并能满足不同用户的建设需求。例如，供电系统架构采用最常用的架构，空调制冷系统采用最常用的技术以提高数据中心的兼容性。

数据机房 IT 设备采用差异化单机架功耗（高、中、低搭配）配置，既可以满足互联网类用户高功耗的需求，也可以满足政府、金融类单机柜功耗不高，可靠性要求更高的需求。

8. 可管理性

数据中心应建立一套全面完善的监控和管理系统，选用的设备应具有智能化、可管理的功能；同时采用先进的监控管理系统，实现集中管理监控，实时监控、监测整个机房的运行状况，实现声光报警、实时事件记录，从而迅速定位故障，提高机房的可靠性，简化管理人员的维护工作。该系统应留有接口以满足自有管理平台相关数据的导入导出需求，从而实现安全可靠的机房运行保障和高效的人员运维效率。

9. 经济合理性

为了保证投入产出比达到最佳，数据中心应采用较高性价比的规划、设计与建设方案。各个系统的设计应将先进性与实用性相结合，采用成熟的国际国内先进技术，在满足功能需求和可靠性要求的前提下，尽量减少总体建设投资，降低长期运营成本。

10. 绿色节能、环保高效性

数据中心的规划、设计、施工、运维及设备选型等要求采用切实有效的节能措施或技术，从而达到机房节能环保的要求。

3.2.3　建设指标

数据中心建设可采用单位功耗造价、单机架造价、单位功耗面积、单机架面积、PUE、水资源使用效率（Water Usage Effectiveness，WUE）等作为工程技术经济评价指标。

1. 机房建设指标（单位功耗造价、单机架造价）

数据中心建设工程造价由建筑及安装工程造价、机电配套工程造价两个部分组成。

$$单位功耗造价 = \frac{数据中心建设工程造价}{机架\ IT\ 总功耗} = \frac{建筑及安装工程造价 + 机电配套工程造价}{机架\ IT\ 总功耗}$$

$$单机架造价 = \frac{数据中心建设工程造价}{机架总数量}$$

2. 机房利用率指标（单位功耗面积、单机架面积）

$$单位功耗面积 = \frac{总建筑面积}{机架\ IT\ 总功耗}$$

$$单机架面积 = \frac{总建筑面积}{机架总数量}$$

3. 电能使用效率

电能使用效率（PUE）是国际公认的数据中心电力效率标准。

$$PUE = \frac{数据中心总耗能}{IT\ 设备耗能}$$

该标准由绿色网格联盟（The Green Grid）提出。PUE 是一个比率，其数值越接近 1 说明能效水平越好。这个指标是衡量一个数据中心运营、管理水平的关键指标，也是考察绿色、节能、环保的重要指标。

数据中心最大的成本来自电力消耗和设备折旧，当我们把电力成本进一步细分，可以看到，电力成本包括 IT 设备、空调设备、UPS、PDU（电源分配器）等设备以及照明、紧急电源等带来的电量损耗。从分类看，我们可以把数据中心的电力消耗拆分出来，从而计算出 PUE 值。

$$PUE = \frac{数据中心总耗能}{IT\ 设备耗能}$$

$$PUE = \frac{P_{机械设备} + P_{电力设备} + P_{其他}}{P_{IT}}$$

$$IT\ 设备能耗 = P_{IT}$$

$$数据中心总能耗 = P_{机械设备} + P_{电力设备} + P_{其他}$$

2017 年 4 月，工业和信息化部发布的《关于加强"十三五"信息通信业节能减排工作的指导意见》指出，新建大型、超大型数据中心的能耗效率（PUE）值应达到 1.4 以下。

2018 年 9 月，北京市人民政府办公厅发布的《北京市新增产业的禁止和限制目录》提出，北京全市范围内禁止新建和扩建互联网数据中心（PUE 值在 1.4 以下的云计算数据中心除外）。

2019 年 1 月，上海市经济和信息化委员会、上海市发展和改革委员会《关于加强本市互联网数据中心统筹建设的指导意见》指出，存量改造数据中心 PUE 值不高于 1.4，新建互联网数据中心 PUE 值限制在 1.3 以下。

4. 水资源使用效率

数据中心水资源使用效率（WUE）用来表征数据中心单位 IT 设备用电量下数据中心的耗水量。

$$WUE = \frac{\text{年度水使用量（L）}}{\text{IT 设备用电量（kW·h）}}$$

用水量主要包括冷却塔补水、冷源补水、加湿补水、生活用水和其他用水等。

数据中心的规模越来越大，冷水系统作为冷源的大型数据中心的耗水量和水源问题已经成为数据中心发展建设的瓶颈。数据中心采用水冷冷冻水空调系统，WUE 值在 2.0 ～ 3.0，年耗水量巨大，不适合缺水地区使用。如何减少数据中心的耗水量、降低 WUE 值越来越重要。

5. 其他能效指标

虽然 PUE、WUE 可以反映数据中心制冷、供电等配套设施的能效高低，对数据中心的设计和建设有很好的指导意义，但是它们还不能全面地衡量数据中心的节能情况，无法指导数据中心的整体节能建设，因此可以补充以下能效指标来完善数据中心的评价体系。

（1）数据中心基础设施效率

数据中心基础设施效率（Data Center Infrastructure Effectiveness，DCIE）是国际上被广泛认可的另一个评价指标，其计算公式如下。

$$DCIE = \frac{1}{PUE} = \frac{\text{IT 设备总能耗}}{\text{数据中心总能耗}}$$

从定义和公式可以看出，DCIE 为 PUE 的倒数，取值为 0 ～ 1，其值越接近 1，节能效果越好。

（2）局部 PUE

局部 PUE（Partial PUE，PPUE，常写作 pPUE）是对数据中心 PUE 的延伸，主要针对数据中心的局部区域进行能效评估，其计算公式如下。

$$pPUE_i = \frac{(N_i + IT_i)}{IT_i}$$

其中，i 代表数据中心的第 i 个局部区域；"$N_i + IT_i$" 代表第 i 个区域的总能耗；N_i 代表第 i 个区域非 IT 设备的能耗；IT_i 代表第 i 个区域 IT 设备的能耗。

pPUE 反映的是数据中心局部区域的能效情况，其数值可能大于或者小于整体 PUE 值，降低整体 PUE 值，一般要先降低 pPUE 值。

（3）供电 / 制冷负载系数

供电负载系数（Power Load Factor，PLF）是数据中心供电设备能耗与 IT 设备能耗的比值，其计算公式如下。

$$PLF = \frac{\text{数据中心供电设备能耗}}{\text{IT 设备能耗}}$$

制冷负载系数（Cooling Load Factor，CLF）是数据中心制冷设备能耗与 IT 设备能耗的比值，其计算公式如下。

$$CLF = \frac{\text{数据中心制冷设备能耗}}{\text{IT 设备能耗}}$$

PLF 和 CLF 可以看作数据中心整体 PUE 的补充和细化，可以通过这两个指标，进一步分析数据中心供电系统和制冷系统的能效。

3.3　基础配套设施各系统简介

3.3.1　建筑结构

1. 总体思路

（1）需求与适应性

数据中心布局规划的基本思路是从数据中心最基本的需求出发，通过分析当前主要业务的需求与类型、主流配置与服务等级，找到适合复制的标准机房模块，然后扩展出模块化的数据中心建筑单体布局要求。具体建设模式分为两种：一是先建机房再定业务，需要满足不同客户的要求；二是明确业务量身定制，主要针对自用的企业级数据中心，考虑设备的迭代，数据中心的机电设备往往使用 3 ～ 5 年就需要更新。

数据中心的建设应遵循经济适用、安全可靠、高效节能的原则，根据合理的建设标准和用户需求分期建设，同时应具备灵活性和适用性，应分区域、分功能、分等级采用合适的建设模式，确定合理的建设规模，体现差异化。数据中心的建设应以市场为导向，灵活分期配置设备，适应市场价格差异，确保经济利益的最大化。土建框架应能适应市场主流标准，具有一定的前瞻性、灵活性和通用性，空间形式和消防系统要灵活，机电配套部分应根据用户需求合理配置设备。

（2）模块化预制化设计

为了更好地推广和更便利地建设，当下数据中心的设计更趋于模块化、预制化的设计形式。具体就是要将模块化与灵活度相结合，规划布局采用地块网格化、建筑模块化的形式，工厂预制生产现场拼装，顺应地块走向及工艺流程，将园区功能分为电力区、动力区、机房区、配套区，使动力、储油、空调、消防等各类资源"池化"，以"可生长鱼骨形"管线灵活地适应建设需求，机房区域及网络运行中心（Network Operation Center，NOC）相对独立。办公、后勤、仓储、安防等共享资源根据具体需求可大可小、可分可合以适应管理需要。某园区模块化规划示意如图3-1所示。

模块化是一种将复杂系统分解为更好的可管理模块的方式，当一个系统过于复杂，为实现系统简化可以将其分解为多个模块，按照模块进行管理，复杂程度就降低了。机房平面土建布局标准化，即每个机房的平面轮廓尺寸和层高都一样，形成一个标准的机房单元，每个机房的机柜布置、电力负荷、空

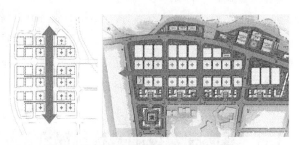

图3-1　某园区模块化规划示意

调设备配置都一样，降低了建筑施工与设备安装的难度，可缩减建设周期，达到快速部署的目的。

数据中心引入模块化技术，可以大幅提升设备的使用价值，使数据中心的各个功能模块具有可扩展、可变更、可移动以及可变换的能力，同时提高了运维人员的学习能力，避免在运维过程中出错，可以预见问题，提高工作效率。模块化布局示意如图3-2所示。

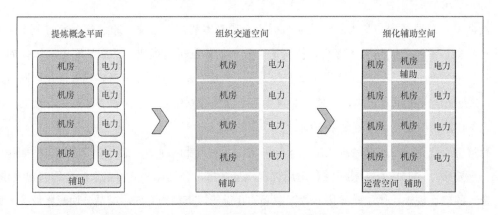

图3-2　模块化布局示意

随着数据中心产业的高速蓬勃发展，节能和绿色已成为数据中心重要的设计目标之一，因此在数据中心建设中，设计者应让节能、低碳、环保的绿色理念贯彻于整个设计过程，将相应的绿色建筑理念及技术也应用于建筑之上。

首先，做到减少碳足迹，通过使用可再生能源、植树造林、再利用温室气体的方法，以碳补偿的形式实现低碳理念。

其次，设计数据中心不只局限于节能、低碳，更为重要的是要通过集成绿色配置、自然冷却、自然采光、低能耗维护结构、新能源利用、中水回用、绿色建材、智能控制等绿色建筑技术，使数据中心的选址规划合理、资源利用高效循环、节能措施综合有效、建筑环境健康舒适、废物排放减量无害、建筑功能灵活适宜。

再次，在建筑结构上，建筑物的体形系数是指建筑物与室外大气接触的外表面积与其所包围的体积的比值。研究表明，体形系数每提高 0.01，能耗指标大约增加 2.5%。从利于节能出发，体形系数应尽可能小。在相同体积的建筑中，立方体的体形系数最小。在数据中心的建筑设计中，应尽量采用这种外形设计。另外，数据中心项目选用的墙体保温材料的传热系数值越小或热惰性指标越大，对围护结构的传热能力越低，其保温隔热性能越好，越有利于节能。

最后，由于数据中心的外形通常较为规整，所以它有丰富的闲置屋顶和外表面可供利用，可以考虑采用建筑光伏一体化的绿色建筑理念。光伏阵列可以与建筑外表面融为一体，直接吸收太阳能，避免墙面温度和屋面温度过高，因此可以改善室内温度，并且降低空调负荷。建筑屋面和外表面光伏一体化示意如图 3-3 所示。

图3-3　建筑屋面和外表面光伏一体化示意

2. 建筑选址与布局

数据中心特有的工艺需求对区域位置、自然环境以及市政电力保障等方面有着苛刻的要求，也是其区别于其他建筑类型的重要特征。

在数据中心选址时，场地的安全性是首要条件，机房内的通信技术设备受粉尘、有害气体、振动冲击、电磁场干扰等因素的影响，将导致运算差错、误动作、机械部件磨损、腐蚀、缩短使用寿命等。因此，数据中心选址应尽可能远离产生粉尘、有害气体、强振源、强噪声源等场所，避开强电磁场干扰。同时，由于机房相关配套设备将对居民生活造成影响，例如冷却塔、空调室外机组、柴油发电机等在工作时噪声较大，居民小区和商业区内人员密集同样也不利于数据中心的安全运行，所以数据中心选址不应靠近居住区、城市广场等人员密集场所。

生态性也是数据中心选址的重要考虑因素，在满足安全性的前提条件下，数据中心应结合自身条件，最大限度地降低对当地生态的破坏，选址宜选择自然冷源充沛的地区，例如，Facebook（脸书）北极圈数据中心充分采用自然冷源，PUE 值可以达到 1.1 ～ 1.2。Facebook 北极圈数据中心如图 3-4 所示。

图3-4　Facebook北极圈数据中心

数据中心内的 IT 设备功率较大，需要足够的电力保障，同时设备运行会产生大量的热量，需要空调设备降温增效，兼顾数据中心的经济效益，因此数据中心选址应选在电力供应充沛、稳定可靠、价格便宜的地段。空调设备运行需要水源供应，不建议选择容易受洪水侵袭的地区。此外，交通、通信基础设施也应满足数据中心的建设要求。例如，阿里巴巴千岛湖数据中心就充分利用了深层湖水降温；阿里巴巴的张北数据中心充分利用了当地丰富的风能及太阳能资源，这些能源都是百分百的清洁能源，节能降耗效果明显。阿里巴巴千岛湖数据中心如图 3-5 所示。

图3-5　阿里巴巴千岛湖数据中心

经济性因素贯穿数据中心选址的始终。近年来，数据中心的建设规模越来越大，机房的建设数量越来越多，建设面积也越来越大。在选址时，势必需要注重土地的经济性，在满足使用需求的前提下，尽可能选在城市开发新区、城郊或城市的边缘地带，而不要选在城市的商业区和繁华地带。综合土地的价格和土地的集约程度，应做到降低土地的投资成本。

目前，主流数据中心园区一般占地规模都较大，由多个建筑组成，包括数据中心机房、制冷站、动力中心（油机房）、维护支撑用房、变电站等。建筑布局主要围绕机房设计，依据柴发供电形式分为分散式和集中式。

分散式布局表现为动力中心独立建设，这种形式以动力为中心减少对主机房的干扰，减少运维值班人员人数，降低维护成本。但其缺点是各个功能都要独立布置，增加了占地面积，土地利用率低，规划不够灵活，需要在室外增加连通隧道，增加投资。

集中式布局是将机房设置在数据中心机楼内，该布局形式最大的优点是节约用地，装机率更高，适用于土地紧张、地价高的地区。

分散式和集中式动力中心示意如图 3-6 所示。

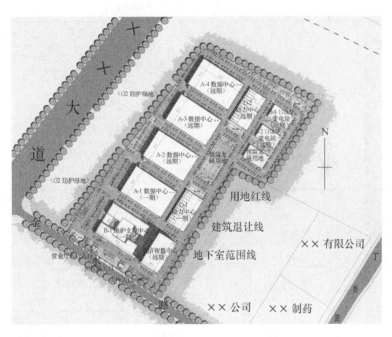

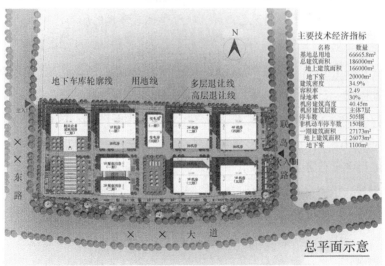

图3-6　分散式和集中式动力中心示意

3. 功能组成与环境要求

数据中心主要功能组成见表3-1。

表3-1 数据中心主要功能组成

数据中心	公共空间		交通（水平、垂直、枢纽）
			值班管理（消防、安防、监控）
			后勤服务（卫生间等）
	基础配套设备空间		柴油发电机房
			高低压变配电房
			空调制冷机房
			气消钢瓶间
	数据机房	机房配套空间	电力电池室
			空调末端风柜房
			备品备件间
		通信机房	数据机房
			传输机房
			交换机房

数据中心是集中放置电子信息设备，并为其提供运行环境的场所，可以是一栋或几栋建筑物，也可以是一栋建筑物的一部分，包括主机房、支持区、辅助区和运维管理区等。

主机房：主要用于数据处理设备的安装和运行的建筑空间，包括服务器机房、网络机房、存储机房等功能区域。

支持区：为主机房、辅助区提供动力支持和安全保障的区域，包括变配电室、柴油发电机房、不间断电源系统室、电池室、空调机房、动力站房、消防设施用房等。

辅助区：用于电子信息设备和软件的安装、调试、维护、运行监控和管理的场所，包括进线间、测试机房、总控中心、消防和安防控制室拆包区、备件库、打印室、维修室等区域。

运维管理区（维护支撑用房）：用于日常行政管理及客户对托管设备进行管理的场所，包括工作人员办公室、门厅、值班室、盥洗室、更衣间、用户工作室等。

建筑平面围绕基本机房模块单元进行空间布局，可在各类房间中选择组合，并需要满足数据中心机房的工艺要求。受到条件限制的数据中心，在保证安全的条件下，也可以一室多用。

数据中心的内部空间环境要求如下。

主机房和辅助区内的温度、露点温度和相对湿度对电子信息设备的正常运行和数据中心节能非常重要。有关环境对印刷线路板及电子元器件的影响研究表明，影响静电积累效应和空气中各种盐类粉尘潮解度的是空气的含湿量，在气压不变的情况下，露点温度可以直接体现出空气中的含湿量。18℃～27℃是目前世界各国生产企业对电子信息设备进风温度的最高要求，这一要求有利于各行各业根据自身情况选择数据中心的温度值，从而达到节能的目的。

空气中的悬浮粒子有可能导致电子信息设备内部发生短路等故障，为了保障重要的电子信息系统运行安全，《数据中心设计规范》（GB 50174—2017）对数据中心主机房的空气粒子浓度作出规定：在静态或动态条件下测试，每立方米空气中粒径大于或等于 0.5μm 的悬浮粒子数应少于 17600000 粒。

4. 造型设计与材料选型

（1）建筑造型设计

数据中心作为信息化社会的象征之一，既要全面体现时代的气息，又要体现该地域的文化内涵，并与之相协调。数据中心的建筑类型以实用为主，机房工艺属性增加，辅助办公面积较小，总体展示了"简洁、高效、严谨、实用"的形象。

数据中心建筑外立面形式简洁，主机房区要求常年保持恒温、恒湿的环境，在主机房区外墙不设置外窗，力求从形式上与机房功能相吻合，其立面设计还要符合机房生产楼无人或少人值守的使用性质和功能要求，为了保证机房的安全性，机房区不设置外窗。数据中心建筑应体现时代性和通信企业的文化内涵，在醒目位置设置标识。数据中心建筑外立面示意如图3-7所示。

图3-7　数据中心建筑外立面示意

数据中心建筑形式需要体现结构、功能以及经济的要求，避免夸张的造型，提倡建筑结构材料资源利用的有效性，减少浪费。数据中心建筑设计应紧扣行业特点，与大数据产业相适应，以建筑本身来对人产生视觉上的冲击力，从而以独特的建筑语言创造出特有的建筑形象；体现建筑空间功能，不同的功能属性使用不同的材料加以注解。

数据中心大多采用模块化布置，便于使用管理。平面空间应完整开阔，有利于工艺流程布置和机架排列，可自由分隔、灵活使用。平面大多较为规整，较少采用弧形等异形体。较为规整的平面立面体型较为敦实，体量多为一个较大的体量和若干小体量的组合。为反映行业性质特征，数据中心立面造型应遵循经济实用、绿色节能的原则；建筑外形不张扬，以不易引起外界关注为宜；四周外墙不宜设置外窗；建筑外观和外立面装饰要简洁大方，并体现绿色节能的特色。数据中心立面的造型应体现工业设计理念，强调简明的体块分割和水平舒展的线条，应反映数据中心建筑的性格和适宜的尺度感。整体建筑造型不宜做过多的体形变化，内在的结构在立面上可反映出标准且富于韵律的单元划分，简洁有力，具有现代感。数据中心立面风格需要与周围环境协调，要体现高科技企业的形象。数据中心类建筑大多体量较大（长宽超过 40m），立面设计要考虑如何消解过大的体量给人带来的压迫感，对大面积的玻璃幕墙的使用应持谨慎态度。数据中心建筑形象示意如图 3-8 所示。

图3-8　数据中心建筑形象示意

数据中心是具有高度安全性、可靠性，具备高新科技行业形象的建筑。行业形象在建筑中主要反映在沿街立面的处理上，其应凸显时尚简约的特征，给人以安全、可信赖的印象。增强建筑整体标识，建筑表皮的设计概念可从当地的历史人文、名胜古迹中汲取灵感，再加以抽象，从而由点成线，由线到面，由面生形，通过保证形体的完整性，使数据中心建筑具有足够的可识别性，在数据中心主立面上设计标志性的形态或者杆件，给予其文化内涵及现代感。

（2）围护结构设计

建筑围护结构是建筑内部空间与外部空间的交界，围护结构设计是节能的关键，关系到建筑在满足使用功能的同时能否营造出良好的室内热环境。数据中心内的 IT 设备在消耗电力的同时，会释放出大量的热量。当温度升高到一定限度时，设备内 IT 硬件的可靠性会降低。为避免机房内空调冷量浪费，机房的墙体及屋面都要有良好的保温措施。

数据中心建筑外立面的装饰材料需要首先保证使用耐久，施工方式简便，质感相对较好，同时性价比优良。目前，大部分数据中心建筑的外立面采用的是保温装饰一体板。数据中心建筑外立面常用装饰材料对比见表 3-2。

表3-2　数据中心建筑外立面常用装饰材料对比

材料	厚度	耐久性	使用寿命	施工方式	质感	性价比
石材	≥ 25mm	不易开裂	20 年以上	干挂	良好	400 ～ 1500 元 /m²
一体板	25 ～ 30mm	一般	5 ～ 10 年	较简便	丰富	300 ～ 1000 元 /m²
普通涂料	2 ～ 3mm	一般	2 ～ 3 年	简便	较好	30 ～ 60 元 /m²
饰面砂浆	1.5 ～ 2mm	优异	20 年以上	简便	丰富	110 ～ 150 元 /m²
真石漆	1 ～ 1.5mm	一般	1 ～ 5 年	简便	单一	120 元 /m²

5. 室外管线综合规划

数据中心工程的室外管线综合规划主要包括给水、污水、雨水、强弱电、通信光缆等管线在地下敷设时的排列顺序和管线间的最小水平净距、最小覆土深度等。管线走向应遵循以下原则。

① 地下管线应预留充足的水平 / 垂直布置空间，尤其是园区的地下管线。

② 地下管线的走向宜沿道路或与主体建筑平行布置；地下管线应适当集中，尽量减少转弯，管线之间尽量减少交叉。

③ 管道走向应与总图竖向标高相协调，符合总规划设计要求。

④ 各种管线的竖向交叉关系应采取的原则：压力管让重力自流管；小管径管线让大管径管线；易弯曲管线让不易弯曲管线；临时性管线让永久性管线；新增管线让原有管线；工程量小的让工程量大的；检修次数少的、方便的让检修次数多的、不方便的。

⑤ 尽可能将性质类似、埋深接近的管线排列在一起。

⑥ 管线离建筑物的水平顺序，由近及远宜为电力管线或通信光缆、燃气管、热力管、给水管、雨水管、污水管。

⑦ 管道穿越道路区域需要设置钢管保护或混凝土包封处理。

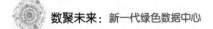

3.3.2　工艺

1. 总体思路

建设绿色数据中心是一项系统性工程，数据中心机房要想达到较好的节能效果，需要将"节能降耗"的理念贯彻到数据中心机房的规划、设计、施工、建设、运维的各个环节中。绿色数据中心的工艺规划就是要在工艺设计阶段按照"节能降耗"的理念，对土建提出合理要求，并通过采用合理的供电技术、制冷技术，选取节能高效的产品等措施实现数据中心机房的绿色建设。

绿色数据中心工艺规划应注意以下 3 个方面。

一是工艺规划、设计方案应安全可靠、经济合理，不能仅为达到节能的目的而降低机房环境的质量或缩短机房供电、制冷等配套设备的使用寿命，更不能影响机房 IT 设备运行的安全性。

二是目前的数据中心节能技术及产品层出不穷，工艺方案一旦投入实施或机房设备投入运行后，再进行改造的难度较大，且投资较多。因此，工艺方案在规划、设计阶段应充分考虑用户类型和需求，选择常用、用户接受度较高的节能技术和产品，以满足不同的机房建设需求，即使远期用户需求发生变化，也能避免发生不必要的改造工作量和投资。

三是数据中心应建立一个能耗监测管理平台，实现能耗数据的实时准确计量、监测、分析和评估等，进一步提高节能减排工作的精确化管理水平，完善监测管理系统的电子化支撑手段，为实施节能减排重点工作、落实目标举措提供有力保障。数据中心通过能耗监测管理平台可以及时、准确地掌握能源消耗情况、挖掘节能潜力、有效控制能耗增长。

2. 建筑分类和荷载要求

数据中心建筑分类等级见表 3-3。

表3-3　数据中心建筑分类等级

序号	名称	等级
1	建筑结构安全等级	一级
2	建筑桩基设计等级	甲级
3	建筑抗震设防类别	重点设防类（乙类）

（续表）

序号	名称		等级	
4	抗震等级		地上部分	框架：一级
5	建筑耐火等级	地下	一级	
		地上	一级	
6	人防等级		核六级	

注：结构抗震等级依据《高层建筑混凝土结构技术规程》（JGJ 3—2010）确定。

数据中心各类型机房的活荷载取值见表3-4。

表3-4　数据中心各类型机房的活荷载取值

序号	房间名称	活荷载标准值 /（kN/m²）		
		板	次梁	主梁
1	数据机房	16	13	12
2	UPS 室	16	13	12
3	变配电室	10	8	8
4	钢瓶间	10	10	10
5	自有机房	16	13	12
6	吊装平台（满足设备搬运要求）	10	10	10
7	设备搬运通道（满足设备搬运要求）	10	10	10
8	柴油发电机房	根据设备重量和平面布置，操作荷载、检修荷载按实际取值		
9	冷冻机房			

注：表中荷载均依照《通信建筑工程设计规范》（YD 5003—2014），其余未尽荷载均参考此规范。

3. 基本原则

① 主机房按大空间设计，面积合理，通用性强，设备排列灵活，平面利用率高。

② 一般来说，单机柜平均功耗 5kW 的数据机房宜采用地板下送风方式；单机柜平均功耗为 5～8kW 的数据机房宜采用列间空调或其他新型空调送风方式；变配电室、电力室、电池室等区域宜采用

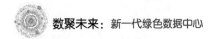

风管上送风或风帽送风方式，有利于较重的设备与地面直接锚固。

③ 机房采用上走线方式，宜不设吊顶，电源线、数据线、光纤线应分离，有利于施工、检修及消防安全。

④ 高等级数据中心应与外界有 2 个不同方向的传输路由，保证传输的物理安全。

⑤ 数据中心应按需设置管井及孔洞。其中，孔洞位置应避梁，尽可能上下对齐。数据中心各楼层水平孔洞宜由土建预留，在条件不具备时宜由后期机电负责按需开孔洞。

⑥ 机房区封闭式管理，均应设置门禁，确保机房的绝对安全。

⑦ 给水管、排水管、空调冷冻水管等均不得穿越机房 IT 设备安装区。

⑧ 机房不作装饰性装修，所用材料为不燃或阻燃材料（含空调保温材料）。

⑨ 根据空调方案按需封闭冷（热）通道，进一步节省能源。

4. 工艺对土建要求

（1）防火

防火设计和耐火等级应按现行的国家和行业有关标准、规范执行。

数据中心大楼的耐火等级不应低于一级，建筑物所用材料应采用符合要求的耐燃或阻燃材料。

（2）防震

大楼抗震设计烈度应符合国家现行规范的相关规定，各个机房的构造应满足抗震设防烈度要求。设备安装（尤其是在采用活动地板的机房中）必须采取相应的抗震加固措施。

（3）防水

各个生产机房严禁漏水、渗水，应避免与本机房无关的各种水管（给水管、排水管、雨水管等）穿越生产机房，消防栓应设在明显且易于取用的走道内。门窗应做到不渗水、不漏水；空调区域和主设备区之间的隔墙应做好防水措施。

（4）地面要求

地面平整度：机房最远两点高度的偏差应在 0.1% 以内，且高度最大不得超过 30mm；地面应光滑，无凹凸。大楼卸货区平台、入门处地面要进行特殊处理，以防设备在搬运时破损坏地面。

地面材料：数据机房活动地板上沿距地表面高度不少于 600mm，活动地板应采用非燃材料，同时耐油、耐腐蚀，柔光，不起尘，不吸尘，易于清扫。地板必须具备足够的强度，以承受整个系统和其他活动的或静止的负荷。数据中心各功能分区建议地面材料见表 3-5。

表3-5 数据中心各功能分区建议地面材料

序号	功能分区	地面材料
1	主设备区	防静电地处理、活动地板（按需）
2	空调区域	防静电地处理
3	电力室	防静电地处理
4	钢瓶间	防静电地处理
5	冷冻水主机房	防静电地埋处理
6	油机房	防静电地埋处理、绝缘胶垫
7	高压进线室	防静电地埋处理、绝缘胶垫
8	高低压配电室	防静电地埋处理、绝缘胶垫
9	电缆分界室	防静电地埋处理、绝缘胶垫
10	监控区	防火抗静电活动地板
11	储藏区、备品备件室	普通处理
12	进线室	防静电地处理
13	主走道	普通处理

不采用活动地板的地面层可采用防静电漆、水磨石等材料，机房抗静电接地须通过设置良好的接地系统来实现。

地板抗静电接地：抗静电活动地板接地采用重复并联接地方式，在地板下方设置 $2m \times 2m$ 左右的金属网格，该网格与活动地板支架做多点可靠连接，该金属网格每个开间与接地体（保护接地排）可靠相连一次，作为活动地板抗静电接地。

（5）墙面及顶棚

机房的墙面要平整、光洁、无裂缝，不掉灰，墙面涂无光油漆，以明朗、淡雅的色调为宜。

墙面及顶棚面层材料应采用光洁、耐摩擦、耐久、不易起灰、非燃性、非粉质、不吸湿、易清洗的材料，机房内不得贴墙纸（布）。

（6）门、窗

各类通信机房及气体钢瓶间均应采用甲级防火门，光缆上线井应采用丙级防火门。

通信设备用房的外窗应能满足采光、防尘、采暖和空调要求等。外窗的截面尺寸不宜过大，窗玻璃的厚度应比一般民用建筑的要求提高一级。除因建筑设计要求之外，房间一般以少窗或无窗为宜。

铝合金门窗、框、扇表面不允许有沾污、碰伤、扭曲现象；门窗安装位置正确，不得翘曲、窜角、松动。

（7）楼梯、电梯、走道

通信机房部分应有一座兼供搬运设备用的楼梯，其楼梯的梯段净宽不得小于1.5m，平台宽度不宜小于1.8m，楼梯平台及梯段净高不得小于2.2m，楼梯间的门洞宽度不得小于1.5m，门洞高度不得小于2.3m。

大楼内应设置可供运送设备用的电梯，该电梯可与消防电梯或客梯兼用。其载重量可根据常用设备的要求加以确定，应不小于2吨，其轿箱尺寸及开门尺寸应根据设备需要与电梯生产厂家协商确定。

（8）隔墙及孔洞

设备用房的墙面应平整、光洁、无裂缝、不掉灰，尽量避免不必要的线脚，防止积聚尘土，墙面涂刷无光油漆或乳胶漆等内墙涂料，选用的材料应确保墙面涂刷后的平整度、光洁度和耐久性，一般以明朗、整洁、淡雅的色调为宜，同时通信机房的围护结构，包括各类内隔墙、实体外墙、玻璃幕墙外墙以及内外门窗均应满足气体消防对围护结构的防火、耐压等相关技术要求。为了减少机房空调的使用能耗损失，建议外墙面及内隔墙均采取一定的保温隔热措施。

各类孔洞在不影响机房结构的前提下，沿梁边、柱边设置，尽量使走线柜与墙柱平齐。通过围护结构或楼板的孔洞，根据不同的情况，应采取防水、防火、防潮、防虫等措施。楼面管井在每层未启用处及启用的管道井的空隙处均应采用相应耐火等级的防火密封材料加以封堵，墙壁及隔断穿孔洞处均需使用相应耐火极限的非燃烧材料封堵。

（9）照明及电源插座

机房照明灯具采用荧光灯，与机柜平行，且安装于机柜列间，并配置高效优质的电子镇流器。照明用电线采用铜芯导线，截面面积不小于2.5mm^2。机房应按照消防规范要求配备一定数量的应急照明，并保证供电系统（由油机发电机组供电）的灯数不少于总灯数的1/3。照明方式宜采用一般照明（包括分区一般照明）、局部照明（包括列架照明）和混合照明。除普通照明和保证照明系统之外，机房还应设置事故照明。所有照明开关应设在机房入口处。机房各个房间照度标准要求见表3-6。

表3-6　机房各个房间照度标准要求

序号	房间名称	被照面	照明方式	照度 /lx
1	进线室、油机室、各种候工换班室、电梯厅等班室、电梯厅等	水平面	一般照明	100～300
2	数据中心机房	水平面	一般照明	300/500
3	值班室、监控室等	水平面	一般照明	200/500
4	电力室、配电室等	垂直面	分区一般照明	200/300
5	各种贮存室、卫生间	水平面	一般照明	50

设备机房内的插座主要设置在机房周围墙壁和各个柱子上，设置基本遵循使用方便的要求，规格为220V/10A，插座的安装高度为距地面 / 地板上 300mm。其中，每组插座均为五孔（两孔 + 三孔）安全型插座。

5. 室内管线综合规划

室内管线综合规划需要协调机房及各楼层平面区域各个专业的管线路由，确保在有效的空间内合理布置各个专业的管线，以保证走廊或机房内标高要求，同时保证机电各个专业有序施工，并协调机电与土建、装修的施工冲突，保证有足够的空间完成各种管线的检修和更换工作。

对水管、桥架、风管的布置应采取逐级避让原则。一般风管布置在最上方，当桥架和水管同层时，应水平分开布置；在同一垂直方向时，桥架应尽量布置在上层，水管在下层，综合利用一切可利用的空间。强弱电分两侧走，弱电避让强电，强弱电走线架应保证间距。不同专业管线间的距离应尽量满足施工规范，并考虑维护操作等要求。

（1）给排水管路布置

数据中心工程内给排水管道安装的总体原则如下。

小管让大管，有压让无压，生活让消防，无毒让有毒，金属管让非金属管，低压让高压，阀件少的让阀件多的。主机房内的气体灭火管道贴梁底安装。

（2）供电管路布置

目前，数据中心供电管线大多沿电缆走线架 / 走线槽采用上走线布置方式，零星线路辅以扣压式薄壁钢管（KBG管）、紧定式薄壁钢管（JDG管）、焊接钢管（SC管）等镀锌钢管穿管方式。敷设方法须根据项目的具体情况选择，包括采用地板下安装、设备上部吊挂安装，以及部分管材暗敷设于墙体内等。

具体施工过程应遵循以下规范。

① 电缆桥架敷设应遵循的要求。

a. 电缆桥架安装时应做到安装牢固，横平竖直，沿电缆桥架水平走向的支吊架左右偏差应不大于10mm，其高低偏差应不大于5mm。

b. 电缆桥架与其他管道共架安装时，电缆桥架应在管架的一侧，当有易燃气体管道时，电缆桥架应设置在危险程度较低的管道一侧。

c. 电缆桥架应在具有腐蚀性液体管道上方。

d. 电缆桥架应在热力管道下方。

e. 易燃易爆气体比空气重时，电缆桥架应在管道上方。

f. 易燃易爆气体比空气轻时，电缆桥架应在管道下方。

② 线管敷设应遵循的要求。

一是明管敷设的基本要求。

a. 根据图纸加工支架、吊架，固定卡采用成品件，接线盒使用成品明装盒。

b. 根据图纸以土建弹出的水平线为基准，挂线找平，线坠找正，标出盒箱的位置。

c. 根据盒箱的位置把管路的垂直、水平走向弹出线来，按照固定点间距的尺寸要求，计算出支架、吊架的具体位置。

d. 固定点间距应均匀，管卡与终端、转变中心、电气器具、接线盒边缘的距离为150～300mm；中间的管卡最大距离：当管径为15～20mm，卡距为1000mm；当管径为25～32mm，卡距为1500mm；当管径为32～40mm，卡距为1500mm。

e. 对敷设于多尘、潮湿场所的管路，其管口处均应做密封处理。

f. 消防管路应刷防火涂料。

g. 同一房间内的管卡高度要排列一致，并处于同一标高上。

二是暗管敷设的基本要求。

a. 暗配管路宜沿最近路线敷设，并尽量减少弯曲；埋入墙体或顶板内的钢管，离表面的净距离不小于15mm，消防管路不小于30mm。

b. 对敷设于多尘、潮湿场所的管路，其管口处均应做密封处理。

c.落地式配电箱（柜）内的管路（指下方）排列整齐，管口应比基础面高出 50 ～ 80mm。

d.管路的弯曲半径至少在管径的 6 倍以上，弯扁度在管径的 1/10 内。

e.管路预制加工：直径为 25mm 及以下的管弯采用冷煨法，用手动煨弯器加工；直径为 32mm 以上的管弯采用成品件。

f.管子切断：钢管用钢锯切断，管口处平齐、无毛刺，管内无铁屑，长度适当。

③ 吊顶内管路敷设的基本要求。

a.盒子位置正确，管路的固定采用支架、吊架，管路固定间距在 1000 ～ 1500mm，在管路进盒处及弯曲部位两端 150 ～ 300mm 处加吊杆及固定卡固定，末端的灯头盒要单独加设固定吊杆。

b.连接时，应选用与 JDG 管和 KBG 管这两种薄壁镀锌钢管管径相适配的管箍，钢管管口锉应光滑平整，接头处牢固紧密，与被连接管的管口对严。

c.灯头盒与灯具（或其他用电设备）的距离不超过 200mm，在吊顶加设接线盒时，要便于维修，不可拆卸的吊顶应预留检查口。

d.水平安装时，应适当设置防晃装置。

（3）空调管路布置

空调管路在综合管线施工中的避让应遵循以下一般性原则，具体布置应根据实际情况，在进行管线综合排布后协商确定。

① 小管让大管：小管绕弯较为容易，且造价较低。

② 分支管让主干管：分支管的管径一般较小，较为容易绕弯且造价低，另外，分支管的影响范围小。

③ 有压管让无压管（压力流管让重力流管）：无压管（或重力流管）改变坡度和流向，对流动的影响较大。

④ 给水管让排水管：给水管多为有压管，排水管基本依靠重力流，通常排水管的管径大，且水中的杂质较多。

⑤ 常温管让高（低）温管（冷水管让热水管、非保温管让保温管）：管路高于常温要考虑排气；低于常温要考虑防结露保温。

⑥ 风管让水管：水管弯头增加水流动的阻力较大，增加的能耗较大。

⑦ 阀件小的让阀件多的：考虑安装、操作、维护等因素。

⑧ 从避免增加安装难度的方面考虑，施工简单的避让施工难度大的。

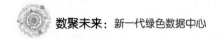

6. 机柜

（1）机柜类型

机柜是指用于放置计算机设备、数据网络设备或相关设备，并提供设备运行所需的信息网络、电源、冷却等环境条件的全封闭或半封闭柜体，也称服务器机柜。

① 下送风机柜。下送风机柜是指采用通过机柜内底部前侧的进风口进风，通过带网孔的后门或顶部出风，使机柜内设备得到均匀充分冷却的通风。

② 上送风机柜。上送风机柜是指采用通过机柜内顶部前侧的进风口进风，通过带网孔的后门或顶部出风，使机柜内设备得到均匀充分冷却的通风。

③ 前送风机柜。前送风机柜是指采用通过机柜外正面直接进风或者通过带网孔的前门进风，再通过机柜后面直接出风或者通过带网孔的后门或顶部出风，使机柜内设备得到均匀充分冷却的通风。

在数据中心中，通常采用下送风机柜或前送风机柜。

（2）下送风机柜技术要求

① 外观与结构。前门单开，不带网眼；后门单开／双开可选，带网眼，需要保证通透率大于 70%。

前门可按需求选择无透视或内嵌钢化玻璃两种材料。如果没有透视需求，门内侧则需要留有资料框（内部可放置机架使用说明及设备安装要求等）；如果内嵌钢化玻璃，则要求透视面积不小于 80%。

机柜可选用冷轧钢板或铝合金型材立柱，钢板侧门、前后门、层板及加固顶底结构；立柱与顶部及底部构件可采用焊装或拼装式结构。钢板厚度为 1.5 ～ 2.0mm（承重受力部位的厚度为 2.0mm）。

机柜正面风道上方顶板为封闭式结构（为防止冷气流失），密封顶板的后边缘要与前立柱边缘平齐。机架顶板的其他部分由多块防虫网组成，并有前后两组线缆进线口（进线口的位置可以自由调节，机架后部的进线口位置要与架内的线缆绑线板相对应），进线口在未使用时，填充防火或阻燃海绵，防止异物落入机柜，进线口两侧有线缆固定装置。机柜后部左右两侧均放置两条侧边绑线板（绑线板位于电源插座和后立柱之间，在后部进线口的正下方），用于信号线的布放与固定，信号线应分侧布放。每个绑线板宽为 60mm。电源线引入机柜后，应先接到电源显示单元，电源显示单元的出线通过导线环引入立柱式电源分配单元中。

柜内设置 4 根或 6 根 19×25.4mm 标准连接立柱用于安装配线模块和托板。连接立柱的前后位置、托板安装高度和前后位置可以调整，能适应服务器等设备的安装要求。数据设备有效安装深度不小于750mm。立柱上按标准可安放 9.5mm×9.5mm 的 M5 方螺母组件。立柱上需要印有以 U 为单位的高度标识。

机架内部应考虑设置设备支架和托板，可采用冷轧钢板材料，表面处理与机架一致。为了方便调节安装，支架和托板应采用非螺丝固定的方式。机柜及其托板具有足够的刚性，不应在设备安装后出现晃动和结构件变形。

门为可拆式结构。门的开合应转动灵活、锁定可靠、装拆方便、使用不变形，满足一定的强度要求。门的开启角不小于 110°，间隙应不大于 3mm。

机柜前后的门锁应牢固（锁定）可靠，操作灵活。

机柜结构应牢固，装配具有一致性和互换性，紧固件无松动，外露和操作部位的零件无毛刺。表面涂覆层应表面光洁、色泽均匀、无流挂、无露底；金属件无锈蚀。

机柜可以并列安装，随机配有并架连接件。机架之间用 M8（M5）螺栓紧固（四点固定），设备底脚与地面或底座采用 M10 螺栓紧固，机架底座与地面之间采用 M12 膨胀螺栓加固。

假面板宜采用卡接方式固定，用于填充在服务器与服务器之间的以 U 为高度的间隙上，以防止冷气风道泄露。假面板为选配件，规格有 1U、2U 和 4U 共 3 种。下送风机柜侧向剖面示意（侧视）如图 3-9 所示。

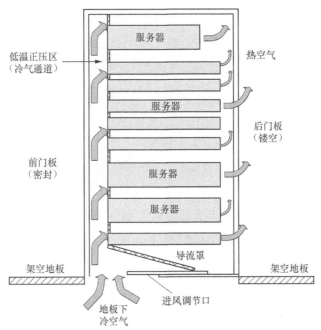

图3-9　下送风机柜侧向剖面示意（侧视）

② 机柜内部电源分配单元配置要求。电源分配单元（PDU）一般安装在机柜后部两侧（尽量靠近后门，宽度和厚度要尽量小，不影响服务器的安装，厚度方向要不超过后立柱的内边缘）。立柱式电源分配单元的参考尺寸为1900mm（高）×140mm（宽）×42mm（厚）。

每个机架一般要求两路电源输入，输出分路在立柱式电源分配单元的最下端，每个输出分路对应一个三芯单相扁平插座。空气开关采用质量可靠的产品，三芯单相插座须提供3C认证。

如果要求每路输入各设置1个数字式电流表，那么电流表的误差应在±2%以内，需要提供计量部门的检测证明或相关行业认证。

PDU为定制化产品，输入和输出分路的数量及规格可根据具体需求而定。

③ 通风散热及防尘要求。机柜应具有良好的通风散热能力，结构与机房空调送风方式相适应。

a. 一般情况下，下送风机柜的正面门板采用全密封结构，后面门板采用镂空网孔门，通透率不小于70%。

b. 机柜底部前半部和机柜最底端的托板之间，应制作封闭的气流通道（导风槽）。

c. 机柜正门与设备正面之间须形成一个泄漏较少的冷风通道。

d. 机柜底部后半部须密闭，防止冷空气从机柜底部向后面热空气通道泄漏。

e. 机柜底部采用活动调节抽板，可根据设备数量，调节冷空气口大小（进风口应从机柜前门内边缘延伸至机柜底部中间，活动抽板的冷气入口占底部1/3空间）。建议在进风口上偏后位置设置倾斜的导风槽，以便将冷气引入设备安装面和前门形成的风道中。风道上方的架顶部分需要用密封盖板封住（密封顶板的后边缘要与前立柱边缘平齐），机架前门与设备安装面两侧需要有密封侧盖板（两个侧盖板均向机架内侧折弯，以增加密封性），以防止冷气泄漏。

f. 机柜正门与假面板之间的间距建议为180mm。

g. 机柜内的设备不要安装得太低（最底部的托板应距离地面200mm），否则设备会对气流形成阻力。

④ 保护接地排设置。机柜内配电单元的位置附近应设置用于设备保护接地的铜排。铜排可安装在机架后立柱折弯腔内（折弯腔内需要攻丝，以便接地时方便连接），铜排高度为从机架内顶部至底部，可以保证机架内设备就近接地。铜排设备保护地和机柜保护地分开，机柜内接地铜排与柜体通过绝缘子绝缘，机柜与机架外的接地铜排形成可靠连接。

⑤ L形支架及托板要求。支架和托板应能上下随设备移动。L形支架长度不小于600mm，在高度方向的距离必须小于1U。L形支架为选配件，其承重有80kg、160kg、240kg、300kg共

4 种要求。用户可以根据需求进行承重及数量的选配。

托板的深度不小于 600mm，根据承重需求，托板可选加强型结构，并要求打长形散热条孔。托板在设计时尽量减少与服务器底板接触的面积，便于服务器底部散热。托板为选配件，其承重有 80kg、160kg、240kg、300kg 共 4 种要求。用户可以根据需求进行承重及数量的选配。

⑥假面板。机房空调系统如果采用下送风方式，则每个机柜都需要配备气流隔板（假面板），隔板规格应有 1U、2U 和 4U 共 3 种高度，并采用不易变形、轻便、防火材料，建议使用钢质材料。隔板的设计应采用便于装卸的扣式。机柜连接立柱与侧板间应配备密封气流隔板。气流隔板卡扣的尺寸与前立柱空位的尺寸应匹配，卡住后牢固，不会松动。

（3）前送风机柜技术要求

除以下几点之外，其余前送风机柜的技术要求均与下送风机柜技术要求相同。

①前门不密封，带网眼，通透率大于 70%。

②前立柱正常安装，不需要与前门有 180mm 的间距。

③机架底部密封，不需要进风口。

（4）不同场景下的机柜及配件选择

机柜类型主要由送风方式和冷却方式决定，在数据中心建设时，应根据具体情况选择合适的机柜。机柜配件的选择往往也会根据情况有所区别，例如，机柜电源既有采用工业连接器的方式，也有直接使用电源线压接的方式，还存在电源插座选择标准的问题（国标、美标、欧标）。因此，在具体的项目中，需要根据工程的具体情况合理选择不同配件。

7. 桥架

桥架是用于支撑和布放线缆的支架，在工程上的应用很普遍，主要是为了实现信号和电源路由分开以及布线方便，目前主要使用的桥架有网格式桥架、铝合金桥架（4C）、韩式（U 形钢）桥架和梯式钢型材桥架，另有少量的走线槽形式桥架。

（1）桥架安装

桥架的安装方式主要有沿顶板、墙水平和垂直、竖井、地面、电缆沟、管道支架安装等。所用支（吊）架可选用成品或自制。支（吊）架的固定方式主要有预埋铁件上焊接、膨胀螺栓固定等。

桥架安装应符合以下规定。

①当直线段钢制桥架的长度超过 30m、铝合金制桥架的长度超过 15m 时，应设伸缩节，在

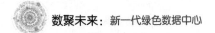

电缆桥架跨越建筑变形缝处设置补偿装置。

② 电缆桥架应在下列位置设置吊架或支架。

a. 桥架接头两端 0.5m 处。

b. 每间距在 1.2 ～ 3m 处。

c. 转弯处。

d. 垂直桥架每隔 1.5m 处。

③ 吊架和支架的安装应保持垂直、整齐、牢固、无歪斜。

④ 桥架连接板的螺栓固定紧固无遗漏，螺母位于桥架外侧。

⑤ 缆桥架应敷设在易燃易爆气体管道和热力管道的下方。

⑥ 金属桥架及其支架全长应不少于 2 处接地或接零。

⑦ 金属桥架间连接片两端应不少于 2 个有防松螺帽或防松垫圈的连接固定螺栓，并且连接片两端跨接不小于 $4mm^2$ 的铜芯接地线。

⑧ 桥架安装应符合以下要求。

a. 桥架左右偏差不大于 50mm。

b. 桥架水平度每米偏差不大于 2mm。

c. 桥架垂直度偏差不大于 3mm。

为了保证供电干线电路的使用安全，其接地或接零尤为重要。

（2）几种常见桥架

下面针对目前数据中心机房内桥架的使用特点及安装环境，介绍几种较为常见的桥架。

① 网格式桥架。网格式桥架有别于一般的桥架，具有结构简单、美观大方、安装方便等优点。

目前，市场上的网格式桥架存在国外进口和国内生产两种，以 $600m^2$ 数据机房为例：国外进口网格式桥架最快的供货周期为一个星期以上，国内生产网格式桥架一般的供货周期为 2 天，现场安装时间一般为 2 ～ 3 天。网格式桥架效果示意如图 3-10 所示。

② 铝合金桥架。铝合金桥架以 4C 铝型材桥架为代表，在数据中心机房中经常使用。

4C 铝型材的吊装通常采用 3 种方式。

a. 采用螺纹吊杆在桥架两侧进行固定，这种安装方式一般在布放线缆较少的情况下采用。

b. 采用螺纹吊杆和托架对桥架进行固定，这种安装方式是在通信机房中较为常见的一种安装方式。

c. 采用铝型材吊挂对桥架进行固定，在通信机房安装中也是较为常见的一种安装方式。

铝型材的使用量较大，市场上存量较多，在机房建设过程中可以根据使用量随时采购 4C 铝型材用于现场加工，但铝型材的现场组装需要大量的人力，例如，600m² 机房桥架的制作及安装时间约为 1 周（相比其他桥架安装投入的人员较多）。铝合金桥架效果示意如图 3-11 所示。

图3-10　网格式桥架效果示意　　　　　图3-11　铝合金桥架效果示意

③ 韩式（多孔 U 形钢）桥架。韩式（多孔 U 形钢）桥架既有布线管理的作用，又有支撑全部缆线重量的功能，是光缆、五类线、电线、电缆、管缆架设达到标准化的必要工程用具。其结构为全开放式裸架，主材选用优质钢板，表面喷塑或热镀锌（室外用），适用于水平、垂直及多层分离布放线场合，在扩容及后续工程布放线施工时可以很方便地实现"三线"分离。

韩式（多孔 U 形钢）桥架的特点如下所述。

a. 桥架涵盖宽度为 200 ～ 1000mm。

b. 每米平均承重 300kg 以上。

c. 分单层、双层、三层等，及宽上层挂窄下层。

d. 搁条间隔可调，一般为 250 ～ 330mm，吊挂间隔为 1.5 ～ 2m。

e. U 形钢桥架可采用通用件现场组装。

f. 表面喷塑颜色可选；桥架表面热镀锌后可在室外使用，可靠耐腐蚀。

g. 可吊顶安装，地面支撑安装，也可作为爬梯使用。

h. 在现场组装过程中无须打孔，无须配置专用工具，可大量节省劳动力和施工时间。以 600m² 数据机房为例：供货采用分批供货的方式，现场安装，共计施工时间约为 5 天（整个安装过程投入的人力较少）。韩式（多孔 U 形钢）桥架效果示例如图 3-12 所示。

④ 梯式钢型材桥架。梯式钢型材桥架是较早在国内使用的产品。该产品为全开放式裸架，主材选用优质 Q235 钢板，表面喷塑或热镀锌（室外用），具有承重量大、外观简洁、耐腐蚀等特点。

扁钢桥架适用于水平、垂直及多层分离布放线场合，结构紧凑，布线量大，扩容及后续工程布放线施工时可以很方便地实现"三线"分离。走线架的安装尺寸可由用户根据机房实际情况灵活设计确定。

在现场组装过程中无须打孔，无须配置专用工具，可大量节省人力和施工时间。以600m² 数据机房为例，采用分批供货的方式，现场安装，共计施工时间约为5天（整个安装过程投入的人力较少）。梯式钢形材桥架效果示例如图3-13所示。

图3-12　韩式（多孔U形钢）桥架效果示例　　　图3-13　梯式钢形材桥架效果示例

（3）桥架性能及优劣势分析

① 网格式桥架。网格式桥架有别于一般的桥架，是近年来新出现的类型，具有结构简单、美观大方、安装方便等优点。

网格式桥架的优势如下所述。

a. 维护维修工作简单。机房内会经常增减或变更设备，与此同时就会拆除或增加电缆。使用开放结构的网格式桥架可以最大限度地观察电缆，因此维护和维修人员很容易辨别需要更换的电缆，使工作变得简单。

b. 灵活简便。网格式桥架可以采用各种安装方式，而且不需要提前定制特殊的部件，例如折弯、三通、四通、变径等。这些特殊的部件可以在施工现场采用直段桥架，并利用简单工具（剪钳）直接做成，从而缩短设计和安装时间。此外，这种新式的结构还可以更好地管控线缆，未来维护和升级工作也很简便，可大幅缩短安装时间。

c. 形式美观。由于线缆可见，所以施工时要求线缆按顺序摆放，而且网格式桥架做工精细，可以按照客户要求喷涂各种颜色，整个系统在安装完毕后显得很生动，打破了以前机房以黑色或灰色为主调的沉闷气氛。另外，一种流行的做法是采用本色的桥架但使用彩色电缆，这种开放桥架安装完毕后也十分美观。

d. 优秀的承载能力。网格式桥架虽然轻便，但每个焊点能承受 500kg 的张力，在组装过程中避免了焊接点的尖锐端面，不仅能够保护线缆，而且对施工及安装人员来说也更加安全。

e. 经久耐用。网格式桥架有多种表面处理方式可供选择。其中电镀锌的锌层厚度是 12～18μm，热镀锌的锌层厚度是 60～80μm，且镀层均匀，抗腐蚀性强。对于一些特殊的环境，网格式桥架还可以提供经钝化的 304L 和 316L 高品质不锈钢系列的桥架和配件，保证产品经久耐用。

网格式桥架的劣势如下所述。

目前，市场上的网格式桥架存在进口与国产两种，进口网格式桥架的供货周期长，价格较普通桥架高，这样造成建设工期长、投入资金多。国产网格式桥架较市场上其他桥架便宜，供货时间短，但目前的一些机房使用案例证明，国产桥架在布放较多电力电缆的情况下会出现变形。在实际的使用过程中，网格式桥架的供货型号主要为 200～600mm，型号不全。

② 铝合金桥架。铝合金桥架以 4C 铝型材桥架为代表，4C 铝型材桥架的使用最为常见。

铝合金桥架的优势如下所述。

a. 每米平均承重 300kg 以上（承载能力强）。

b. 搁条间隔可调；一般为 250～330mm；吊挂间隔为 1.2～2m（组装灵活）。

c. 列架可采用通用件现场组装，外形美观。

d. 无须打孔，无须专用工具，大量节省人力和施工时间。

铝合金桥架的劣势体现在连接件较多，在相同工期的情况下现场投入的安装人力较多，在人力对等的情况下，安装时间相对较长；吊挂件及连接件接地困难。

③ 韩式（多孔 U 形钢）桥架。

韩式（多孔 U 形钢）桥架的优势如下所述。

a. 每米平均承重 300kg 以上（承载能力强）。

b. 搁条间隔可调；一般为 250～330mm；吊挂间隔为 1.5～2m（组装灵活）。

c. 列架可采用通用件现场组装。

d. 无须打孔，无须专用工具，大量节省人力和施工时间。

e. 桥架表面喷塑颜色可选；表面热镀锌后可在室外使用，可靠耐腐蚀。

f. 材料本身有孔洞，现场安装灵活，且安装完成后，在机房后期使用过程中进行扩展及加层的灵活性较强。

韩式（多孔 U 形钢）桥架的劣势如下所述。

目前，该种形式的桥架在通信运营商机房中使用的案例较少，供货厂家比较单一，供货周期较铝合金桥架长，且整体的美观程度较铝合金桥架差。

④梯式钢型材桥架。

梯式钢型材桥架的优势如下所述。

a. 搁条间隔为 250～330mm；吊挂间隔为 1.2～2m。

b. 列架可采用通用件现场组装，外形工整。

c. 桥架表面热镀锌后可在室外使用，可靠耐腐蚀。

d. 可吊顶安装，地面支撑安装，也可作为爬梯使用。

e. 这是最早应用的一种桥架，施工队的施工经验较为丰富。

梯式钢型材桥架的劣势如下所述。

每米平均承重 200kg 以上，承载能力较弱；桥架本身较重，对吊挂形成一种负担，对楼板的承重要求较高，并且在机房布局中相对不够美观。桥架性能分析见表 3-7。

表3-7　桥架性能分析

序号	名称	网格式桥架	铝合金桥架	韩式（多孔U形钢）桥架	梯式钢型材桥架	备注
1	型号规格	难以齐全	齐全	齐全	难以齐全	600mm 以上需定制（难以齐全）
2	产品外观	美观	美观	一般	一般	
3	每米桥架承重/kg	200	300	300	200	
4	防漏电安全接地	需要接地装置	无须接地	需要接地装置	需要接地装置	
5	屏蔽性	好	较好	好	好	
6	现场变更	容易	容易	容易	难	
7	重量	轻	较轻	较轻	重	
8	供货周期	长	短	较短	较短	
9	安装时效	快	较长	快	快	
10	相应时间按投入人力	少	多	少	少	
11	投资分析	高	较高	较高	低	

注：每米桥架承重均为普通型桥架的承重，如果对承重要求较高，那么可采用加强型桥架。

（4）总结

数据中心在机房建设过程中讲究机房的和谐、美观，尤其是一些核心机房，不仅需要高品质，而且也要为用户营造一个相对舒适的使用环境。网格式桥架或铝型材桥架在整洁、美观等方面的能力比较突出，它们改造方便，使用灵活，为满足用户的个性化需求带来了便利。

从管理维护的角度考虑，数据中心中的一般机房较大且机柜数量较多，桥架的使用量很大，在机房后期扩容或方案调整时桥架的灵活性就相当重要。网格式、铝型材与韩式（多孔 U 形钢）桥架在这方面的能力都较为突出。其中，韩式（多孔 U 形钢）桥架更能满足机房分期建设的需求，降低了后期桥架的扩容难度，同时缩短了改造周期。

综上所述，韩式（多孔 U 形钢）桥架具备开放式桥架布线方便、散热性好的特点，同时安装灵活，扩展性强，并且在管理维护效益、经济效益方面也具有明显的优势。从技术方面讲，韩式（多孔 U 形钢）桥架的整体性能比较突出，但目前数据中心机房内的使用案例较少且美观程度较 4C 铝型材与网格式桥架差，韩式（多孔 U 形钢）桥架在数据中心这样要求较高的机房内的使用能否被客户接受以及是否还存在相关的使用问题等还需要进一步确认。

3.3.3 空调系统

1. 环境要求

主机房和辅助区的温度、露点温度和相对湿度对电子信息设备的正常运行和数据中心节能非常重要，空气中的悬浮粒子有可能会导致电子信息设备内部发生短路等故障，故根据《数据中心设计规范》（GB 50174—2017）。数据中心环境要求参数见表 3-8。

表3-8 数据中心环境要求参数

项目	环境要求	备注
冷通道或机柜进风区域的温度	18℃～27℃	不得结露
冷通道或机柜进风区域的相对湿度和露点温度	露点温度为 5.5℃～15℃，同时相对湿度不大于 60%	
主机房环境温度和相对湿度（停机时）	5℃～45℃，8%～80%，同时露点温度不大于 27℃	

（续表）

项目	环境要求	备注
辅助区温度、相对湿度（开机时）	18℃～28℃、35%～75%	
辅助区温度、相对湿度（停机时）	5℃～35℃、20%～80%	不得结露
主机房和辅助区温度变化率	使用磁带驱动时 <5℃/h 使用磁盘驱动时 <20℃/h	
不间断电源系统电池室温度	20℃～30℃	
主机房空气粒子浓度	应少于 17600000 粒	每立方米空气中大于或等于 0.5μm 的悬浮粒子数

2. 负荷计算

机房空调负荷包括冷负荷、热负荷和湿负荷。电子信息设备发热量大，热密度高，夏天冷负荷大，因此数据中心的空调配置一般会根据机房空调的冷负荷来选择。

数据中心的冷负荷可以按照《数据中心设计规范》（GB 50174—2017）7.2 条进行计算，机房空调系统夏季冷负荷应包括以下内容。

① 数据中心内设备的散热。

② 建筑维护结构的传热。

③ 通过外窗进入的太阳辐射热。

④ 人体散热。

⑤ 照明装置散热。

⑥ 新风负荷。

⑦ 伴随各种散湿过程产生的潜热。

机房空调系统的湿负荷包括人体散湿、新风湿负荷、渗漏空气湿负荷和围护结构散湿。

机房空调系统的各种冷、湿负荷定义如下所述。

（1）数据中心内设备的散热

机房内设备冷负荷占总冷负荷的主要部分，机房内设备主要包括服务器、路由器、网络设备等电子信息设备以及供配电设备，这些均属于稳定散热设备。大多数设备生产厂商均能提供计算机设备的电功率及散热量，设备电功率基本可以全部转换为散热量，一般在 97% 以上。

（2）建筑维护结构的传热

建筑维护结构形成的冷负荷主要包括两个方面：外维护结构（外墙、屋顶、架空楼板）的传热冷负荷和内维护结构（内墙、内窗、楼板）的传热冷负荷。

（3）通过外窗进入的太阳辐射热

通过机房外窗进入室内的热量有温差传热和日照辐射两个部分。温差传热形成的冷负荷由室内外温差引起。太阳辐射到窗户上时，除了一部分辐射量反射回大气之外，其中一部分能量透过玻璃以短波辐射的形式直接进入室内；另一部分被玻璃吸收，提高了玻璃温度，然后再以对流和长波辐射的方式向室内外散热，因此日照辐射形成了冷负荷。

（4）人体散热

人体散热与人的性别、年龄、劳动强度、衣着及进入房间的时间有关，包括显热冷负荷和潜热冷负荷。机房内人员较少或无人值守时冷负荷可以忽略。

（5）照明装置散热

照明装置散热也分为对流和辐射两个部分，其中对流部分会形成瞬时冷负荷，辐射部分先由室内表面物体吸收，再通过对流的方式形成冷负荷。

（6）新风负荷

机房内要保持正压，需要不断向机房内补充新风，新风全冷负荷包括显热和潜热形成的冷负荷。新风冷负荷最好由专门设计的新风处理机组来处理。新风带来的湿负荷是数据中心湿负荷的主要来源。

3. 气流组织

机房内的气流组织一般与空调末端形式组合选择，其主要影响因素是机柜功耗。目前，常用的机房空调末端及气流组织形式有以下几种。

① 房间级空调（风管 / 风帽）上送风形式：适用于单机柜功耗较小、机房进深较小的机房；初期投资低，对机房层高要求较低。

② 房间级空调 + 地板下送风形式（冷 / 热通道不封闭）：适用于单机柜功耗不大，一般在 4kW 以下的机房。

③ 房间级空调 + 地板下送风形式（封闭冷 / 热通道）：适用于单机柜功耗不大于 6kW 的机房，单机柜功耗较大的机房在采用该方式时，设备列间距要求较大，机房的利用率较低；而且机柜功耗越大，架空地板高度越高，对机房层高的要求越高。

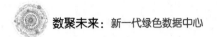

④ 列间级空调＋封闭冷／热通道：适用于高热密度机房，对机房层高的要求较低，机房利用率较高。列间级制冷，靠近机柜节能性较高，无须定制机柜。

⑤ 背板空调形式：适用于高热密度机房，由于背板空调贴近服务器热源直接冷却，机柜前进风、后出风皆为冷气，所以机房内气流无冷／热通道差别。

4. 空调系统

机房空调系统的目标是通过对空气的调节和处理措施，确保机房内的空气温度、湿度、压力、洁净度等参数处于规定的范围内，保障信息系统设备安全、稳定运行。空调系统将热量由机房向大气散热的方式多种多样，这决定了机房专用空调系统的多种多样。根据不同的散热形式，数据中心空调系统主要分为风冷直膨系统、水冷冷冻水系统以及二者结合的双冷源系统、间接蒸发冷却系统等形式。

（1）风冷直膨系统

风冷直膨系统使用制冷剂作为传热媒介。机组内的制冷系统由蒸发器、压缩机、冷凝器、节流部件等组成。风冷冷凝器与室内机通过铜管连接，整个制冷循环处在一个封闭的系统内。该系统在小型数据中心中的应用广泛，其优点如下所述。

① 每个机组都有自带的压缩机，可以在每个机房内实现"$N+X$"的备份方式，没有单点故障。

② 系统建设灵活，可以分期、分批建设，初期投资低。

③ 室外机安装分散，不需要过多考虑室外机的承重问题。

④ 没有水管路，机房内无水患威胁。

⑤ 日常维护相对简单。

其缺点如下所述。

① 室内机、室外机的距离和高度差受到限制，室内外管路长度过长时无法使用。

② 室外机过于分散，需要占用大量的面积。

③ 多台室外机过密安装造成散热效果不佳，空调效率较低。

（2）水冷冷冻水系统

水冷冷冻水系统主要由冷水机组、冷冻水型机房空调、水泵、冷却塔等组成，其中，冷水机组提供冷源，冷却塔在室外散热，冷冻水型机房空调利用冷水机组提供的冷冻水冷却机房环境，机房热空气通过冷水式机房空调的换热盘管时被冷却，冷冻水流量通过两通或三通阀进行调节，精确地保持机房内的环境稳定性。该系统一般应用于大型数据中心，其优点如下所述。

① 冷水机组能效比较高。

② 便于集中管理。

③ 较容易利用室外冷源，采用自然冷却方案，降低运行费用。

其缺点如下所述。

① 系统具有单点故障隐患，在可靠性要求较高的场合需要采用冗余设计，费用较高，系统较复杂。

② 整体投资较大，且冷冻水系统需要一次性完成投资。

③ 数据中心内部有水管路系统时，需要设置漏水检测系统及防护措施。

④ 日常维护工作复杂，需要专门的冷水机组维护人员。

（3）双冷源系统

双冷源系统一般由风冷直膨系统与冷冻水系统组成，通常将风冷直膨系统作为冷冻水系统的备用系统，通过控制器控制系统运行，增加了机房的安全性。该系统一般应用于特别重要的机房，例如，核心网机房，其优点是双系统互为备份，安全性、可靠性高。

其缺点如下所述。

① 初期投资大。

② 管线较多，占用空间大，施工难度大。

③ 维护工作量大，费用高。

（4）间接蒸发冷却系统

间接蒸发冷却系统一般集成了压缩机制冷模式，压缩机系统补充制冷量一般为整机的一部分。当室外干球温度较低时（干球温度低于 16℃ 左右），压缩机及喷淋水系统不工作，风机工作，室外新风与室内回风直接经换热器换热；室外干球温度较高且湿球温度较低时（湿球温度低于 19℃ 左右），压缩机系统不工作，风机和喷淋水系统工作，间接蒸发冷却制冷；当室外湿球温度较高时（湿球温度高于 19℃ 左右），风机、喷淋水系统及压缩机系统全部工作。

目前，间接蒸发冷却系统为行业节能应用热点，国内外厂商，例如蒙特、阿尔西、维谛、华为、英维克等公司都推出了相关产品，对建筑外形影响较大，一般更适合 1～2 层的数据中心建筑。各个空调系统对比见表3-9。

表3-9　各个空调系统对比

系统形式	风冷直膨系统	双冷源系统	水冷冷冻水系统	间接蒸发冷却系统
系统简图				
空调PUE因子	0.5～0.7	0.3～0.5	0.18～0.38	0.1～0.2
自然冷源利用性	利用困难	可利用	可利用	可利用
系统构成	受室内外机冷媒管长度限制	不受管长限制	不受管长限制	不受管长限制
可维护性	维护简单	仅有冷却水管路，维护稍简单	管路负责，需专业团队维护	维护简单
建设灵活性	便于分期建设、灵活性强	便于分期建设，灵活性强，冷却水管路需一次性建设	可分期建设，灵活性差，初期投资大	严重限制灵活性、建筑方案外形效果
用地面积	无须专门的机房，室外占用面积大，需设置室外平台，或屋顶用于室外机布置	无须专门的制冷机房，冷却塔需占用室外或屋顶面积	室内占地面积大，需专门制冷机房，室外占地面积小	占地面积大，限制机房布局
用水量	不用水	用水量大、冷却塔蒸发消耗	用水量大、冷却塔蒸发消耗	较大

（5）冷冻水系统的应用

冷冻水系统包括传统的水冷冷冻水系统，如上述第（2）种形式，另外，这几年针对不同地区的气候条件，同属于冷冻水系统的带自然冷却风冷冷冻水系统以及蒸发冷却冷冻水系统也逐渐成熟。不同形式冷冻水系统对比见表 3-10。

表3-10　不同形式冷冻水系统对比

冷源系统方式	水冷冷冻水系统	带自然冷却风冷冷冻水系统	蒸发冷却冷冻水系统
系统组成	水冷主机＋水泵＋冷却塔（开式或闭式）＋末端	风冷主机＋水泵＋末端	蒸发冷却冷冻水主机＋水泵＋末端
优势	主机能效比高，运行稳定，过渡季节和冬季可间接利用自然冷源	运行稳定，冬季间接利用自然冷源，利用自然冷却盘管直接提供冷冻水，不开压缩机，不需要设制冷站，节水显著	系统结构简单，省去了传统的冷却水泵和冷却塔，综合能效比很高，不需要设置制冷机房，节省建筑面积
劣势	系统组成复杂，控制较为复杂，严寒地区需考虑防冻问题，室内需要设制冷站，耗水量大	系统组成复杂，夏季主机能耗高（较水冷机组），投资高，风冷主机噪声较大	在数据中心项目中应用案例偏少，生产的厂家也相对少一些
使用范围	适合大中型数据中心	适合中小型数据中心，适合缺水地区	适合中小型数据中心
可维护性	设备种类较多，维护复杂，需要专门人员对制冷系统进行维护	设备种类较多，维护复杂，需要专门人员对制冷系统进行维护	设备种类较多，维护复杂，需要专门人员对制冷系统进行维护

5. 设备选择

根据国标规范，空调和制冷设备的选用应符合运行可靠、经济适用、节能和环保的要求。在设备的选用时需要充分考虑数据中心的等级、气候条件、建筑条件、设备发热量等。

（1）根据数据中心的等级

根据所建数据中心的等级，空调制冷设备的选择应当首先满足安全可靠的要求，需要结合业务需求和设备技术特性，按机楼、机房、机柜等不同层级和颗粒度提供差异化保障，根据不同等级要求，合理配置，避免过度冗余和投资浪费，不可出现单系统或单设备的短板。企业不可一味追求节能，而忽视了设备的安全可靠性，尽量选择技术较为成熟的制冷设备，在设备的备份上，需要满足相应标准等级的要求。不同等级机房空调设备配置原则见表3-11。

表3-11不同等级机房空调设备配置原则

序号	设备类型	配置原则	
		A 级机房	B 级机房
1	冷水机组、冷冻水泵、冷却水泵、冷却塔、板式换热器	N+1	N+1
2	机房空调（末端，含冷冻水型、风冷直膨型）	N+1，$N \leqslant 5$（当 $N > 5$ 时，每 5 台备用 1 台）	N+1
3	冷冻水、冷却水管路系统	双供双回或环形布置	单回路
4	智能新风节能系统	无冗余	

另外，针对 IDC 的一些核心机房，其重要性比普通 IDC 机房高，须配置双冷源空调设备。任一冷源均可满足核心区域全部设备的制冷要求，例如，原有列间空调配置为冷冻水设备，在此基础上需另外增加风冷型行间空调进行精确制冷。同时核心区域一般禁止水管路进入，空调必须配置不间断制冷保障，断电后也须提供至少15分钟的连续供冷。

（2）根据气候条件，选用适宜的冷却设备

根据不同的气候条件，我国分为严寒地区、寒冷地区、夏热冬冷地区、温和地区、夏热冬暖地区。针对不同的地区应充分利用当地的自然冷源。一般情况下，当采用风冷直膨式空调系统时，可采用"热管＋机械压缩复合机组"；严寒地区、寒冷地区可采用氟泵机组。当采用水冷冷冻水系统时，可以选择冷却塔供冷技术；当采用风冷冷水系统时，可以选择带自然冷却功能的风冷冷水机组或蒸发冷凝式冷水机组。在严寒地区、寒冷地区，机房应配有防冻设备。

空调冷源形式应根据当地的气候条件、数据中心的规模、空调系统的综合能效等因素，综合考虑后再确定。

① 小型及微型数据中心宜采用风冷直接膨胀式空调系统。

② 中型数据中心可根据主设备总功耗，经方案比较，合理选择风冷直接膨胀式空调系统、风冷冷冻水系统或水冷冷冻水系统。

大型及超大型数据中心不同场景下冷源设备选择及节能措施分析见表 3-12。

表3-12　大型及超大型数据中心不同场景下冷源设备选择及节能措施分析

		水资源充裕		水资源匮乏	
		电价较低	电价常规	电价较低	电价常规
严寒地区、寒冷地区		带自然冷却功能的风冷冷水机组、蒸发冷凝式冷水机组	水冷冷水机组（冷却塔供冷）、蒸发冷凝式冷水机组、间接新风换热、间接蒸发冷却	带自然冷却功能的风冷冷水机组、蒸发冷凝式冷水机组	带自然冷却功能的风冷冷水机组、蒸发冷凝式冷水机组、间接新风换热、间接蒸发冷却
夏热冬冷地区、温和地区	空气质量优良	水冷冷水机组（冷却塔供冷）	水冷冷水机组（冷却塔供冷）、直接新风、直接蒸发冷却		带自然冷却功能的风冷冷水机组、蒸发冷凝式冷水机组、直接新风、直接蒸发冷却
	空气质量不佳		水冷冷水机组（冷却塔供冷）、间接新风换热、间接蒸发冷却		带自然冷却功能的风冷冷水机组、蒸发冷凝式冷水机组、间接新风换热、间接蒸发冷却
夏热冬暖地区		水冷冷水机组		风冷冷水机组、蒸发冷凝式冷水机组	

（3）根据建筑物及周边条件，选择不同的制冷设备

一般情况下，数据中心制冷设备的选择可以考虑充分利用建筑物自身或者周边的条件。例如，当建筑物周边有连续稳定、可以利用的废热和工业余热且技术论证合理时，可以采用吸收式冷水机组。如果项目所在地可利用的自然冷源不足，但周边有天然气供应充足、费用较低的地区，通过技术经济比较分析，冷电联合的能源综合利用率较高、技术经济合理时，可以采用分布式燃气冷电联供系统。当建筑物所在地具备连续稳定区域供冷条件，技术经济比较合理时，数据中心冷源可由区域供冷站提供。

另外，还需要针对不同的建筑形式（园区型、独立建筑型、非独立建筑型、非建筑型）选择空调设备。园区型是在独立建筑型的基础上，可以考虑每栋单独建设冷冻站及冷却塔设备，也可以考虑建设园区共用冷冻站及冷却塔设备。独立建筑型需单独建设配套的冷冻站及冷却塔设备。非独立建筑型一般为中小型数据中心，需根据建筑总楼层数、机房所在楼层、机房容量及建筑平面综合考虑选用合适的空调设备。非独立建筑型主要为仓储式、集装箱式数据中心，该类机房主要采用模块化的空调设备，以满足快速部署、灵活建设的要求。

（4）根据业务量及设备发热量

由于数据中心IDC业务的不确定性，所以基础配套设备往往会分期建设。根据数据中心的建设使用规划和运行负荷变化，制冷空调系统在系统组织、设备配置、运行控制等方面应有分

区运行和部分负荷运行方案，并根据各负荷年运行小时数评估空调设备的综合部分负荷性能系数（Integrated Part Load Value，IPLV）和空调系统的全年综合能效比（Annual Energy Efficiency Ratio，AEER）。典型的部分负荷宜考虑30%、50%、75%、85%等负荷率。如果初期冷负荷较低，那么冷水机组宜采用大小机搭配设计，或与蓄冷罐交替运行，避免冷水机组喘振。

在规划和市场调研的基础上，结合机房启用顺序、进度及负荷增长速度，数据中心空调系统建设分期建议见表3-13。

表3-13　数据中心空调系统建设分期建议

系统名称	中央空调系统	机房空调（末端）系统
系统能力覆盖范围	机楼	机房（房间级）、机柜列（列级）或机柜（机柜级）
分期方案	不分期，大型系统可分2～3期	分期，每期建设机房局部或若干机房（房间级）、若干机柜列（列级）、若干机柜（机柜级）
每期工程能够满足的负荷需求期限	主管路：远期（≥6年）；设备：远期（≥6年）或中期（3～5年）	冷冻水末端可按中期（3～5年）；其余按近期1～2年

根据项目地区气候条件与能源限制条件等，选择合适的自然冷源利用方式及设备。数据中心自然冷源利用方式和设备对比见表3-14。

表3-14　数据中心自然冷源利用方式和设备对比

自然冷源分类	自然冷源利用方式	优点	缺点
水侧	冷却塔＋换热器	技术成熟，系统简洁，投资相对较低	• 传统的冷却塔在冬季防冻效果差 • 水消耗量大，而本地区本身就严重缺水，总体成本较高 • 系统和控制复杂，系统维护复杂 • 自然冷源利用的时长相对较短
	闭式冷却塔	• 冷却水质较好，主机冷凝器不容易脏、堵，冷量衰减较少 • 水消耗量相对较少	• 造价高，体积大，荷载大，维护没有开式塔便利 • 出水温度高，自然冷源利用时间相对短，主机效率稍低 • 水垢的影响较大，水垢主要集中在冷凝器的外壁上，部分还会附着在冷却塔的内壁上、填料上。时间长了影响冷凝器的散热效果，填料被撕裂、破损，维护成本高 • 盘管需要额外防冻

（续表）

自然冷源分类	自然冷源利用方式	优点	缺点
空气侧	直接新风冷却	• 原理简单，成本低 • 我国大部分地区现有空气质量含尘量、含硫化物等经过处理后可以满足新风直送要求 • 自然冷源利用效率高，时间较长	• 湿度控制较难，加湿和除湿都相当地消耗能源 • 空气的洁净度难以保证。虽然可以通过高质量的过滤网保证空气的洁净度，但由于风量特别大，需要经常清洗更换过滤网，同时巨大的阻力也要消耗特别多的能源。如果遇到沙尘暴天气，风机可能会断流 • 加湿需要对加湿的水源进行高度净化，简单的软化水无法满足要求（对设备有害，长时间会在设备内部形成一层白色物质） • 温度过低，容易结露，需要进行严格的保温处理 • 对于大型数据中心，由于距离远，风量特别大，风道大，风机的电能能耗高，实际的设计和安装困难 • 不可能实现全年自然冷却，夏季的制冷方式还需要安装单独的空调设备 • 增加 UPS 配置
	直接蒸发冷却	我国的直接蒸发冷却技术已经达到世界一流水平，PUE 和 WUE 都比较低，节水省电	风量大，机组占用面积特别大，夏季会出现凝露，适用于 1～2 层数据中心，且屋面的面积要求较高
	间接空气冷却（转轮、热管、氟泵、风道换热等）	室内空气不与室外空气直接接触，有效减少了加、除湿量	换热效率低，风管或转轮漏风难以解决，冬季结露甚至进而结冰的问题难以得到根本性解决，需要辅助其他措施，增加造价，提高性价比。如果充分利用自然冷源，所需风管面积非常大，对建筑配合要求较高
	带自然冷却风冷冷水机组	无水资源消耗，无结冰隐患，维护工作量少	• 投资相对较高 • 夏季风冷机组能效低；实际自然冷源的利用天数因为干球温度受太阳直射影响变化较快等因素，远小于理论计算值。全年能效不如水系统
	间接蒸发冷却	我国的间接蒸发冷却技术已经达到世界一流水平，PUE 和 WUE 都比较低，节水省电	初始投资略高，需要处理好结垢、防冻等问题

结合冷源形式、单机柜功率、建设周期、客户需求等因素选择空调末端设备。

数据中心的空调系统末端主要有以下 3 种形式。数据中心空调末端形式见表 3-15。

表3-15　数据中心空调末端形式

空调方式	特点	适用场合	投资	节能性	客户接受度
冷冻水型精密空调	应用广，技术成熟，需单独划分空调区域	适用于单机架功率 6kW 以下的机房，机架功率高时空调难以布置	投资较低，一般平均单机架投资约为 0.8 万～1 万元/机架	能耗较高，PUE 影响因子为 0.094	普遍接受
冷冻水列间空调	空调内区布置，水进机房	适用于单机架功率 6～15kW 的机房	投资约 1.3 万～1.6 万元/机架	能耗较低，PUE 影响因子为 0.033	普遍接受
热管背板空调	无水管进入机房，换热效率高，风机功率最低，无冷热通道封闭	适用于单机架功率 6～15kW 的机房	投资 1.5 万～1.8 万元/机架	能耗较低，PUE 影响因子为 0.03	接受

关于空调末端的形式选择，要根据单机架功耗等情况。某运营商编制的《集团绿色数据中心技术要求》里做出了如下要求。

空调末端应结合冷源形式、单机柜功率、建设周期、客户需求等因素进行综合考虑，一般使用房间级精密空调、列间空调和机柜级空调 3 种空调末端，匹配相应的机房气流组织形式。空调末端形式及机房气流组织形式建议见表 3-16。

表3-16　空调末端形式及机房气流组织形式建议

平均单机柜功率 P/（kW/架）	空调末端形式	机房气流组织形式
$P < 3$	房间级精密空调	地板下送风＋开放式冷（热）通道
		地板下送风＋下进风机柜[1]
$3 \leqslant P < 6$	房间级精密空调[2]	地板下送风＋封闭冷通道
		弥漫送风、吊顶回风＋封闭热通道
$6 \leqslant P < 15$	列间空调[2]	封闭冷（热）通道
	机柜级空调（热管背板空调等）	—
$P \geqslant 15$	机柜级空调（热管背板空调等）、设备级制冷（液冷技术等）	—

注：1. $P < 3$kW 时也可采用风管送风＋上进风机柜的形式，但考虑到实际效果和工程复杂度，一般不推荐。
　　2. 5kW $\leqslant P < 10$kW 时，空调末端也可采用房间级精密空调＋列间空调的组合方式。

6. 通风排气

（1）通风及排风

① 高、低压配电室机械送、排风系统应按工艺要求计算确定具体的送、排风量。

② 柴油发电机房的通风由工艺厂家设计，储油间设置机械排风系统，排风量按 6 次 / 小时换气次数考虑，排风机采用防爆风机。

③ 公共卫生间采用机械排风、自然补风，排风量按 10 次 / 小时换气次数考虑。

④ 主机房等采用气体灭火的房间设置机械通风系统，气体灭火后，排除机房内的有毒气体；排风量按 6 次 / 小时换气次数考虑，补风按 5 次 / 小时换气次数考虑。

⑤ 地下汽车库设置机械通风系统，其排风量按 6 次 / 小时换气次数考虑，送（补）风量按 5 次 / 小时换气次数考虑。

（2）新风

数据中心机房应考虑必要的新风配置，空调系统的新风量应取下列两项中的最大值。

① 按工作人员计算，每人 40m³/h。

② 维持室内正压所需风量。主机房与其他房间、走廊的压差不宜小于 5Pa，与室外静压差不宜小于 10Pa。

出于节能考虑，数据中心机房的新风需要经过粗效、中效过滤后送到机房专用空调回风口，与一次回风混合后进入机房专用空调室内机组，经专用空调处理后进入机房。

7. 控制系统

数据中心空调群控系统主要实现对中央空调系统、新风机组、精密空调进行分散控制、集中监视和管理，通过优化控制提高管理水平，达到节约能源和人工成本的目的，并能方便地实现物业管理自动化。

以采用离心式冷水机组作为中央空调冷源系统为例，系统中设置空调主机、冷冻水泵、冷却水泵、冷却塔、水处理作为系统冷源设备，满足全年空调的制冷需要。其中，板式换热器和冷却塔在冬季结合使用，从而达到免费制冷的目的，节省运行费用。

（1）系统架构

本系统采用计算机分布式控制方式，由管理层网络与监控层网络组成。空调群控系统的主要组成部分包括管理操作站、网关或网络控制器、直接数字控制器（Direct Digital Controller，DDC）等；还包括传感器、执行器等空调群控系统设备。

操作站软件系统采用浏览器 / 服务器（Brower/Server，B/S）结构模式，由实时操作系统及楼宇自动化系统控制应用软件组成，能提供可扩展标记语言（Extensible Markup Language，EML）（常写作 XML）、Web Service（这是一个平台独立的、低耦合的、自包含的、基于可编程的网络应用程序）或 OPC[1] 等数据交换方式。

现场控制器采用标准的开放通信协议——BACnet 协议，可通过控制层网络以点对点方式通信，现场总线上的任意一台控制器出现故障或中止运行时，其他控制器不受影响、其他受本系统控制的机电设备可正常运行、全部或者局部的网络通信功能不受影响。空调群控监测内容见表 3-17。

表3-17　空调群控监测内容

控制对象	设计内容
冷水主机	启停控制、主机状态与故障监测，主机冷冻水和冷却水阀门开关控制、主机的进出水温度、压力、主机出水水流开关等各项运行参数的监控及记录，机组群控，运行环境优化
冷冻水泵	启停控制、水泵状态、故障、手自动状态、水流开关监测，水泵运行频率监视与控制，阀门开闭及阀位反馈，供回水温度、压力、流量等过程信号的检测、显示及记录
板式换热器	工况切换，供回水温度等过程信号的检测、显示及记录
冷却水泵	启停控制，水泵状态、故障、手自动状态、水流开关监测，阀门开闭及阀位反馈，供回水温度等过程信号的检测、显示及记录
冷却塔	启停控制、运行状态、故障、手自动状态监测、供回水温度等过程信号的检测、显示及记录
蓄冷罐	阀门控制及反馈，供回水温度等过程信号的检测、显示及记录
阀门	电动阀开关、调节与阀位显示
传感器	温度、压力、液位与室外温湿度等过程信号的检测、显示与记录
机房专用空调	完成机房内部的温湿度控制；风机、风阀及水阀连锁控制及相关状态检测，并预留通信接口，用于接入机房空调控制系统

（2）系统主要功能

对整个空调系统进行空调群控系统设计，要求对冷水机组、冷冻水泵、冷却塔、板式换热器及阀门进行监视和控制，调整系统各应用工况的运行模式，使整个系统在任何负荷情况下都能达到优化效果，保证各设备协调、可靠地运行。

同时，为了达到节约能源的目的，在满足末端空调系统要求的前提下，应使整个系统在最低能

注：1.OPC（OLE for Process Control，用于过程控制的 OLE），其中 OLE 是对象连接与嵌入的技术。

耗状态下运行，维持设备的最小运行数量和运行时间，提高系统的自动化水平，提高系统的管理效率和降低管理劳动强度，保证整个控制系统的先进性、可靠性、完善性、可扩展性和快速响应性。

（3）控制策略

根据项目情况，主要控制策略可以归纳为以下几个方面。

① "N+1" 冗余，保障系统安全。使用一台冷水机组，冷冻水泵、冷却水泵、冷却塔与冷水机组一一对应。机房群控系统将一台冷水机组与冷冻水泵、冷却水泵、冷却塔各自放在 DDC 中，使冷水机组、冷冻水泵、冷却水泵、冷却塔及相应的水泵之间的逻辑关系在群控系统的硬件上得到保障。当某台冷水机组系统发生故障或进行常规维护时，隔离任意设备都不会影响 IDC 机房的正常运行。

② 主机、水泵连锁启停，可靠内部保护。机组启动的顺序为：相关电动阀门—冷却水泵—冷冻水泵—冷水主机（冬季不启动）；机组停止的顺序为：冷水机组—延时—冷冻水泵—冷却水泵—关闭相关电动阀门。

③ 夏季模式。运行设备为冷冻水泵、冷却水泵、冷却塔、冷水主机，采用常规供冷，设备一一对应；分集水器侧进出水温度达到设计温度，即 10℃ /16℃，并根据冷冻水供回水压差调节冷冻水泵的频率；根据冷却水主管路的供回水温度，控制冷却塔风机的开启台数；累计设备运行时间，优先开启运行时间最短的机组，读取各机组的内部参数，了解机组的运行状况。

④ 过渡季节（秋天到冬天）。根据监测到的室外温度及历史数据进行策略控制，例如，温度在一段时间内（可设定）达到一定值，系统就可以自动进入冬季模式。运行设备一一对应。当冷却水的供水温度低于冷水机组开启要求的最低温度时，冷却塔旁通阀开启调节，减少向冷机供应的冷却水量，使冷却水温度尽快达到开启冷机的条件。在过渡季节，当系统供冷量需求不高时，如果供回水温差小于 5℃（设定可调），则说明末端负荷较小，可以适当调高主机的出水温度，进而达到节能的目的。

⑤ 冬季模式。运行设备为冷冻水泵、冷却水泵、冷却塔、板式换热器，采用冷却塔免费制冷，节省运行费用。分集水器侧进出水温度达到设计温度，即 10℃ /16℃，并根据冷冻水供回水压差调节冷冻水泵的频率；根据冷却水主管路的供回水温度，控制冷却塔风机的开启台数。当温度过低时，开启冷却塔旁通阀进行调节。累计设备运行时间，优先开启运行时间最短的设备。

⑥ 过渡季节（春天到夏天）。根据监测到的室外温度及历史数据，进行策略控制，例如，温度在一段时间内（可设定）达到一定值，则系统自动进入夏季模式。运行设备一一对应。当

冷却水的供水温度低于冷水机组开启要求的最低温度时，冷却塔旁通阀开启调节，减少向冷机供应的冷却水量，使冷却水温度尽快达到开启冷机的条件。节能建议：为了达到节能目的，在过渡季节，当系统供冷量需求不高时，如果供回水温差小于5℃（设定可调），则说明末端负荷较小，可以适当调高主机的出水温度，进而达到节能的目的。

⑦ 连续制冷系统。当正常供电时，实时监测蓄冷罐水温温度、液位，通过相应的电动阀门开关，控制水温、液位恒定；当停电时，通过相应的电动阀门开关，打开连续制冷系统，保证数据机房正常供冷。

⑧ 主机组网群控。常规主机台数启停的加减载策略如下所述。

a. 系统加机的条件。当温度设定值 UP-TSP（加机标志位的温度设定值）（10℃）低于冷冻水总供水温度，并持续 10 分钟（可设定）；当负载设定值 UP-BTUSP（加机标志位冷负荷设定值）低于建筑物内的实际负荷，并持续 10 分钟（可设定）；当冷机运行电流百分比超过 80% 逐渐接近 100%，并持续 10 分钟（可设定）；同时，如果已运行的机组数量小于 3 台，那么系统可加载一台机组运行。

b. 系统减机的条件。当冷冻水总回水温度低于设定值 DN-TSP（减机标志位的温度设定值）（10℃），并持续 10 分钟（可设定）；或者当建筑物内的实际负荷低于设定值 DN-BTUSP（减机标志位冷负荷设定值），并持续 10 分钟（可设定）；或者当冷机运行电流百分比均低于 70%，并持续 10 分钟（可设定）；同时，如果已运行的机组数量大于等于 3 台，那么系统可卸载一台机组运行。

断电自动恢复：当发生断电情况时，所有设备将停机一段时间，这段时间的长短可以选定。在电源恢复供电后，设备将依次启停，最大限度地减少功率的峰值需求，减少启动自适应时间。

备用机组启动：当冷水机或辅助设备不能启动，或因紧急故障而停机时，备用冷水机及其相关辅助设备应自动启动。

⑨ 供水总管压力监测。系统监测市政自来水供水总管压力。在市政供水总管发生故障时，应关闭相应阀门，从紧急蓄水池取水；当市政自来水供水总管恢复后，打开相应阀门，由市政自来水进行补水。

8. 空调的给水与排水（防水）

（1）空调冷却塔供水

数据中心的机房等级较高，系统保障要求严格。提高空调冷却塔的供水安全性是数据中心项目中空调供水设计的重中之重。从提高空调供水安全性及便于后期维护的角度，数据中心空调冷却塔供水应采用"低位空调蓄水池 + 变频泵加压"供水方式。空调蓄水池有效容积按 12h 储存，同时分为两格，并设连通管，满足空调蓄水池分格检修时系统的正常运行。

冷却塔供水系统水泵房内设两组变频恒压供水设备，两组设备的出水管成环状布置，并在引出管处设检修阀门，当供水系统发生单点故障时，系统仍然可以正常运行及在线维护；同时每组设备采用大小泵相结合的配置方案，与系统负荷相匹配，使系统运行更节能。

（2）空调相关的排水（防水）措施

由于数据中心的大部分设备属于 IT 设备，并且不间断运行，一旦有水喷洒到带电的设备上，会引起电气短路、设备损坏、数据损失等严重后果。因此在设计时，与机房无关的各类水管不得穿越机房。为防止空调水管事故和水消防启动后造成水灾，一般事故排水需要从空调、监控、给排水等方面进行考虑，在"预防—发现—排除" 3 个环节有效控制水患。

空调专业主要在设计时增加冷冻水，冷却水管道承压要求比正常压力增加 0.4MPa。施工时应选用符合设计条件的管材及阀门，严格执行水管水压试验，严格采用管道超声波探测等技术进行检测。空调冷冻水管设置保温材料也可有效防止水管爆管时水的任意喷洒。

一般情况下，空调系统管路应大于 DN50，采用无缝钢管进行焊接，且空调冷冻水及冷却水所有水管路需要进行 100% 探伤试验。

① 探伤方法。对于管径≥ DN200（管道壁厚≥ 6mm）的管道，100% 的焊口需进行超声波探伤，并抽取 15% 的焊口进行 X 光射线探伤。如果检测不合格，则再抽取 30% 的焊口进行 X 光射线探伤；如果再检测不合格，则需要对 100% 的焊口进行 X 光射线探伤。检测出不合格后的二次补探，需要根据现场实际情况进行，对不具备 X 光射线探伤空间的管道，不计入检测焊口数量。对于管径＜ DN200（管道壁厚＜ 6mm）的管道，100% 采用 X 光射线探伤；对不具备 X 光射线探伤空间的管道，采用磁粉探伤。对检测不合格的管道，整改后采用原手段再次进行探伤直至监测合格。

② 探伤标准。探伤按《工业金属管道工程施工质量验收规范》（GB 50184—2011），8.2.1 条，第 1、2 项执行。100% 超声检测的焊缝质量合格标准按国家现行标准《承床设备无损检测第 3 部分超声检测》（JB/T 4730.3）规定的 I 级执行。X 光射线检测的焊缝质量合格标准按国家现行标准《承压设备无损检测第 2 部分射线检测》（JB/T 4730.2）规定的 II 级执行。磁粉检测按照《工业金属管道工程施工质量验收规范》（GB 50184—2011）8.3.1 条的焊缝质量合格标准，以及国家现行标准《承压设备无损检测第 4 部分磁粉检测》JB/T 4730.4 规定的 I 级执行。

对于主管路径≥DN200 的管路，支管与主管之间的三通连接需符合以下要求。

对于主管管径＜DN350、支管管径与主管管径之比大于 0.8 的管路，需采用对焊无缝三通管件（成品件）。

对于主管管径≥DN350、支管管径与主管管径之比大于 0.6 的管路，需采用对焊无缝三通管件（成品件）。

空调冷却水及冷冻水管路清洗完成后需进行钝化镀膜处理。

监控专业需为空调设备及管路设置漏水报警系统，漏水报警系统的漏水感应线要安装在管道和空调管道的下方，当漏水感应线发现漏水，将会报警，同时给出具体的漏水地点（精确到米），然后采取相应措施，同时，漏水告警检测系统应安排每月定期检测。

建筑专业需要注意的防水措施如下所述。

① 前期机房的平面设计要合理规划，上层的空调间、管道间等有水区域应与下层的配电室区域避开。

② 地下水泵房、冷冻站、配电室等工程应满足一级防水要求。屋面、水进机房的机房地面及空调间地面应满足一级防水要求，有防水要求的所有区域需进行 24h 闭水试验。

③ 空调水井内设置泄水井直通地下室排水沟。事故排水通过走道下方的排水通道排至两端流进集水井。

屋面排水需综合考虑雨水及冷却塔排水，排水立管不应穿过机房区域。

水管及空调区域设置挡水坝，水管、空调及水喷淋、消防区域需设置足够数量的地漏及排水管线，可及时排除事故水量，地漏建议设计成下沉式地漏，便于排水。

机房排水系统应独立，不与其他排水管共用。

水泵房、冷冻站等区域需采用可靠的排水措施 2N 个排污泵宜设置物理独立的双路排水管路及排污点。

数据中心大楼的走道及办公用房区域需设置自动喷水灭火系统和消防栓给水系统，这是为了防止这两个系统误启动。如果消防灭火时，为防止喷洒下来的水进入机房而损害设备，那么可以考虑设计水消防启动后楼层排水系统，根据水消防启动后排水量，在机房门口设置 150mm 挡水板，在中间走道上隔一定的距离设置地漏，地面上层地漏的水排至排水立管，地下排水排至走道事故排水沟。走道事故排水沟的水通过地漏排到水管井的排水立管，排水立管通过立管底部地下室排水沟排到地下室集水坑，这样可以有效防止水消防系统启动后水进入机房，造成二次损失。

3.3.4　电气系统

1. 机房供配电

（1）系统框架

供配电系统一般由高压进线路由、高压开关柜、变压器、低压开关柜及低压出线路由组成，均设置在高压配电室、低压配电室及相应的电井内。

（2）负荷分级

所有机房通信电源、机房专用空调为一级负荷中特别重要负荷；消防（智能）控制中心用电、消防电梯等消防设备、应急照明为一级负荷；一般场所照明、机房照明、普通电梯、排污泵、生活水泵等用电为二级负荷；舒适性空调、庭院照明等其余负荷按三级负荷考虑。普通办公楼等非重要场所的普通照明和空调用电等为三级负荷。

（3）供电可靠性

A 级数据中心应由双重电源供电，并设置备用电源。备用电源宜采用独立于正常电源的柴油发电机组，也可采用供电网络中独立于正常电源的专用馈电线路。当正常电源发生故障时，备用电源应承担数据中心正常运行所需要的用电负荷。B 级数据中心宜由双重电源供电，当只有一路电源时，应设置柴油发电机组作为备用电源。

当正常电源与备用电源之间的切换采用自动转换开关电器时，自动转换开关电器宜具有旁路功能，或采取其他措施，使其在检修或故障时，不影响电源的切换。

2. 市电接入

（1）市电接入方式

根据负荷的重要性，向供电部门申请，提出市电引入的要求及容量。市电线路由市政引入的电源进线，不宜采用架空方式敷设。

（2）变压器设置

根据负荷，选定变压器的容量及数量。数据中心的变压器应为专用变压器或专用回路供电，变压器宜采用干式变压器且靠近负荷中心。

3. 备用及应急电源

根据《数据中心设计规范》（GB 50174—2017），A 级数据中心除了配置双重电源供电，还需配置后备电源。后备电源可采用供电网络中独立于正常电源的专用馈电线路，宜采用独立于正常电源的柴油发电机组；B级数据中心宜由双重电源供电，当只有一路电源时，应设置柴油发电机组作为备用电源。可见，柴油发电机组被视为备用和应急电源的较佳形式。从提高供电的可靠性和可维护性出发，"两路独立电源+一路柴油发电机组"作为后备电源是大多数数据中心电源的配置方式。

目前，数据中心柴油发电机组主要有两种方案。

一是低压方案：400V低压机组，单机或并机输出，受制于母排及低压断路器容量限制，并机容量不能太大，比较适合于小规模数据中心。

二是中压方案：10kV中压机组，通常为多台并机输出。由于不受负载容量和供电距离的限制，10kV中压供电将逐渐成为未来发展的趋势。中压备用电源系统可以满足数据中心用电设备的需要，同时具有远距离传输线损小、节能和大容量等特点。

（1）基本概念

柴油发电机组是指将内燃机（柴油发动机）、交流同步发电机及其控制装置（控制屏）组装在一个公共底座上形成的机组。柴油发电机组示意如图3-14所示。

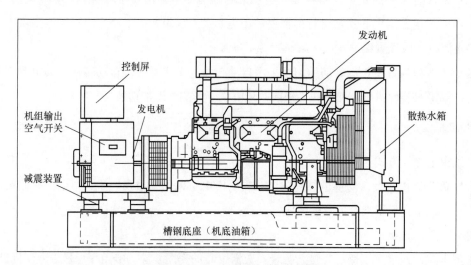

图3-14　柴油发电机组示意

（2）柴油发电机组的组成

① 发动机。发动机是将油料燃烧产生的热能变换为机械能的一种装置，也称为内燃机。发动机的具体分类如下所述。

　　a. 按使用的燃料来分：汽油机、柴油机和煤气机。

　　b. 按点火方式来分：强制点火式发动机和压燃式发动机。

　　c. 按工作循环来分：二冲程发动机和四冲程发动机。

　　d. 按转速来分：低速发动机、中速发动机和高速发动机。

　　e. 按气缸数目来分：单缸发动机和多缸发动机。

　　f. 按冷却方式来分：风冷式发动机和水冷式发动机。

　　g. 按混合气形成方式来分：化油器式发动机和直接喷射式发动机。

　　h. 按是否对进气增压来分：非增压式发动机和增压式发动机。

　　发动机由两大机构和四大系统组成，具体描述如下。

　　a. 两大机构：曲柄连杆机构和配气机构。

　　b. 四大系统：燃料供给系统、润滑系统、冷却系统和起动系统。

　　② 发电机。发电机是将其他形式的能源转换成电能的机械设备，是将柴油燃烧产生的能量转换为机械能传给发电机，再由发电机转换为电能。

　　发电机分为直流发电机和交流发电机。交流发电机又分为同步发电机和异步发电机（很少采用）；交流发电机还分为单相发电机与三相发电机。

　　发电机的形式有很多，但其工作原理都基于电磁感应定律和电磁力定律。发电机构造的一般原则是：用适当的导磁和导电材料构成互相进行电磁感应的磁路和电路，以产生电磁功率，达到能量转换的目的。

　　③ 控制装置。

　　④ 底座。

　　（3）功率选择

　　柴油发电机组的功率选择对于数据中心的投资和供电保障具有非常重要的影响。不同的客户会依据不同的需求选择合适的发电机组功率。功率选择不是唯一的，它具有比较大的灵活性。作为柴油发电机组的重要标准，ISO 8528（国际标准）和 GB/T 2820（国家标准）对于柴油发电机组功率的选择具有重要的参考价值，柴油发电机组的功率定义是基于以下 4 种工况的。

　　① 持续功率（Consistency Of Power，COP）。在商定的运行条件下，按制造商规定的维修间隔和方法实施维护保养，发电机组每年运行时间不受限制地为恒定负载持续供电的最大功率。

　　② 基本功率（Prime Rate Power，PRP）。在商定的运行条件下，按制造商规定的维修

间隔和方法实施维护保养，发电机组每年运行时间不受限制地为可变负载持续供电的最大功率。

除非制造商另有规定，在 24h 的运行周期内允许平均输出功率应不大于 PRP 的 70%。

当某一变化的功率序列的实际平均输出功率确定时，小于 30% PRP 的功率应视为 30%，且不计停机时间。

③ 限时运行功率（Limited Time Power，LTP）。在商定的运行条件下，按制造商规定的维修间隔和方法实施维护保养，发电机组每年供电达 500h 的最大功率，即每年按 100% 限时运行功率（LTP）运行的时间最多不超过 500h。

④ 应急备用功率（Emergency Standby Power，ESP）。在商定的运行条件下，按制造商规定的维修间隔和方法实施维护保养，当公共电网出现故障或在试验条件下，发电机组每年运行达 200h 的某一可变功率序列中的最大功率。

除非制造商另有规定，在 24h 的运行周期内允许平均输出功率应不大于 ESP 的 70%。实际的平均输出功率应低于或等于 ESP 定义中允许的平均输出功率。

当确定某一可变功率序列的实际平均输出功率时，小于 30% ESP 的功率应视为 30%，且不计停机时间。

从上面的描述可见，数据中心通常的使用方式和 4 种工况均不一样，从《数据中心设计规范》（GB 50174—2017）A 级数据中心的要求来看，应按 COP 进行配置，但由于 COP 的冗余较大，投资较大，因此实际设计通常按 PRP 进行配置。

目前，业界推出的数据中心功率（Data Center Power，DCP）就是专门针对数据中心的运行特点提出的，适合数据中心使用的连续供电的功率，为数据中心的投资、运行管理提供有价值的技术方案和产品。该功率也逐渐得到了国内外多类评级机构的认可。

（4）负荷选择

在进行柴油发电机组的选择时，首先要对数据中心的负荷进行统计，负荷统计的准确性将直接影响柴油发电机组的容量选择。

当市电停电时，柴油发电机组要保证的负荷有空调负荷、照明负荷、消防负荷、通信负荷、蓄电池充电负荷等。

① IT 负荷包括数据设备、服务器机柜等。

② 空调负荷包括精密空调、冷水机组、冷冻水泵、冷却水泵等。

③ 蓄电池充电负荷：对蓄电池组进行充电，一般会进行限流，充电电流一般可按 $0.1C_{10}$ 计算。

④ 照明负荷包括普通照明、应急照明等。

⑤ 消防负荷包括消防泵、消防电梯、防排烟设施、火灾自动报警、自动灭火装置、疏散指示标志等。

需要注意的是，当发生火灾时，消防负荷运行，其他非消防负荷应该予以切除。而在未发生火灾时，消防负荷不运行，其他非消防负荷经常处于运行状态。也就是说，消防负荷和其他非消防负荷不同时运行。因此在统计柴油发电机组的容量时，应分别考虑消防负荷所需容量和其他非消防负荷所需容量，取两者的最大值即可。

根据以上负荷选择合适的功率定额类型对柴油发电机容量进行匹配。

当 UPS 为柴油发电机组的唯一负载或主要负载时，考虑到 UPS 和柴油发电机组接口时产生的种种非线性因素，柴油发电机组的容量应按需保证负荷的功率扩展可达到一定比例的校核。

（5）安装位置

考虑到柴油发电机组的进风、排风、排烟等情况，如果条件允许，机房最好设在建筑物首层。但是一般情况下，高层建筑物的造价昂贵，特别是首层，通常用于对外营业，属于"黄金"楼层。因此机房一般都设在地下室。地下室出入不方便、自然通风条件较差，给机房设计带来一系列不利因素，在设计时一定要处理好这些问题。机房选址时应注意以下 4 个方面的内容。

① 不应设在四周无外墙的房间，为热风管道和排烟管道导出室外创造条件。

② 尽量避开建筑物的主入口、正立面等部位，以免排烟、排风对其造成影响。

③ 注意噪声对环境的影响。

④ 宜靠近建筑物的变电所，这样便于接线，减少电能损耗，也便于运行管理。

（6）通风

柴油发电机房的通风问题是机房设计中需要特别注意的问题，尤其是位于地下室的机房，更要处理好通风问题，否则会直接影响柴油发电机组的运行。发电机组的排风一般应设热风管道，不宜把热量散在机房内再由排风机抽出。机房内要有足够的新风补充。

柴油发电机房为风冷时，机房通风量（即排风量）L_p 按排除机房内余热来确定。

$$L_p = 3600 \frac{\sum Q_{yu}}{(tn - tw) \cdot c \cdot \rho}$$

L_p——风冷时的通风量（m³/h）。

$\sum Q_{yu}$——机房内余热量（kW），可查手册进行计算。

tn——机房排风或罩内排气温度（℃）。

tw——夏季通风室外计算温度（℃），与地点有关。

c——空气比热，1.01kJ/(kg·℃)。

ρ——空气密度（kg/m³）。

柴油发电机房一般采取出风设置热风管道，进风为自然进风的方式。热风管道与柴油发电机散热器连接在一起，其连接处用软接头，热风管道应平直，如果要转弯，那么转弯半径要设置得尽量大而且内部要平滑，出风口尽量靠近且正对散热器。进风口与出风口宜分别布置在机组的两端，以免形成气流短路，影响散热效果。

机房的出风口、进风口的面积应满足下式要求。

$$S1 \geqslant 1.5S \quad S2 \geqslant 1.8S$$

S——柴油机散热面积。

$S1$——出风口面积。

$S2$——进风口面积。

在寒冷地区应注意进风口、出风口平时对机房温度的影响，以免机房温度过低影响机组的起动。风口与室外的连接处可设风门，平时处于关闭状态，机组运行时可自动开启。

4. 低压配电

（1）设备选择

低压开关柜一般采用抽出式开关柜，分为进线柜、无功补偿柜、双电源切换柜、馈电柜、联络柜。

（2）低压配电柜技术要求

框架断路器、电容器、双电源转换开关、塑壳断路器、综合表计等设备一般由供货盘厂成套安装在低压柜体内。为了确保供电的可靠性，低压配电设备建议选择国际知名品牌的产品。

数据中心配电部分的线路敷设一般采用低压封闭式密集母线或阻燃聚乙烯交联绝缘电缆（ZR-YJV-0.6/1kV）或低烟无卤阻燃型交联聚乙烯绝缘聚烯烃护套铜芯电缆（WDZ-YJY-0.6/1kV）。为了确保供电的可靠性，主干母线建议选择国际知名品牌的产品。

5. 不间断电源

不间断电源系统（Uninterruptible Power System，UPS）是数据中心供电连续性的重要保障，UPS 可直接为 IT 设备供电，因此 UPS 的可靠性可直接影响数据中心的可靠性。

UPS 是一种含有储能装置（蓄电池组），以整流器、逆变器为主要组成部分，输出稳定正弦波电流的不间断电源。

当市电输入正常时，UPS 将市电转换为稳定的交流电供应给负载使用；当市电中断时，UPS 立即将蓄电池储存的化学能转换为电能，并通过逆变器将直流电转换为交流电，保证通信设备和 IT 设备供电的连续性。

（1）不间断电源分类及对比

① 根据国家标准《不间断电源设备（UPS）第 3 部分：确定性能的方法和试验要求》GB/T 7260.3—2003 的附录 B，UPS 按运行方式可以划分为双变换运行、互动运行和后备运行 3 类。

② UPS 按系统结构可以分为动态 UPS 和静态 UPS。

③ UPS 按工作频率可以分为高频 UPS 和传统工频 UPS。高频 UPS 和传统工频 UPS 对比见表 3-18。

表3-18　高频UPS和传统工频UPS对比

参数	高频 UPS	传统工频 UPS
过载能力	一般	较强
功率因数	0.99	0.9
$THDI$[1]	小于 5%	小于 5%（12 脉冲加谐波滤波器）
并机环流	小	一般
整机效率	85%～90%	75%～85%
功率密度	高	低
重量	较轻	较重
体积	较小	较大
噪声	小	较高
价格	较低	较高

注：1. THDI（Total Harmonic Distortion，电流谐波总畸变率）。

通过表 3-18 对比来看，高频 UPS 的体积较小、重量较轻、整体效率高、功率因数较高，更适合用于数据中心、运营商机房等场合，但在工业（例如大型电机）等场合，还应采用传统工频 UPS，因为它可以有较大的过载能力。

④ UPS 按模块化情况可以分为传统 UPS 和模块化 UPS。传统 UPS 和模块化 UPS 对比见表3-19。

表3-19　传统UPS和模块化UPS对比

类别	传统 UPS	模块化 UPS
设备可靠性	较高，但单机故障 会影响 UPS 系统的安全	高，采用模块式结构，任一模块的故障 不影响整个 UPS 系统的安全
功率因数	0.9～0.98	0.99
THDI	小于 5%（12 脉冲加谐波滤波器）	小于 5%
并机环流	一般	较低
整机效率	低负载率时效率低	可调节模块数量，始终维持在效率 最高的负载状态
功率密度	较低	较高
体积	占地面积较大	占地面积较小
价格	初期投资较高，总体一般	初期投资较低，总体较高
扩容、维护便利性	一般	灵活方便

从表 3-19 对比来看，采用模块化 UPS 的设备可靠性较高、体积较小、扩容及维护便利，更适应于灵活可变的建设场景。

（2）UPS 系统的工作模式

① 正常工作模式。输入交流电压、频率在允许范围内，交流输入通过整流、逆变向负载正常供电，同时采用的是电池充电的工作模式。

② 电池逆变工作模式。当输入交流电压或频率异常时，电池采用的是通过逆变器或变换器向负载供电的工作模式。

③ 旁路工作模式。交流输入采用的是通过旁路向负载供电的工作模式。

④ ECO（节能）模式。在交流输入正常情况下，UPS 通过静态旁路向负载供电，当交流

输入异常时，UPS 切换至逆变器供电的工作模式。UPS 的 ECO 模式可有效提升 UPS 效率，但 UPS 必须不断监视市电状态，并需要对供电状态进行预判选择，保证能迅速切换到逆变器供电且不影响后端设备供电。在实际操作的过程中，需综合考虑 UPS 供电、市电、柴油机供电多系统切换配合等问题。

（3）数据中心 UPS 系统冗余设计

由于 UPS 设备的结构复杂，容易发生故障，所以增加设备冗余可以提高系统的可用性。根据不同需求，UPS 系统有以下多种系统冗余结构。

① 单机供电方案。单机供电方案是指无备份对应规范中的 N 系统方案。它的优点是系统简单，成本最低。由于单机 UPS 工作在较高负荷（80% 以上）的条件下，所以其效率较高。

该方案的缺点是可靠性较低，当 UPS 发生单机故障时，负载将转换到旁路供电，无冗余备份电源；在 UPS、电池等设备维护期间，负载处于无后备电源供电状态，可靠性较低。

② "$N+X$" 并联供电方案。"$N+X$" 并联供电方案是指由 "$N+X$" 台型号容量相同且具有并机功能的 UPS 设备并联组成的系统，配置 N 台 UPS 设备，其总容量为系统基本容量，再配置 X 台（$X = 1 \sim N$）UPS 冗余设备，系统允许 X 台设备故障。相对于单机供电，"$N+X$" 系统在 UPS 配置上做到设备级冗余，提高了系统的可靠性，同时也增加了系统的配置成本（但该系统增加的成本主要是 UPS 设备及后备电池成本），降低了系统中单台 UPS 的负荷率以及降低了系统的运行效率。

目前，在 B 级及以下的数据中心，"$N+X$" 系统应用广泛，但是该系统在 UPS 输出端仍然存在单点故障，该系统的可靠性仅比单机系统高，存在系统风险。

③ 2N 供电方案。2N 供电方案采用系统冗余结构，消除设备单点故障。A 级数据中心通常采用该方案。该系统是指由两套 UPS 系统组成的冗余系统，每套 UPS 系统中 N 台 UPS 设备的总容量为系统的基本容量。该系统从交流输入经 UPS 设备直到 UPS 输出至列头柜，完全是物理和逻辑上都互相隔离的两套供电线路。在整个供电过程中，所有线路和设备都实现了冗余配置。当设备正常运行时，每套 UPS 系统各承载总负荷的 50%。这种双路电源系统冗余的供电方式，避免了单电源系统存在的单点故障，对于末端少量单电源设备的用电，可通过安装静态双电源转换开关，保证其供电的可靠性。

在采用 2N 冗余系统时，UPS 系统的可靠性最高，但其缺点是设备配置多、成本高。部分最高等级的金融数据中心也有配置 2X "$N+1$" 供电方案，既采用 2N 双电源系统冗余，又在每条供电回路上设置设备容量的冗余。

④ 市电直供方案。基于外部市政供电的可靠性，市电直供方案架构已明显提高。在采用 2 路电源供电回路时，一路由市电直接供电，另一路由 UPS 供电。该方案的可靠性较单机或"N+1"系统有所提高，UPS 系统的损耗降低一半，UPS 系统整体效率有所提升。目前，互联网企业和运营商数据中心正在推行该方案。

6. 建筑电气及照明

（1）建筑电气

数据中心大楼建筑电气部分的低压供电采用分区树干式配电和放射式配电相结合的方式。各个楼层均设有动力、照明配电箱和强电横竖向桥架，大楼供电电源集中引自最底层的变配电室，供电干线经本楼强电竖井内横向电缆桥架引到用电设备终端。

所有配电线路均采用金属管或金属桥架、线槽保护，沿吊顶、墙面、地面敷设。

一般设备的配电线路明敷设时，应穿金属管保护或在电缆桥架内敷设；穿金属保护管暗敷设在顶板、地坪、墙内时应有不小于 15mm 厚的保护层。

用于消防系统的两个配电回路电缆明敷设时，应穿金属保护管或敷设在两组电缆桥架内或在一组电缆桥架内敷设在两侧，中间加防火隔板，电缆桥架封闭。金属保护管及电缆桥架应刷防火涂料；当采用阻燃或耐火电缆并敷设在电缆井、沟内时，可不穿金属导管或采用封闭式金属槽盒；当采用矿物绝缘类不燃性电缆时，可直接明敷，如果暗敷设，则应穿金属保护管并敷设在不燃烧结构内且保护层厚度不小于 30mm。同一强电井内，消防桥架与非消防桥架分别布置在强电井两侧，且消防配电线路采用矿物绝缘类不燃性电缆。

凡由室外引入室内的电气管线，应预埋好穿墙钢管，并做好建筑物的防水处理。穿线之后，应在钢管的两端用防水材料加以封堵，以免渗漏。由室外埋地引入的进线电缆（电力、照明、弱电）的穿线保护钢管要求管壁厚度不小于 2.0mm。

普通用电设备的配电干线采用低烟无卤阻燃型交联聚乙烯绝缘聚烯烃护套铜芯电缆（WDZ-YJY-0.6/1kV），普通用电设备的配电支线采用低烟无卤阻燃型聚乙烯绝缘铜芯电线（WDZ-BYJ-450/750V）；应急照明干线采用矿物绝缘电缆（BTTZ-0.6/1kV），应急照明支线采用低烟无卤阻燃耐火型聚氯乙烯绝缘铜芯电线（WDZN-BYJ-450/750V）；消防用电设备的配电干线采用矿物绝缘电缆（BTTZ-0.6/1kV）。消防用电设备的配电支线采用低烟无卤阻燃耐火型交联聚乙烯绝缘聚烯烃护套铜芯电缆（WDZN-YJY-0.6/1kV）或低烟无卤阻燃耐火型聚氯乙烯绝缘铜芯电线（WDZN-BYJ-450/750V）。

电缆桥架和线槽均采用热镀锌耐火型。消防线路敷设的桥架要达到消防要求。

（2）照明

① 照明质量。主机房和辅助区内的主要照明光源宜采用高效节能荧光灯，也可采用 LED 灯。灯具应采取分区、分组的控制措施。照明灯具不宜布置在设备的正上方，工作区域内一般照明的照度值不应小于 0.7，非工作区域内一般照明的照度值不宜低于工作区域内一般照明照度值的 1/3。

② 备用照明。主机房和辅助区应设置备用照明，备用照明的照度值不应低于一般照明照度值的 10%；有人值守的房间，备用照明的照度值不应低于一般照明照度值的 50%；备用照明可为一般照明的一部分。

③ 灯具选择与安装。照度标准及灯具选型安装见表 3-20。

表3-20　照度标准及灯具选型安装

序号	房间名称	照度 /lx	灯具选型建议	建议安装方式
1	办公	300	高效节能荧光灯	明装
2	机房	500	高效节能荧光灯	
3	电池室	200	高效节能荧光灯	
4	消防监控	300	高效节能荧光灯	吸顶
5	配电室	200	高效节能荧光灯	吸顶
6	走廊、楼梯	50	节能筒灯	吸顶或壁装

应急照明的种类、照度标准、供电时间、设置场所见表 3-21。

表3-21　应急照明的种类、照度标准、供电时间、设置场所

名称	最少持续供电时间	照度标准值 /lx	设置场所
疏散照明	不小于90min	不小于1.0	疏散走道
	不小于90min	不小于5.0	楼梯间、前室、合用前室、主机房疏散通道
备用照明	不小于180min	不低于正常照度	消防工作区域：强弱电间、消防泵房、防排烟机房以及在火灾时仍需要坚持工作的其他房间等
	不小于180min	不低于正常照度	重要机房：弱电机房、数据机房

7. 电磁兼容和防雷接地

（1）防雷分级及措施

根据《建筑物防雷设计规范》GB 50057—2010 规定，数据机房一般属于二类防雷建筑物，接地一般采用综合接地方式 TN-S，即工作接地、保护接地及防雷接地共用一组接地体，接地电阻值要求不大于 1Ω。

防雷接闪部分采用在屋顶女儿墙敷设避雷带和屋顶设置避雷网相结合的方式。在屋顶女儿墙敷设和屋面设置避雷带，并与屋面的钢网架、屋面板及现浇楼板、梁、柱内的钢筋与柱内作为防雷引下线的两根柱子主筋做可靠连接，全部金属物均连接为一体，在每个结构柱子内有两根直径为 16mm 的主筋做防雷引下线，引下线层与结构裙梁的钢筋（均压环）可靠焊接；每层利用大楼层梁内主钢筋与接地网的可靠焊接作为均压环。

在模块化机房内设置机房工艺专用接地端子板。机房楼内的 IT 设备进行等电位连接，需根据 IT 设备易受干扰的频率确定采用 M 型或 SM 混合型的等电位连接方式。

机房接地安装参见国家建筑标准设计图集 18DX009《数据中心工程设计与安装》及接地相关图纸的具体要求。

（2）机房接地

高压系统采用不接地系统或小电流接地系统，低压接地系统可采用 TN-S 综合接地系统。机房接地系统框架如图 3-15 所示。

低压接地系统要求接地电阻不大于 1Ω，在各机房内敷设专用接地干线，干线单独引向总等电位箱。为了达到机房接地线的低阻抗电压化的目的，机房内采用网状接地方式。

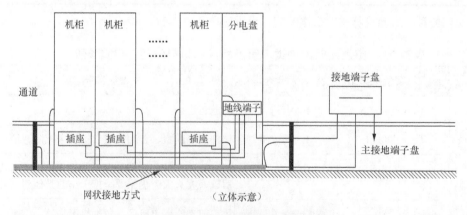

图3-15　机房接地系统框架

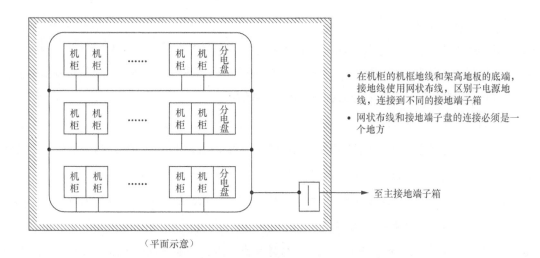

- 在机柜的机框地线和架高地板的底端，接地线使用网状布线，区别于电源地线，连接到不同的接地端子箱
- 网状布线和接地端子盘的连接必须是一个地方

至主接地端子箱

（平面示意）

图3-15 机房接地系统框架（续）

（3）静电保护

机房内需设有防静电地面，所有可能产生静电危害的设备均需可靠接地，以消除静电危害。

主机房和安装有电子信息设备辅助区的地板或地面应有静电泄放措施和接地构造。

机房的静电电压要求控制在 1kV 以下，并对抗静电活动地板进行可靠接地处理。

在频率范围为 0.15MHz ~ 500MHz 时，机房内的无线电干扰场强不大于 126dB，机房内磁场干扰场强不大于 800A/m。

3.3.5 网络系统

1.数据网络

数据中心系统总体设计思想是以数据为中心，按照数据中心系统内在的关系来划分。数据中心系统的总体架构由支撑体系、信息资源层、基础设施层、应用层、应用支撑层5 个部分构成。数据中心系统总体架构如图3-16 所示。

图3-16 数据中心系统总体架构

基础设施层是指支持整个系统的底层支撑，包括机房、主机、存储、网络及其通信环境、各种硬件和系统软件等。其中，网络是用于承载各类业务系统，并担负着与外界其他网络的互联互通。网络作为数据中心的三大基础资源之一，随着数据中心云化的进一步推进，正在从传统数据中心的三层架构向云数据中心的 Spine-Leaf（脊 - 叶）架构演进。

（1）传统数据中心网络

在传统的大型数据中心，网络通常是三层结构。思科（Cisco）公司称之为分级的互联网络模型（Hierarchical Inter-networking Model，HIM）。这个模型包含了以下三层。

第一层：接入层（Access Layer）。有时也称为边缘层（Edge Layer）。接入交换机通常位于机架顶部，它们是物理连接的服务器。

第二层：汇聚层（Aggregation Layer）。有时候也称为分布层（Distribution Layer）。汇聚交换机连接接入层交换机，同时提供其他服务，例如防火墙、SSL 卸载、入侵检测、网络分析等。

第三层：核心层（Core Layer）。核心交换机为进出数据中心的包提供高速的转发，为多个汇聚层提供连接性，核心交换机通常为整个网络提供一个弹性的 L3 路由网络。

三层网络架构示意如图 3-17 所示。

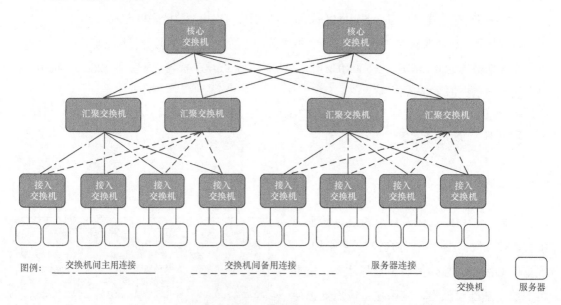

图3-17 三层网络架构示意

通常情况下，汇聚交换机是 L2 和 L3 网络的分界点，汇聚交换机以下的是 L2 网络，汇聚交换机以上的是 L3 网络。

　　汇聚交换机和接入交换机之间通常使用生成树协议（Spanning Tree Protocol，STP）。STP 对于一个 VLAN 网络只有一个汇聚交换机可用，其他的汇聚交换机在出现故障时才被使用（如图 3-18 中的虚线所示）。这样在汇聚层做不到水平扩展，因为就算加入多个汇聚交换机，仍然只有一个汇聚交换机在工作。一些私有协议，例如，Cisco 的虚拟接口通道（virtual Port Channel，vPC）可以提升汇聚交换机的利用率，另外，vPC 也不能真正做到完全的水平扩展。vPC 的网络架构示意如图 3-18 所示。图 3-18 是一个汇聚层作为 L2/L3 分界线，且采用 vPC 的网络架构。

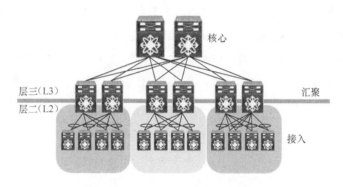

图3-18　vPC的网络架构示意

　　随着云计算的发展，计算资源被池化，为了使计算资源被任意分配，需要一个大二层的网络架构，即整个数据中心的网络都是一个 L2 广播域。这样服务器可以在任意地点创建、迁移，而不需要对 IP 地址或者默认网关做修改。在大二层的网络架构中，L2/L3 分界在核心交换机，核心交换机以下也就是整个数据中心网络，是 L2 网络。大二层的网络架构如图 3-19 所示。

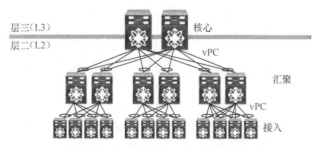

图3-19　大二层的网络架构

大二层的网络架构虽然能够灵活创建虚拟网络，但是带来的问题也是明显的。共享的 L2 广播域带来的广播未知单播多播（Broadcast Unknown-unicast Multicast，BUM）风暴随着网络规模的增加而明显增加，最终将影响正常的网络流量。

传统的三层网络架构已经存在了几十年，并且现在有些数据中心仍然使用这种架构。

（2）云计算数据中心网络

相比传统数据中心，现阶段云计算数据中心对网络的要求有以下几点变化。

① 服务器到服务器的流量成为主流，而且要求以二层流量为主。

② 站点内部物理服务器和虚拟机数量增大，导致二层拓扑变大。

③ 扩容、灾备和 VM（虚拟机）迁移要求数据中心多站点间大二层互通。

④ 数据中心多站点的选路问题受大二层互通影响更加复杂。

基于 Clos（克洛斯）[1]网络架构的二层 Spine-Leaf（脊 - 叶）架构能较好地适应以上变化。

简单的 Clos 架构是一个三级互联架构，包含了输入级、中间级、输出级。Clos 架构示意如图 3-20 所示。

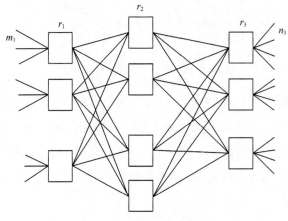

图3-20　Clos架构示意

图 3-20 中的矩形是规模小得多的转发单元，相应的成本也小得多。Clos 架构的核心思想是用多个小规模、低成本的单元构建复杂、大规模的架构。在图 3-21 中，m 是每个子模块的输

注：1. Clos（克洛斯）网络架构

查尔斯·克洛斯（Charles Clos）曾经是贝尔实验室的研究员。他在 1953 年发表了一篇名为 *"A Study of Non-blocking Switching Networks"*（无阻塞交换网络的研究）的文章。这篇文章介绍了一种用多级设备来实现无阻塞电话交换的方法，这便是 Clos 架构的起源。

入端口数，n 是每个子模块的输出端口数，r 是每一级的子模块数，经过合理的重排，只要满足 $r_2 \geqslant \max(m_1, n_3)$，那么，对于任意的输入到输出，总能找到一条无阻塞的通路。

　　现在流行的 Clos 网络架构是一个二层的 Spine-Leaf（脊 - 叶）架构。Spine 交换机之间或者 Leaf 交换机之间不需要同步数据（不像三层网络架构中的汇聚交换机之间需要同步数据）。每个 Leaf 交换机的上行链路数等于 Spine 交换机的数量，同样的每个 Spine 交换机的下行链路数等于 Leaf 交换机的数量。可以这样说，Spine 交换机和 Leaf 交换机之间是以 full-mesh（全网状）方式连接的。Clos 网络架构示意如图 3-21 所示。

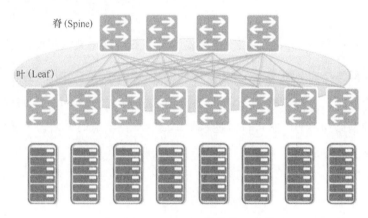

图3-21　Clos网络架构示意

　　前面讨论 Clos 架构的时候，都是讨论从输入到输出的单向流量。网络架构中的设备基本都是双向流量，输入设备同时也是输出设备。因此三级 Clos 架构沿着中间层对折，就得到了二层 Spine-Leaf 网络架构。

　　在 Spine-Leaf 架构中，各层的具体作用如下所述。

　　Leaf 交换机：相当于传统三层架构中的接入交换机，直接连接物理服务器。与接入交换机的区别在于，L2/L3 网络的分界点在 Leaf 交换机上了。Leaf 交换机之上是三层网络。

　　Spine 交换机：相当于核心交换机。Spine 和 Leaf 交换机之间可动态选择多条路径。二者的区别在于，Spine 交换机现在只是为 Leaf 交换机提供一个弹性的 L3 路由网络，数据中心的南北流量可以不用直接从 Spine 交换机发出。

　　对比 Spine-Leaf 网络架构和传统三层网络架构可以看出，传统三层网络架构是垂直的结构，而 Spine-Leaf 网络架构是扁平的结构，从结构上看，Spine-Leaf 网络架构更易于水平扩展。Spine-Leaf 网络架构和传统三层网络架构对比示意如图 3-22 所示。

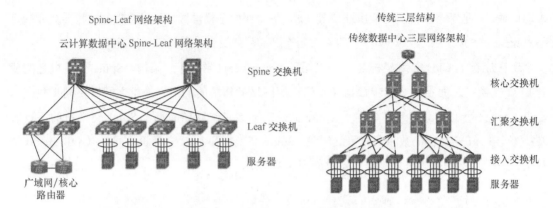

图3-22　Spine-Leaf网络架构和传统三层网络架构对比示意

传统的三层网络架构必然不会在短期内消失，但是由于技术和市场的发展，其短板也越来越明显。基于现有网络架构的改进显得非常有必要，采用Spine-Leaf网络架构已成为云计算数据中心构建网络的趋势，它可以方便水平扩展，支持全速的东西向流量，不采购高性能的核心交换机也能支持SDN。

2. 云计算

（1）云计算特点

云计算将独立分布的计算、存储、平台、软件等资源集中起来形成虚拟的云共享资源，利用软件实现自动管理、调度、分配、监控和自我维护，并通过网络按需提供给用户。

云计算的发展将虚拟化、按需部署、提供网上服务和开放源软件融合在一起，缩短了从设计应用程序架构到实际部署应用程序的时间，推动了降低服务提供成本的趋势，同时提高了业务部署服务的速度和敏捷性。虽然云计算使用既有的方法、概念和最佳做法，但是云计算变革了传统的发明、开发、部署、扩展、更新、维护和支付应用程序以及运行应用程序的基础设施的方式。

与传统的业务建设模式相比，云计算有助于提高应用程序部署速度，加快创新步伐，因而云计算的形式也会随着技术的发展而出现新形式。云计算的主要特点说明如下所述。

① 通过网络提供服务。基于互联网的服务提供的最大优势在于可以随时随地使用应用程序。云计算的服务能力通过网络提供，支持各种标准接入方式，包括各种"瘦客户端"或"胖客户端"，例如笔记本电脑、移动电话、iPad（平板电脑）等移动设备，也包括其他传统的或基于云的服务。云计算扩大了已有的通过网络提供服务的趋势。

② 大规模集群计算。云计算把大量的计算资源集中到一个公共资源池中，通过多租用的方式共享计算资源。虽然单个用户在云计算平台上获得的服务水平受到网络带宽等各种因素的影响，未必能够获得优于本地主机所提供的服务，但是从整个社会资源分配的情况来看，整体的资源调控降低了部分地区的峰值负载，提高了部分主机的运行效率，进而提高了系统资源的利用率。

③ 核心数据的容灾备份。分布式数据中心可将云端的用户信息备份到地理上相互隔离的数据库主机中，甚至用户自己也无法判断信息的确切备份地点。该技术特点不仅提供了数据恢复的依据，也使网络病毒和网络黑客的攻击失去目的性，保障了用户数据信息的安全，提升了系统的安全性和容灾能力。

④ 屏蔽物理层设备的差异。云计算采用虚拟化技术，保证虚拟化层将云平台上方的应用软件和下方的基础硬件设备相互隔离。技术设备的维护者无法看到设备中运行的具体应用，同时对软件层的用户而言基础设备层是透明的，用户只能看到虚拟化层中虚拟出来的各类设备。这种架构减少了设备的依赖性，也为动态的资源配置提供了可能。

⑤ 良好的扩展性。目前，主流的云计算平台均根据 SaaS（软件即服务）、PaaS（平台即服务）、IaaS（基础设施即服务）架构在各层集成功能各异的软硬件设备和中间件软件。大量的软硬件设备和中间件软件均提供针对云平台的通用接口，允许用户根据功能需求添加本层的扩展设备。部分云与云之间提供对应接口，允许用户在不同云间进行数据迁移。

⑥ 服务的可伸缩性。虚拟资源池为用户提供弹性服务，云平台管理软件通过将整合的计算资源根据应用访问的具体情况进行动态调整，包括增大或减少对资源的需求。因此针对非恒定需求的应用，例如，对需求波动很大、阶段性需求等业务，云计算具有非常好的应用效果。在云计算中，针对规律性需求，既可通过事先预测、事先分配方式，也可根据事先设定的规则进行实时动态调整。弹性的云服务模式可以帮助用户在任意时间、任意地点得到满足需求的计算资源和存储资源。

⑦ 按需使用，按量付费。按需提供服务、按需付费是目前各类云计算服务中不可或缺的一部分。云用户可以随时根据业务需求自动配置云主机的计算能力，例如，服务器性能和网络存储容量，而无须与云服务供应商的服务人员进行交互。相对用户而言，云计算不但节省了基础设备的购置以及运维费用，而且能够根据用户需求不断地进行扩展订购服务，不断地更换更加适合的服务，进而提高资金的利用率。

（2）云计算技术架构

云计算技术架构主要包括基础资源、资源管理平台、服务管理平台等层次以及与外界系统的接口。云计算的技术架构示意如图 3-23 所示。

基础资源层是云计算资源服务的基础，涵盖物理资源、虚拟资源、软件资源以及相应的管理机制。物理资源主要包括服务器、存储设备和网络设备，它们为资源服务提供最底层的物理支撑能力。其中，服务器同时包括了 x86 服务器和小型机。虚拟资源是指通过服务器虚拟化、存储虚拟化等技术，将物理设备资源进行池化，抽象形成可管理、可调度的逻辑资源。针对池化后的计算资源和存储资源，需要分别进行网元级管理。软件资源主要包括用于提供云服务所必需的软件，主要包括虚拟化软件、操作系统、中间件以及相应的存放介质、软件许可证等资源。

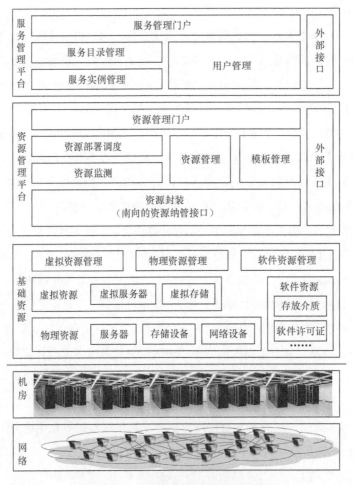

图3-23　云计算的技术架构示意

　　资源管理平台层和服务管理平台层是实现云计算资源服务可管、可控、可运营的关键。

其中，资源管理平台层可实现物理资源、虚拟资源、软件资源的统一管理，并实施相应的监测和调度；服务管理平台层对云计算资源服务的服务目录、服务实例和用户进行管理，便于用户（例如业务应用）根据实际需求访问云计算资源服务。而外部接口为其他业务提供统一的对接平台。

（3）云计算服务

云计算是大量传统技术和新兴技术的融合与发展，同时也是软硬件资源提供模式的创新。云计算系统的构成主要包括物理基础设施、云计算服务及其实现、云计算运营等重要组成部分。

云计算服务及其实现是云计算的核心，目前，业内普遍认为云计算服务可以分为 IaaS、PaaS、SaaS 共 3 类。

IaaS 面向企业用户，提供包括服务器、存储、网络和管理工具在内的虚拟数据中心，可以帮助企业降低数据中心的建设成本和运维成本。PaaS 面向应用程序开发人员，提供简化的分布式软件开发、测试和部署环境，屏蔽了分布式软件开发中底层的复杂操作，满足开发人员可以快速开发出基于云平台的高性能、高可扩展的 Web 服务需求。SaaS 面向个人用户，提供各种在线软件服务。

IaaS、PaaS、SaaS 这 3 类服务几乎覆盖了整个 IT 产业生态系统。在数据中心的物理基础设施之上，IaaS 可通过虚拟化技术整合出虚拟资源池，PaaS 可在 IaaS 虚拟资源池上进一步封装分布式开发所需的软件栈，SaaS 可在 PaaS 上开发并最终运行在 IaaS 虚拟资源池上。

（4）云计算分类

云计算资源租用服务提供 vCPU、内存、系统存储和预置操作系统的弹性计算资源，用户可以灵活地选择不同的资源配置，并可根据业务需求变化对资源进行弹性扩展或者收缩。根据服务方式的角度划分，云计算可以分为公有云、私有云、混合云。

① 公有云。公有云是面向多用户开放的云服务模式，提供云计算模式下的虚拟机、存储、网络等 IT 基础资源租用服务。一般适用于向中小型企业用户提供标准化虚拟机服务。

公有云由第三方运营并为不同的客户提供应用程序，可能会在云的服务器、存储系统和网络上混合。公有云通过提供一种类似企业基础设施的方式进行灵活的，甚至临时的扩展，提供一种降低客户风险和成本的方法。公有云能够根据需求进行伸缩，并将基础设施风险从企业转移到云提供商。

② 私有云。私有云是云资源池为用户单独构建 IT 基础设施的云服务模式。一般适用于向大

中型企业用户提供按需的云资源池，用户自行分配和管理资源。

私有云是为一个用户单独使用而构建的云资源池，因而可提供对数据、安全性和服务质量的有效控制。私有云用户拥有基础设施，并可以控制在此基础设施上部署应用程序的方式。私有云不仅可以部署在企业数据中心，也可以部署在一个主机托管场所。

③ 混合云。混合云把公有云模式与私有云模式结合在一起。混合云有助于提供按需的、外部供应的扩展，可利用公有云的资源扩充私有云的能力，以便私有云在发生工作负荷快速波动时维持服务水平。

混合云引出如何在公用云与私有云之间分配应用程序的复杂性，需要考虑数据和处理资源之间的关系。如果数据量小或者应用程序无状态，与必须把大量数据传输到一个公有云中进行小量处理相比，混合云要成功得多。

（5）云计算关键技术

云计算涉及的相关技术包括虚拟化技术、软件定义的分布式存储、云计算管理平台、容器等。

① 虚拟化技术。虚拟化是将底层物理设备与上层操作系统、软件分离的一种去耦合技术，它通过软件或固件管理程序构建虚拟层，并对其进行管理，把物理资源映射成逻辑的虚拟资源，对逻辑资源的使用与物理资源相差甚少。虚拟化的目标是实现 IT 资源利用效率和灵活性的最大化。虚拟化技术具有降低 IT 固定资产和运营成本、改善业务的连续性、增强业务的灵活性、改善桌面管理等特点。

② 软件定义的分布式存储的特征是实现软件与硬件的分离、统一管理。硬件负责数据存储，采取通用硬件方式，通过分布式部署方式实现快速灵活扩展。软件负责存储控制和管理功能，实现数据存储的可用性、可靠性、安全性和访问接口。软件可以灵活升级和优化，增强数据管理功能，提升数据管理效率。软件定义方式可以融合提供各类存储，底层硬件共享，支持多种访问接口 [例如，文件（File）、对象（Object）、块（Block）]，提供统一管理各类存储的出路。软件定义存储主要有两个优势：一是硬件快速扩展（Scale）；二是软件灵活定制和快速配置，实现自动化。

③ 云计算管理平台。云计算管理平台是数据中心资源的统一管理平台，可以管理多个开源或者异构的云计算技术或者产品，主要通过开放云平台、vDC/VPc.VxLAN、SDN 等技术实现对物理分散的多个异构数据中心资的源统一调度和管理，以及对物理资源和虚拟资源的统一监控，以统一的逻辑资源池对外提供服务。云计算管理平台的功能单元包括门户、用户管理、服务目录管理、服务实例管理、运营分析、计费管理、日志管理、监控管理、统计分析、资

源调度管理、资源管理、安全管理和接口管理等。

④ 容器。容器是直接运行在操作系统内核之上的，拥有相对隔离独立的资源（例如，CPU、内存、网络、文件系统），可以运行一个或多个进程的运行环境。容器的具体特点如下所述。

轻量级：占用资源少，单机可同时运行上百个容器。

快速启停：启动速度快，秒级启动。

高性能：直接通过内核访问磁盘 I/O，性能接近裸机。

标准化：采用标准化容器控制接口和镜像格式。

弱隔离：依赖 Linux 内核机制隔离资源，内核隔离机制的成熟度较低。

集群化：往往以集群的方式使用，实现动态调度弹性扩展。

数据中心基础设施建设应充分利用云计算技术，提供集中的软硬件资源，实现服务器、存储、网络、安全等基础设施的集约建设，为云数据中心的应用建设提供统一的基础设施资源服务。

3. 边缘计算

（1）边缘计算发展背景

随着 5G、人工智能、物联网、工业互联网等技术的快速发展，万物互联的智能时代正在加速到来，对当前广泛使用的云计算模型提出了巨大挑战。云计算服务是一种集中式服务，所有数据都通过网络传输到云计算中心进行处理。资源的高度集中与整合使云计算具有很高的通用性。然而面对物联网设备、数据的爆发式增长以及 5G 三大应用场景，基于云计算模型的聚合性服务逐渐显露了其在业务时延、网络带宽、资源开销和隐私保护上的不足。

边缘计算是一种近运算的概念，在更靠近数据源所在的本地区网内运算，尽可能地不将数据回传到云端，减少数据往返云端的等待时间和网络成本。边缘计算将密集型计算任务迁移到附近的网络边缘服务器，降低网络拥塞与负担，减缓网络带宽压力，实现较低时延，带来较大带宽，提高数据处理效率，同时能够快速响应用户请求并提升服务质量。在面向大带宽、大规模机器连接以及低时延、高可靠等业务应用场景中，边缘计算显示出了优于云计算的性能，受到工业界、学术界的高度关注和一致认可。

（2）边缘计算基本内涵

边缘计算是在靠近人、物或数据源头的网络边缘侧，融合网络、计算、存储、应用核心能力的新网络架构和开放平台，就近提供边缘智能服务，满足行业数字化在实时业务、数据优化、应用智能、安全与隐私保护等方面的关键需求。同时，边缘计算将构建一种新的生态模式，通过在网络边缘侧汇聚网络、计算、存储、应用、智能 5 类资源，提高网络服务性能、开放网络控制能力，从而激发产业生态的新模式和新应用。

从广义角度来看，边缘计算节点可覆盖从数据源到云计算中心之间的任意网络位置。不同的边缘计算服务提供商基于自身的能力和资源优势，针对不同的服务对象、应用场景、业务形态、技术实现以及部署位置，可提供多样化的边缘计算资源、产品和服务。从细分价值市场的维度来看，边缘计算主要分为电信运营商边缘计算、企业与物联网边缘计算、工业边缘计算。围绕 3 类边缘计算，业界主要的 ICT、OT、OTT、电信运营商等纷纷基于自身的优势布局边缘计算，形成了当前主要的 6 种边缘计算的业务形态：物联网边缘计算、工业边缘计算、智慧家庭边缘计算、广域接入网络边缘计算、边缘云以及多接入边缘计算。

（3）边缘计算关键技术

为满足 5G 移动互联和移动物联的多样化业务需求，5G 网络基于服务化架构设计，通过网络功能模块化、控制和转发分离等使能技术，采用 NFV/SDN、云原生技术实现网络虚拟化、云化部署，并实现网络按照不同业务需求快速部署、动态的扩缩容和网络切片的全生命周期管理，包括端到端网络切片的灵活构建、业务路由的灵活调度、网络资源的灵活分配以及跨域、跨平台、跨厂家，乃至跨运营商（漫游）的端到端业务提供，实现了技术创新和网络变革。

5G 网络架构及关键技术在网络功能和能力开放方面支持边缘计算，成为边缘计算的关键使能者和驱动力。5G 网络对边缘计算的支持主要体现在以下几个方面。

① 用户面下沉：5G 用户面功能下沉实现数据流量本地卸载，可以将边缘计算节点灵活部署在不同的网络位置来满足对时延、带宽有不同需求的边缘计算业务。

② 流量疏导：5G 网络采用 C/U 分离架构，用户面通过按需分布式部署，实现流量的本地卸载，从而支持端到端毫秒级时延。5G 用户面功能基于 UL-CL、IPv6 Multi-homing（多链路 IPv6）以及 LADN 支持本地网络流量的灵活路由。

③ 业务连续性：对于边缘计算移动业务的连续性要求，5G 网络引入了多种业务与会话连续性模式来保证用户的体验效果。

④ 网络能力开放：5G 支持将无线网络信息服务、位置服务、QoS 服务等网络能力封装成边缘计算 PaaS 平台的 API，开放给边缘应用。

⑤ 计费和 QoS：5G 基于服务化架构支持本地数据网络的流量 QoS 控制和在线 / 离线计费。

（4）边缘计算应用发展

边缘计算特别是多接入边缘计算以降低时延、减小带宽和能耗，以及网络感知等特点获得了业内的广泛关注和研究探索。边缘计算规模部署的典型业务应用场景主要包括智慧园区、安卓云与云游戏、内容分发网络（Content Delivery Network，CDN）、视频监控、工业物联网、Cloud VR（云虚拟现实）等。

① "低成本"应用本地化：园区、企业、场馆等自己的应用在本地闭环，本地应用由本地提供，实现低成本，例如，智能工厂、智能办公、智慧城市。

② "大带宽"内容分布化：大带宽内容从中心到区域分布式部署，实现大带宽，例如，AR/VR、移动视频监控。

③ "超低时延"计算边缘化：新型超低时延业务在边缘才能满足业务诉求，实现业务低时延，提升业务体验，例如，自动驾驶、机器人协作、远程医疗诊断。

当前大部分边缘计算业务还处于一个培育发展的早期，边缘云建设及业务发展需要充分考虑业务的应用场景、市场规模、商业成熟度以及边缘的依赖度等。在一个良性网络商业生态中，客户需求、应用开发、网络部署、商业变现是互相促进的。目前，边缘计算体现了技术潜力优势，但是商业生态还不成熟，需要产业各方共同努力与合作推动，让边缘计算在未来网络中真正发挥作用和价值。

3.3.6　安全防范系统

1. 系统概述

数据中心安全防范系统的主要目的是通过视频监控、入侵报警、门禁管理、电子巡更、停车场管理等既可独立运行，又可统一协调管理的多功能、全方位、立体化安防自动化管理系统，从而建立起一套完善的、功能强大的技术防范体系，以满足数据中心对安全和管理的需要，配合人员管理，实现人防、物防与技防的统一与协调。

安全防范系统作为智能化系统的一个有机组成，系统的定位要满足数据中心的整体定位要求，充分考虑现代化和信息化发展的需要，满足现代数据中心信息化发展的客观需求，还要从本行业内目前成熟的技术水平和未来的发展趋势，沿着数字化、网络化、智能化、高清化的未来发展前景，既着眼于安全防范系统内各个子系统的有机统一管理，又跳出安防系统本身和灯光、消防等系统的集成统一管理，成为数据中心构建的数字化技术应用平台的有机组成部分，为现代化数据中心提供坚实的基础性保障。

数据中心安全防范系统的设计建设应本着一次设计、逐步完善、满足现有需求、后期扩展方便可行的基本原则进行设计施工。数据中心安全防范系统示意如图 3-24 所示。

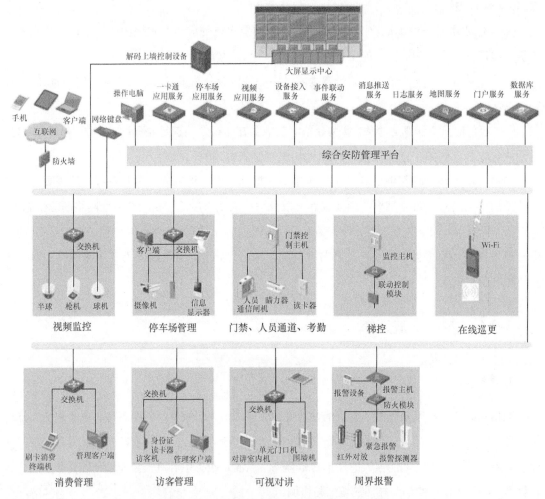

图3-24　数据中心安全防范系统示意

结合以上的分析和数据中心的基本需求，数据中心的安全防范系统宜采用"网络摄像机（IP Camera，IPC）+ 数字化平台"的方式进行设计，由综合安防管理平台、视频监控、入侵报警、电子巡更系统、门禁系统和停车场管理等子系统组成的综合安防系统。

2. 数据中心安全防范等级

根据数据中心的使用功能，一般情况下可将数据中心区域划分为四级安全防范区域（由高至低分别为一级至四级），不同安防区域使用不同的安防措施，数据中心安全防范等级的划分需根据业主及项目的实际需求确定。

（1）一级安防区域

数据机房、电信接入间、总控中心（Enterprise Command Center，ECC）等。

上述区域出入口设置双向读卡门禁单元（可采用人脸识别等生物识别门禁系统），机房内的微模块通道门按需设置单向读卡门禁单元，机房区域配置入侵报警设备，机房内各通道配置摄像机确保机房区域无盲区。

（2）二级安防区域

该区域为数据中心建筑出入口、运维监控室等，可支持辅助区域（例如，机电设备区、动力保障区等）。

机电设备区、动力保障区等辅助区域出入口可设置单向 / 双向读卡门禁单元，数据中心建筑出入口、楼梯出入口、运维监控室可设置双向读卡门禁单元，按需配置入侵报警设备，按需配置摄像机，辅助机房区域无盲区，辅助机房设备列的正面宜单独设置摄像机。

（3）三级安防区域

该区域为楼层走廊等室内公共区域。

室内公共走廊、接待大厅等按需布置摄像机；数据中心一层主要人员出入口宜设置人脸识别装置等，对出入人员进行通行认证。

（4）四级安防区域

该区域为建筑周界及室外公共区域、园区周界等。

园区周界按需设置电子围栏等入侵报警设施，设置园区停车场出入口管理设施；周界及室外区域按需配置室外摄像机，在建筑顶部及周边、油罐等室外重要设施区域周边、重要路口布置高清球机进行不间断自动跟踪摄像，可采用人脸识别、全景、热成像、虚拟周界等新型安防技术。

3. 安防集成管理平台

（1）系统架构

安防集成管理平台是整个安防工作的核心，实现了图像监控、周界报警、紧急报警、巡更、门禁系统等其他安防资源的接入与集中管理、统一控制，并实现各安防子系统之间的智能化联动。安防集成管理平台提供统一的登录、操作和管理界面。整套安防集成管理平台建立在设备网络上。

安防集成管理平台示意如图 3-25 所示。安防集成管理平台包括中心基本应用软件、后台服务软件两大类。每个软件模块的基本描述如下。

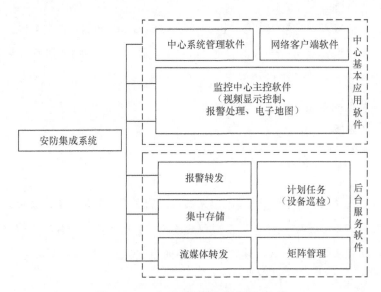

图3-25　安防集成管理平台示意

① 后台服务软件。其中，流媒体转发包括用于监控中心多客户端复用相同现场图像的流媒体转发管理和现场流媒体带宽限制管理。在网络带宽紧张的时候，流媒体转发可减少视频的带宽占用。并通过对流媒体进行智能分析，达到实时分析以及智能检索的功能。

集中存储用于分散加集中存储的环境下，按照管理中心软件设定的计划、策略，实现所有的报警录像、关键地点的实时录像、事后检索和回放管理。

报警转发用于管理各种报警信号，报警处理规则管理、联网报警主机的报警信号获取与分发管理。

计划任务（设备巡检）实现"7×24"小时各种安防设备巡检、设备时间校对、定时布防/撤防等定时功能。

矩阵管理实现对电视墙的配置和控制功能。

② 中心基本应用软件。中心系统管理软件可以对整个系统的人员、远程数字图像设备、远

程门禁设备、远程报警设备、远程接入服务器的各种采样参数、联动策略设置、电子地图进行集中配置管理，同时实现对所有客户端实时访问的权限控制和管理。

网络客户端软件可以实现按照组织和分组模式的图像预览切换、云镜控制、图像检索查询回放、报警信息检索接收、电子地图等功能。

监控中心主控软件可以实现对网络内所有数字图像设备的网络监视、控制、查询、浏览、刻录、电子地图报警等功能，支持对报警系统的远程布撤防操作和实时监控，实现和现场的对讲指挥功能。同时该软件支持双屏显示。

（2）基本功能

① 综合管控。综合管控需具备业务联动和集成应用功能，用于事件的监控、检索、查看。例如，基于电子地图的图上监控以及基于人脸识别技术的智能应用等。

② 电子地图。综合安防平台需具备多级电子地图，直观显示安防前端的地理位置和即时状态，安全防范各子系统设备信息、人员车辆信息等需在电子地图上进行显示、定位、信息查询以及设置管理，在发生警情时可在电子地图上进行自动定位、闪烁提醒、弹窗提醒等。

③ 视频监控。视频监控是数据中心安全防范系统最重要的技术防范手段之一，综合安防平台前端需接入各种高清网络摄像机等视频设备，后端视频监控中心需集中进行存储、解码显示以及系统管理等，综合安防平台提供了视频监控、解码显示、录像回放、参数设置、查询等功能。

④ 门禁及一卡通。门禁管理系统是数据中心安全防范系统的重要屏障，数据中心根据不同区域的安防等级要求安装前端门禁管理设备，对人员的通行进行统一的安全管理。一卡通管理可利用 IC 卡、人脸、指纹等媒介，实现发卡管理、电梯控制、门禁管理、访客管理、考勤管理、在线巡更、消费管理等功能。

⑤ 入侵报警。入侵报警系统由前端探测器、入侵报警主机组成，在数据中心特殊区域配置双肩探测器、紧急按钮等报警设备，可对防范区域进行布防。前端探测器检测到入侵行为后通过入侵报警主机上报到平台，便于用户对防范区域内的入侵行为和意外事件快速感知和高效处理，保护用户的生命财产安全。入侵报警系统是实现探测、上报、处警等功能的一个即时防范系统。

⑥ 网络管理。网络管理可提供对视频设备状态巡检、录像监控、视频诊断、告警查询，以及门禁设备的状态巡检，实现对视频监控系统和门禁系统的可视、可控、可管理，提高故障发现、处置效率，保证视频、门禁系统的可靠运行，实现对视频、门禁设备"全天候、全过程、全方位"

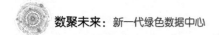

的集中监控、集中展现、集中维护。

⑦ 联网网关。联网网关设备作为平台之间通信的中间件，部署在平台和平台之间，在多级联网架构中，通过在上下级平台之间部署联网网关，实现数据交互。

⑧ 系统管理。系统管理可实现对安保基础数据（人员 / 组织 / 车辆）、用户权限、安保区域、设备管理、综合管控配置、视频监控配置、一卡通配置、车辆管控配置、报警检测配置、网络管理配置、高级参数配置、界面配置等操作进行集中管理。

⑨ 子系统联动。安防集成管理平台需实现安全防范系统化的多子系统（监控、报警、门禁、巡更、电子地图等）联动与相关预案，提升整体预警联防能力。

a. 视频监控系统与入侵报警系统的联动。防盗报警信号可以联动报警区域的摄像机，将图像联动切换到控制室的监视器上，并进行录像。

当多个报警信号出现时，报警信号可以按照设定好的报警级别将画面顺序切换到不同的监视器上，报警解除后图像自动取消，防止错报、漏报。

有人在防盗系统设防期间进入安装探测器的区域，或开启安装门禁控制器的房门时，视频监控系统可以在控制室内自动切换到相应区域的图像信号。

b. 门禁系统与视频监控系统的联动。所有的门禁点均接入门禁控制主机，门禁控制主机接入安全防范网络，通过安全防范网络，门禁控制主机与综合安全防范管理平台实现双向通信，综合安全防范管理平台带有出入口控制系统的操作窗口，可实现每扇门的操作及编程，以及与报警系统的联动、与视频监控系统的联动编程。

4. 视频监控系统

（1）系统架构

视频监控系统由前端、传输网络、视频监控中心组成。视频监控系统架构示意如图 3-26 所示。

① 前端。前端支持多种类型的摄像机接入。系统可配置高清网络半球、枪机、球机等，按照标准的音视频编码格式及标准的通信协议，直接接入网络并进行视频图像的传输。

② 传输网络。前端与接入交换机之间可通过有线网络或无线网络接入。其中，有线网络主要包括 3 种连接方式：光纤收发器的点对点光纤接入方式；直接接入交换机方式（距离 100m 以内）；点对多点光纤接入方式。3 种连接方式均可将前端信号汇聚至核心交换机。

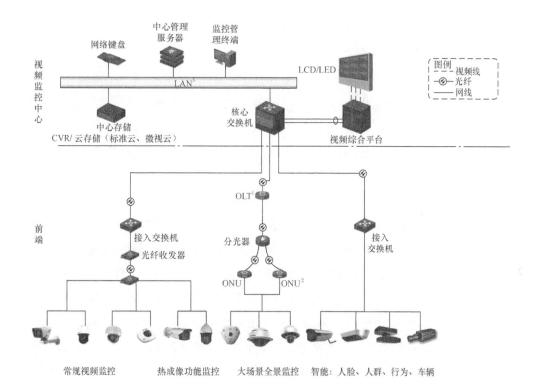

图3-26　视频监控系统架构示意

注：1. OLT（Optical Line Terminal，光线路终端）

2. ONU（Optical Network Unit，光网络单元）

3. LAN（Local Area Network，局域网）

③ 视频监控中心。视频监控中心主要包括视频存储、视频显示及实现统一管理的平台软件。在部分大型项目中，视频监控中心可能分中心机房和控制中心两个部分。其中，中心机房主要部署视频存储、中心管理服务器（安装平台软件）以及核心交换机；控制中心主要部署解码拼控设备、显示大屏以及用户终端。

对于大型项目，视频监控中心可采用中心级视频网络存储设备（Central Video Recorder，CVR）或云存储等主流存储模式对高清视频图像进行存储；小型项目或需要前端分布式存储的场景也可以采用网络视频录像机（Network Video Recorder，NVR）方式，解决数据落地问题。用户根据实际需求选择不同的存储方式。

视频监控中心采用视频综合平台完成视频的解码、拼接、上墙等应用，通过部署 LCD（液态晶体显示屏）或 LED（发光二极管显示屏）大屏，将视频进行上墙显示。

视频监控中心平台采用综合安防管理平台对视频监控设备和用户进行统一管理，实现视频的预览、回放、权限控制以及各类智能应用。

数据中心主机房通道和主要出入口实现无盲区、全覆盖实时录像，支撑设施区及辅助用房区域覆盖主要出入口及公共走廊移动侦测录像，视频录像宜保存 90 天以上。监控区域包括建筑物围墙、主要出入口、电梯轿厢、机房通道、主要设备用房等其他重要区域；可在一层消防及安防控制室安装液晶拼接屏用于视频显示，同时在 ECC 内设置视频监控系统分控系统。

（2）前端摄像设备

前端摄像设备主要负责信号的采集，摄像设备有半球、枪机、球机等。根据监控区域的具体环境情况以及数据中心安全防范等级要求，在每个监控点配备不同要求的前端摄像设备。

前端摄像设备的特性选择需要参照场景特性以及业主的具体需求。数据中心建筑内部摄像机宜选择数字彩色低照度摄像机，为保证摄像机在不同环境下的使用效果，摄像机需带有自动增益、背光补偿、白平衡功能。前端摄像机需采用自动光圈镜头，以适应现场不同时间段的光线变化。室外及机房内的摄像机均需要有灯光配合以满足照度要求，不满足照度要求的地方如果需要设置摄像机，则此类摄像机应具有红外功能以保证摄像效果。低照度环境下进行全彩监控，可选择星光、黑光等类型摄像机。在有夜间监控车辆需求的园区车辆出入口、道路等，宜选择具有强光抑制功能的摄像机。对园区周界、常年树木遮挡、大雾期间或极低照度下的场景监控可选择热成像功能摄像机。同时根据业主需求选择人脸监控、越界侦测、全景鹰眼等特殊功能摄像机。

数据机房封闭通道内部、大厅、出入口内部、电梯厅、楼层通道、办公区域等有吊顶区域宜安装半球摄像机，数据机房封闭通道外部、楼梯间、电池电力区、辅助机房等无吊顶区域宜安装枪形摄像机，电梯轿厢内宜安装电梯专用摄像机，室外监控摄像机可以按需配置。

数据中心主机房通道和主要出入口需实现无盲区、全覆盖实时监控，可支撑设施区及辅助用房区域覆盖主要出入口及公共走廊移动侦测监控。主机房区列头柜、电池电力区以及其他辅助机房设备列正面宜单独配置摄像机，针对主要设备仪表操作进行监控。

前端监控摄像机的分辨率可根据实际需求进行选择，分辨率宜采用 1080P 及以上，保证图像清晰，使安保人员能够及时了解到建筑施工人员的进出情况以及在建筑内的活动情况。

前端监控摄像机的供电需根据不同场景分别设置，室内半球及枪形摄像机可通过 POE 进行供电，室外摄像机和电梯摄像机宜采用 UPS 电源供电，室外摄像机及相关设备同时还应满足防水、防尘以及防雷的要求。

（3）传输部分

视频监控系统传输部分的主要作用是接入各类前端监控资源，为园区安防管理平台提供基础保障。视频监控网络架构示意如图 3-27 所示。

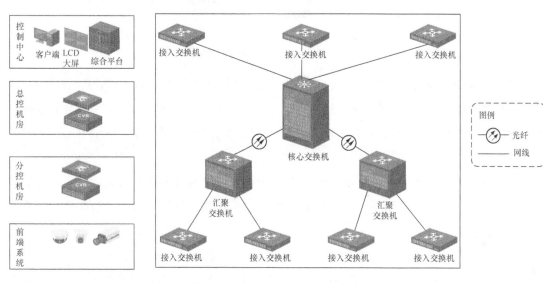

图3-27　视频监控网络架构示意

一般来说，前端采用网络摄像机，通过网线或光纤收发器加光缆汇接于各弱电间的接入交换机，楼层弱电间的接入交换机经楼内网络系统汇接于数据中心单体建筑监控中心或弱电设备间，然后经由室外网络传输至 ECC 监控中心。

（4）监控中心

监控中心的建设内容具体包括视频存储部分、视频解码拼控部分、大屏显示部分、平台管理软件、设备机柜、服务器等。监控中心系统架构如图 3-28 所示。

监控中心是整个视频监控系统的核心，实现了视频图像资源的汇聚，并对视频图像资源进行统一管理和调度。其中，存储设备实现视频图像资源的存储及调用；视频综合平台完成视频解码上墙和图像的拼接控制；服务器支撑综合管理平台，并通过网络键盘进行视频切换和控制，通过显示大屏对高清视频进行显示。

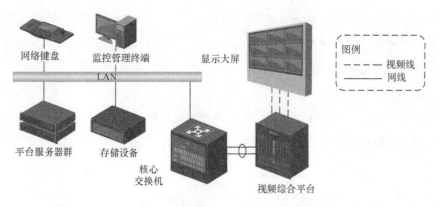

图3-28　监控中心系统架构

① 存储部分。数据中心全部监控摄像机的监控视频画面宜按 90 天以上进行实时存储记录，并且能有效地检测和记录各类报警信息（例如，视频丢失、防盗入侵报警、设备工作状态等），多种记录方式包括视频画面的分割功能。存储部分根据现场实际需求，可分为 NVR 存储、CVR 存储以及云存储。

a. NVR 存储。系统在接入交换机处配置 NVR 对高清视频图像进行存储，解决数据落地问题。另外，在监控中心配置用于故障备份的 NVR，提高存储的可靠性。当存储部分采用 NVR 模式时，IPC 不与平台直接对接，而是先接入 NVR，再通过 NVR 接入平台。IPC 与 NVR 之间实现了直接对接，而直接对接模式一般采用底层协议而非软件开发工具包（Software Development Kit，SDK）方式，更有利于提高接入效率。NVR 直接获取 IPC 的音视频存在本机上，实现视频直存。视频监控子系统架构示意（IPC+NVR）如图 3-29 所示。

b. CVR 存储。网络高清视频监控系统的存储设计采用 CVR 视频监控专用存储设备，通过集中式的存储方式部署在中心机房，用于存储管理所有前端监控摄像头的实时监控视频。CVR 存储采用集中式存储方案，物理介质集中布放，更方便管理，数据更可靠、更安全，更容易实现数据的大规模共享和应用。

CVR 采用了先进的视频流直存技术，提高系统性能和可靠性，同时降低使用成本，并具备高性能、高可靠、高密度、大容量、易扩展的特点。此外，CVR 设备内嵌了流媒体模块，是集编码设备管理、录像管理、存储和转发功能为一体的视频专用存储设备，支持编码器数据流直接写入存储设备，或通过流媒体转发写入存储设备，平台和客户端可以直接从存储设备中点播、下载，节省大量存储服务器。

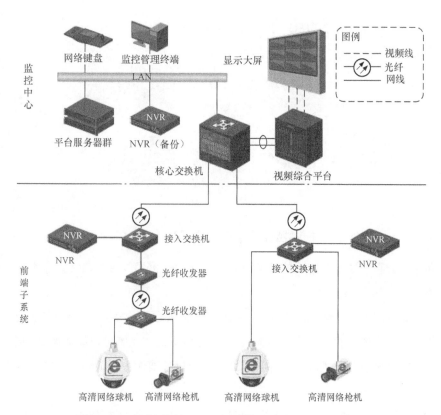

图3-29　视频监控子系统架构示意（IPC+NVR）

视频监控子系统架构示意（IPC+CVR）如图 3-30 所示。

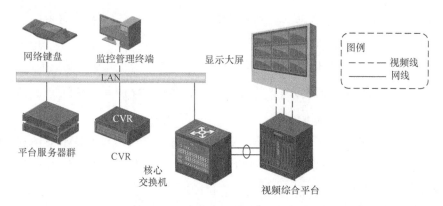

图3-30　视频监控子系统架构示意（IPC+CVR）

视频监控子系统架构示意（IPC+云存储）如图 3-31 所示。

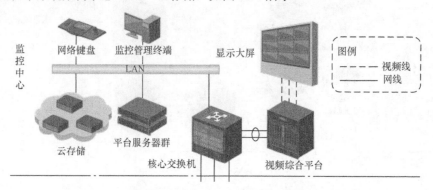

图3-31　视频监控子系统架构示意（IPC+云存储）

c. 云存储。云存储通过集中式的存储方式部署在中心机房，用于存储管理所有前端监控摄像头的视频、图像及结构化数据。

视频云存储系统主要由存储管理节点（视频云存储管理服务器）、存储节点（视频云存储主机）和运维节点（视频云存储运维服务器)3 个部分组成。该系统可以组建海量的存储资源池，容量分配不受物理硬盘数量的限制，并且存储容量可进行线性在线扩容，性能和容量的扩展都可以通过在线扩展完成。

② 解码拼控部分。解码拼控部分采用集解码、控制、拼控等功能于一体的视频综合平台，参考先进电信运算架构（Advanced Telecom Computing Architecture，ATCA）标准设计，支持模拟及数字视频的矩阵切换、视频图像行为分析、视音频编解码、集中存储管理、网络实时预览、视频拼接上墙等功能，是集图像处理、网络功能、日志管理、用户和权限管理、设备维护于一体的电信级视频综合处理交换平台，解码拼控子系统采用视频综合平台，性能强大，集成度高。

视频综合平台应采用一体化设计，可插入各类输出接口类型的增强型解码板，可上墙显示，并可实现拼接、开窗、漫游等各类功能；可插入各类信号输入板，可将电脑信号输入并切换上墙；也可接入模拟、数字或光信号的信源。

视频综合平台需支持网络编码视频输入、VGA 信号输入，支持 DVI/HDMI/VGA 接口输出，可进行实时视频、历史录像回放视频解码上墙和报警联动上墙，并支持动态解码上墙云台控制功能。

视频综合平台需支持画面分割、开窗漫游等拼控功能，并集成视频输入、输出，视频编码、解码，大屏拼接控制、视频开窗、漫游等其他功能。

③ 大屏显示部分。目前，数据中心大屏显示主流选择使用 LCD 液晶显示单元。它可以根据用户

的具体需求任意拼接，采用背光源发光，物理分辨率可以轻易达到高清标准，液晶屏功耗小，发热量低，且运行稳定，维护成本低。LCD 大屏单元组成的拼接墙具有低功耗、重量轻、寿命长、无辐射、安装方便快捷、占用空间较小等优点。

监控中心主要采用 LCD 拼接屏组成 M（行）$\times N$（列）的拼接显示大屏作为显示幕墙，不仅显示前端设备采集的画面、地理信息系统（GIS）图形（地图）、报警信息、其他应用软件界面等，还接入本地的 VGA 信号、DVD 信号以及有线电视信号，从而满足用户各种信号类型的接入需求。

显示大屏应支持 BNC、VGA、DVI、HDMI 等多种接口，通过控制软件显示需要上墙的信号，通过视频综合平台实现信号的实时预览、视频拼接显示、任意分割、开窗漫游、图像叠加、图像拉伸缩放等一系列功能。

5. 入侵报警系统

入侵报警系统是利用各种传感器技术和电子信息技术，探测并指示非法进入设防区域的行为和接收紧急报警信息，将其统一传输到指定部门接处警管理中心，从而达到快速准确接警、核警和出警的一套电子系统。

（1）系统架构

利用防盗报警系统全天候工作的优势，对数据中心项目的重要区域进行布防，结合视频监控系统视觉效果上的优势，使整个安防系统更加完善，尤其是在夜间无人值守时，当防范区域发生非法入侵，报警主机发出报警并联动周围的视频监控摄像机进行自动录像。入侵报警系统主要由前端报警器、传输部分和报警控制中心 3 个部分组成。园区外围围墙可采用高压电子脉冲。

① 前端报警器。前端报警器主要考虑在诸如各出入口、电梯厅、楼梯通道、各类机房等重要场所设置双鉴红外探测器，在消防控制室、财务室、领导办公室设置紧急按钮，确保重点部门的安全。在整个园区的周界可以考虑红外对射、电子围栏或者光纤震动报警。室内报警探测器主要采用双鉴探测器，用于下班后房间内无人时设防使用，紧急按钮用于发生紧急情况，例如，发生胁持、纠纷等情况时使用；室外周界主要用于防范有人非法闯入。

② 传输部分。室内每个探测器敷设传输线缆至对应的报警模块；室外每个探测器敷设传输线缆至对应的报警模块，报警模块再通过总线将报警信号传输至监控机房的报警主机上。

③ 报警控制中心。报警控制中心是整个入侵报警系统的核心部分，是实现整个系统功能的指挥中心，主要实现系统编程设置、设防区域管理、报警处理及报警联动等功能。

系统的核心设备是报警主机，报警控制中心设计 1 台报警主机进行设防区域管理。

报警主机通过接入前端的探测器，根据自身对不同设防区域设置的状态好坏来判断是否报警。一旦报警，则可触发声光提示及联动视频安防监控系统进行画面切换和自动录像。

系统控制主机依据设定的系统自动响应程序，自动联动视频安防监控系统的控制部分切换报警区域的视频图像到指定的报警监视器，调用前端摄像机预置摄像点监视报警点，或启动自动巡游路径监视报警区域，同时启动录像机（并调整录像机为实时录像模式），记录报警现场的视频图像，为用户提供报警现场视频图像。

（2）系统功能

入侵报警系统应具有报警接收和处理功能，一旦发生报警动作，系统将发出报警信号，并在电子地图上显示报警区域。该系统应对报警时间、报警类型进行数据备份，以方便日后调用。

入侵报警系统可向视频安防监控系统发出信号，视频安防监控系统可根据所发生报警的部位自动调用相关的摄像机图像，并自动记录现场情况。

入侵报警系统能按照时间、区域部位任意编程设防和撤防，能对系统的运行状态和传输线路进行检测，能及时发出故障警报。

入侵报警系统可自动判别报警信号的来源，自动生成报警日志，如实记录报警发生的地点、时间、日期，以备日后查询。

报警主机可与视频安防监控系统实现联动操作，并可通过标准的计算机网络通信与通信联络系统、火灾自动（消防）报警系统等联网，进行必要的数据交流与共享。

当布防时，操作人员尚未退出探测区域，报警控制器能够自动延迟一段时间，等操作人员离开后布防才生效，这是报警控制器的外出布防延时功能。

6. 巡更系统

安保巡更系统分为离线式电子巡更管理系统和在线式巡更管理系统。

在线式巡更管理系统可将门禁读卡器、监控点（移动监测报警）、I/O 输入、射频识别（Radio Frequency Identification，RFID）标签等作为巡查点，并灵活配置巡查路线，定期安排巡查员对路线进行巡查，从而实现对巡查工作及时有效的监督和管理。巡查管理可实现巡查点视频关联、报警联动、电子地图、报表等功能，实现巡查工作的自动化运行、全方位调度和可视化展现。该管理系统支持准时、早巡、晚巡、漏巡及不漏巡 5 种巡查事件类型，在事件中心可配置多种联动报警，联动方式包括客户端联动、录像联动、云台联动、抓图联动、电视墙联动、I/O 输出联动、开门联动、短信联动、邮件联动及预案联动。

离线式电子巡更管理系统配置管理电脑、管理软件、离线式巡检棒、巡更点等。巡更点具体设置在电梯间、楼梯间、数据中心机房、重要房间等场所。根据班次安排表选择本班次、本巡更路线的巡更棒后，巡更人员即可携带巡更棒到各指定的巡更点，用巡更棒接触一下巡检点。当巡检点的指示灯亮，蜂鸣器发出"嘀"的提示音后，即示意操作完毕，巡更人员回到工作室，将巡更棒插入电脑传输器，所采集的信息就会输入电脑。在启动程序后，电脑会出现欢迎使用巡更系统的界面，此时将密码钥匙放入传输器下载口，向下轻轻一按即可进入主界面。开启巡更棒，确定开启成功后，即可在读取巡更棒中读取巡更员在各个巡点的信息和到达的时间，用户可以随时备份相应的记录和打印记录。

7. 门禁管理系统

门禁管理系统主要实现场所出入口的安全管理，对门禁资源、卡片、人员、权限、报警等进行一体化管理。控制端对门禁资源进行统一的操作管理，对报警、事件实现中心化管理，从而在满足用户对出入口安全需求的基础上建立一个安全、高效、舒适、方便的环境。门禁管理系统架构示意如图 3-32 所示。

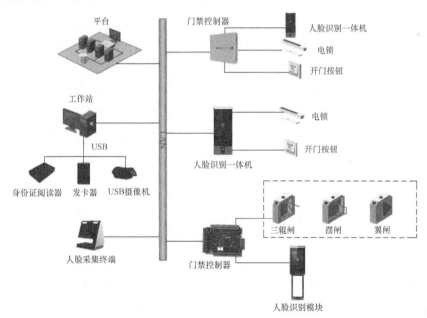

图3-32 门禁管理系统架构示意

门禁管理系统主要由前端设备、传输网络与管理中心 3 个部分组成。

前端设备包括门禁控制器、读卡器（可采用人脸识别一体机）、电控锁、出门按钮、通道等，主要负责采集与判断人员身份信息与通道进出权限。另外，电控锁与通道接收放行信号，完成放行动作，控制人员放行。

传输网络主要负责数据传输。数据传输包含前端设备与管理中心之间的数据通信。

管理中心负责系统配置与信息管理，实时显示系统状态等，主要由综合安防管理平台和人脸 / 人员信息采集、发卡授权设备组成。

数据中心门禁管理系统的目的是通过读卡器、生物识别设备等对人员进行身份辨识，只有经过授权的人员才能进入受控区域，根据人员被允许进入的区域进行不同的授权，读卡器、生物识别设备能读出卡上的数据信息并传送到门禁控制器，如果允许出入，门禁控制器将传输开门信号给门锁继电器控制电锁开门。货运口卷帘门建议只能由室内侧开启，平时不使用时卷帘门处于锁闭状态，它也可采用和读卡器连锁的方式，授权后才可开启。

数据中心门禁管理系统设备由 UPS 电源统一供电，当市电停电时，UPS 电源能持续给系统供电，保证系统能正常运行。当供电不正常或断电时，系统的密匙（钥匙）信息及各记录信息不丢失。管理服务器的刷卡记录存储时间不少于 1 年。

门禁管理系统应按照国家规范与消防部门进行联动。当火灾发生或需要紧急疏散时，火灾自动报警主机联动释放对应电子门禁，人员不使用钥匙即可安全通过。当发生火灾时，由消防联动继电器输出模块发出消防信号给门禁控制器，切断门禁管理系统的电源回路，系统断电开门。当门禁系统点位较多时，为了避免消防联动布线过多，施工烦琐，也可以通过门禁系统工作站与消防控制器之间的协议连接实现消防与门禁系统之间的联动。疏散通道上的门应在显著位置设置标识和使用提示。

8. 停车场管理系统

数据中心园区在车辆出入口位置设置停车场管理系统。

停车场管理系统对出入场的车辆进行统一、精细化的管理。对不同类型的停车场设置不同的收费、放行规则，对停车场内设备进行统一的维护、管理，并提供多样化的报表协助用户分析停车场的运营情况，提高停车场的运行效率。停车场管理系统示意如图 3-33 所示。

停车场管理系统由前端子系统、传输子系统、中心子系统组成，实现对进出场车辆的 24 小时全天候监控覆盖，记录所有通行车辆，自动抓拍、记录、传输和处理，同时系统还能完成车牌、车主信息管理等功能。

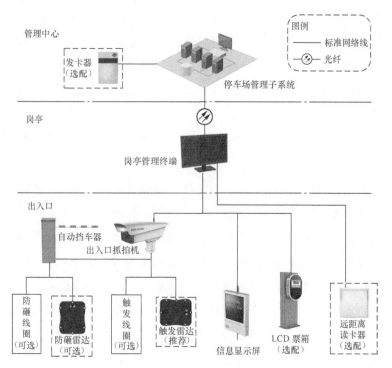

图3-33　停车场管理系统示意

（1）前端部分

前端部分负责完成前端数据的采集、分析、处理、存储与上传，负责车辆进出控制，主要由电动挡车器模块、车牌识别模块等相关模块组件构成。

（2）传输部分

传输部分负责完成数据、图片、视频的传输与交换。传输部分的前端主要由交换机、光纤收发器等组成，中心网络接入园区运维网络系统。

（3）管理部分

管理部分负责数据信息的接入、比对、记录、分析与共享。管理部分具体包括数据库服务器、数据处理服务器、Web 服务器等模块。其中，数据库服务器安装数据库软件保存系统的各类数据信息；数据处理服务器安装应用处理模块负责数据的解析、存储、转发以及上下级通信等；Web 服务器安装 Web Server 负责向 B/S 用户提供访问服务。

（4）业务流程

① 车辆进场流程。当车辆进场时，通过视频检测、触发雷达或触发线圈，触发抓拍机，拍摄车牌图像。通过车牌识别系统从图像中获取车牌号码，并把这个车牌号码输入系统，与数据库做比对。如果是临时用户车辆，将获取的车辆信息和进场时间存入系统数据库并抬杆放行。如果是固定用户车辆，核实信息无误，在系统数据库中存入车辆进场时间后抬杆放行，要是信息核实失败或者固定停车已过期，将转入人工操作续费或转为临时用户车辆管理方式。另外，若停车场内已无余位，在出入口的信息显示屏上显示"车位已满"信息，引导车辆即时离开。当车辆进场时，车辆信息、停车信息、欢迎信息等均会进行语音播报和在信息显示屏上显示。

车辆进场流程如图 3-34 所示。

② 车辆出场和收费流程。停车收费包括车辆身份的核对、收费和车位信息的释放等。停车费是通过处理系统数据库中同一车辆进出场的信息来计算的。当车辆离场时，车道中的车辆检测设备（例如，视频检测、触发雷达、检测线圈等）触发抓拍，拍摄车牌图像，通过车牌识别系统从图像中获取车牌号码，把这个车牌号码输入系统数据库中进行比对。如果是临时车辆，将获取的车辆信息和离开时间输入系统数据库，根据收费规则计算临时用户的停车费用，待用户缴费后放行。如果是固定车辆，在系统数据库中输入车辆离开时间，在系统中核实该用户的有效性，账户信息是否已经到期，核实通过，则抬杆放行；核实无效，则将转入人工操作，采取续费或按临时车辆收费规则执行后放行。

对于有自助缴费设备或能够在移动端缴费的停车场，临时车辆的车主可以通过自助缴费终端或者手机进行自助缴费，并在规定时间内离场，当车辆离开时，在出入口处直接放行。

当车辆出场时，车辆信息、停车信息、收费信息等均会进行语音播报和在信息显示屏上显示。车辆出场和收费流程如图 3-35 所示。

③ 车位管理流程。车位管理流程包括车位的分配和释放，通过将车辆出入信息实时传入系统数据库来更新车位信息。车位管理流程包括两个阶段：一是车辆进场时的车位分配和车位信息更新；二是车辆离场时的车位信息更新。

车辆进场时的车位管理流程如图 3-36 所示。车辆离场时的车位管理流程如图 3-37 所示。

④ 无牌车辆管理流程。系统对无牌车辆实现去介质化管理，将车主的微信 / 支付宝账号和车辆进行关联。车主通过微信 / 支付宝扫一扫功能，在扫描车道二维码后可将微信 / 支付宝账号信息作为无牌车辆电子标签来实现自主进场。无牌车辆进场流程如图 3-38 所示。无牌车辆离场流程如图 3-39 所示。

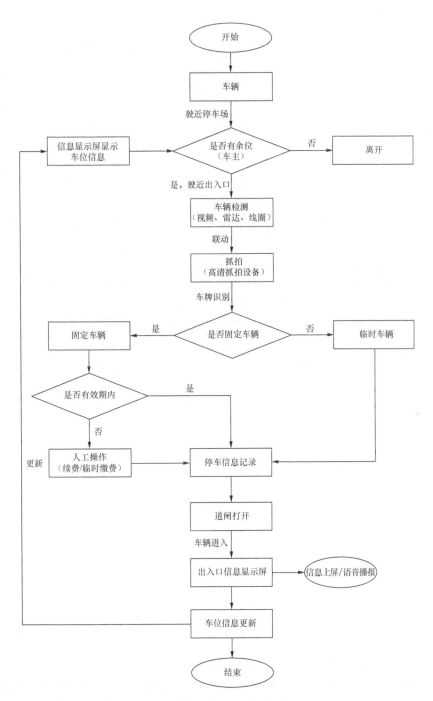

图3-34　车辆进场流程

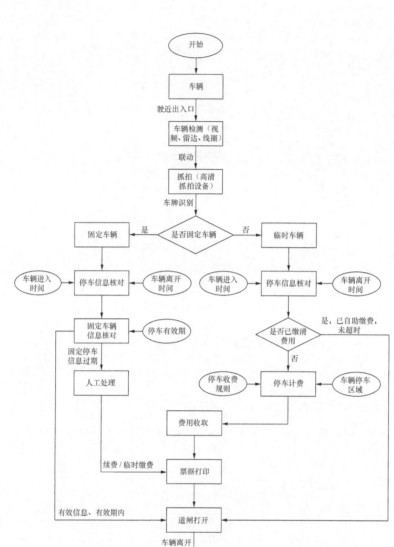

图3-35 车辆出场和收费流程

⑤ 无人值守异常处理流程。如果在进场车道或者出场车道出现无法自主处理的异常情况，则可以通过在进场车道或者离场车道的 LCD 票箱的呼叫按钮向远程协助中心求助，远程协助中

心可以设置在监控中心，也可以设置在某个岗亭处。

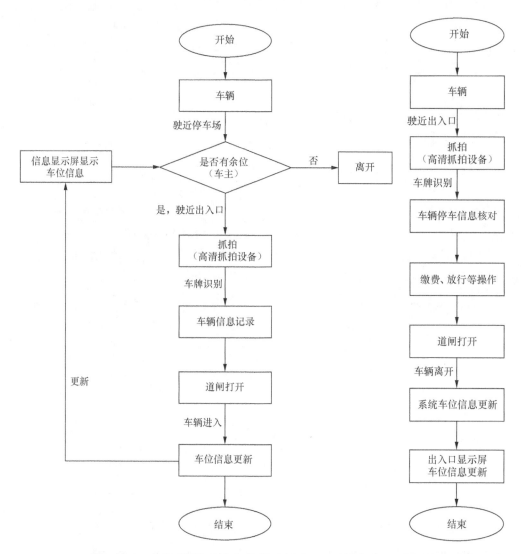

图3-36 车辆进场时的车位管理流程　　图3-37 车辆离场时的车位管理流程

　　远程协助中心在接到呼叫请求后，通过对讲、照片及车辆信息核实情况后，再通过中心客户端的修改车牌、异常放行等功能来实现远程异常处理。远程协助示意如图 3-40 所示。远程协助流程如图 3-41 所示。

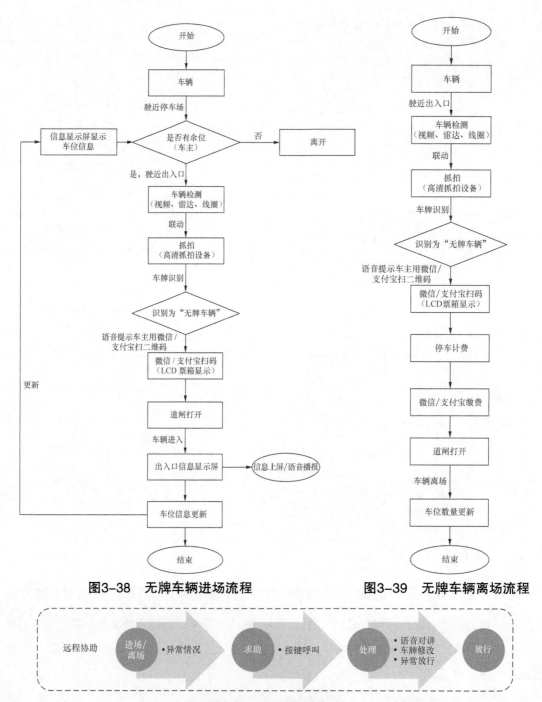

图3-38　无牌车辆进场流程　　　　　图3-39　无牌车辆离场流程

图3-40　远程协助示意

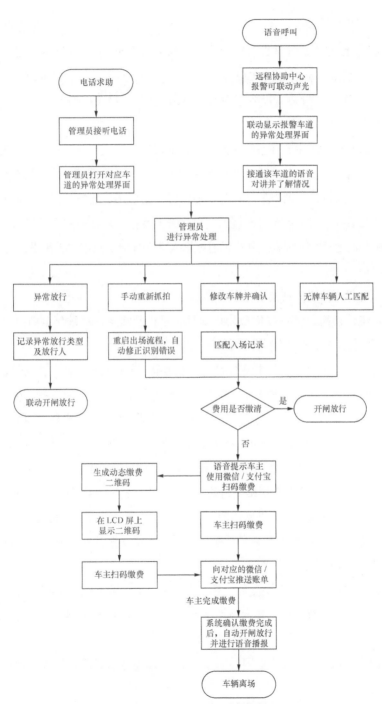

图3-41 远程协助流程

9. 动力环境监控系统

动力环境监控系统对数据中心的动力设施及环境设施进行集中监控并支持数据中心其他子系统的接入。该系统对动力环境实现"7×24"小时的全面集中监控和管理，保障机房环境及设备安全高效运行，监测并显示数据中心的 PUE 值，以实现最高的机房可用率，并不断提高数据中心的运营管理水平。

数据中心机房的动力环境监控系统包括机房内的温度、湿度、电池室氢气浓度、漏水报警等环境系统的监视与测量，设备监控系统包括专用空调、配电系统进线参数、精密配电柜、UPS 电源机组、蓄电池、新风机组、消防信号、防雷监测等。动力环境监控系统应支持安防系统、供配电系统、冷源群控系统、消防系统等的接入，同时支持其他区域数据中心的接入，从而确保整个系统的可用性和可扩充性，所有监控参数可通过进入机房基础设施监控系统平台进行分析管理。

（1）系统架构

机房动力环境监控系统体系架构如图 3-42 所示。

机房动力环境监控系统体系架构分为物理设备层、网络层、系统层、数据层、应用支撑层及应用层等。系统体系架构中各层功能的具体说明如下。

① 物理设备层。物理设备层是本系统的数据采集源，所有的数据都来自物理设备。本层包含所有被监控的智能设备及各类传感设备，例如，变配电设备、机房动力设备、楼宇设备、安防和消防设备等；要求采用现场总线，具备可靠性、抗干扰能力；要求能够支持常用标准通信接口，包括 BACnet、LonWorks、Modbus、RFId.SNMP 等各种协议，以便对第三方设备及系统的集成。

② 网络层。采用以太网（Ethernet）技术，支持 TCP/IP 传输协议，网络传输速度不小于10Mbit/s。可提供与其他系统进行通信的标准数据接口，例如 OPC、DDE[1]、SNMP 等。物理设备层的被监控设备从各应用系统提供原始的采集数据，分布式组成现场总线网络。

③ 系统层。系统层包括系统服务和系统基础设施。系统服务包括系统基础服务及安全管理基础服务，系统基础设施包括各类服务器以及存储设备。

④ 数据层。数据层包括能效数据库、资产数据库、安防数据库、BA 数据库、照明数据库、报表和历史数据库、工单数据库、参数及配置数据库，是数据进行长期存储的场所，所有系统中产生的状态、报警数据及各种日志均存储在此层。

⑤ 应用支撑层。应用支撑层为应用层提供基础支撑，包括登录、授权、参数管理、日志以

注：1. DDE（Dynamic Data Exchange，动态数据交换）

及 Web 服务、数据集成服务、门户管理。它提供通过标准 Web Services 接口和 WCF 接口的数据调用，同时提供 OPC、开放数据库互联（Open Database Connectivity，ODBC）方式的数据输出。

⑥ 应用层。应用层包括集中监控管理，其作为人机交互的主要部分完成所有的数据可视化展示工作，所有展示结果来自于应用支撑层对数据层数据的调用、分析或再处理。

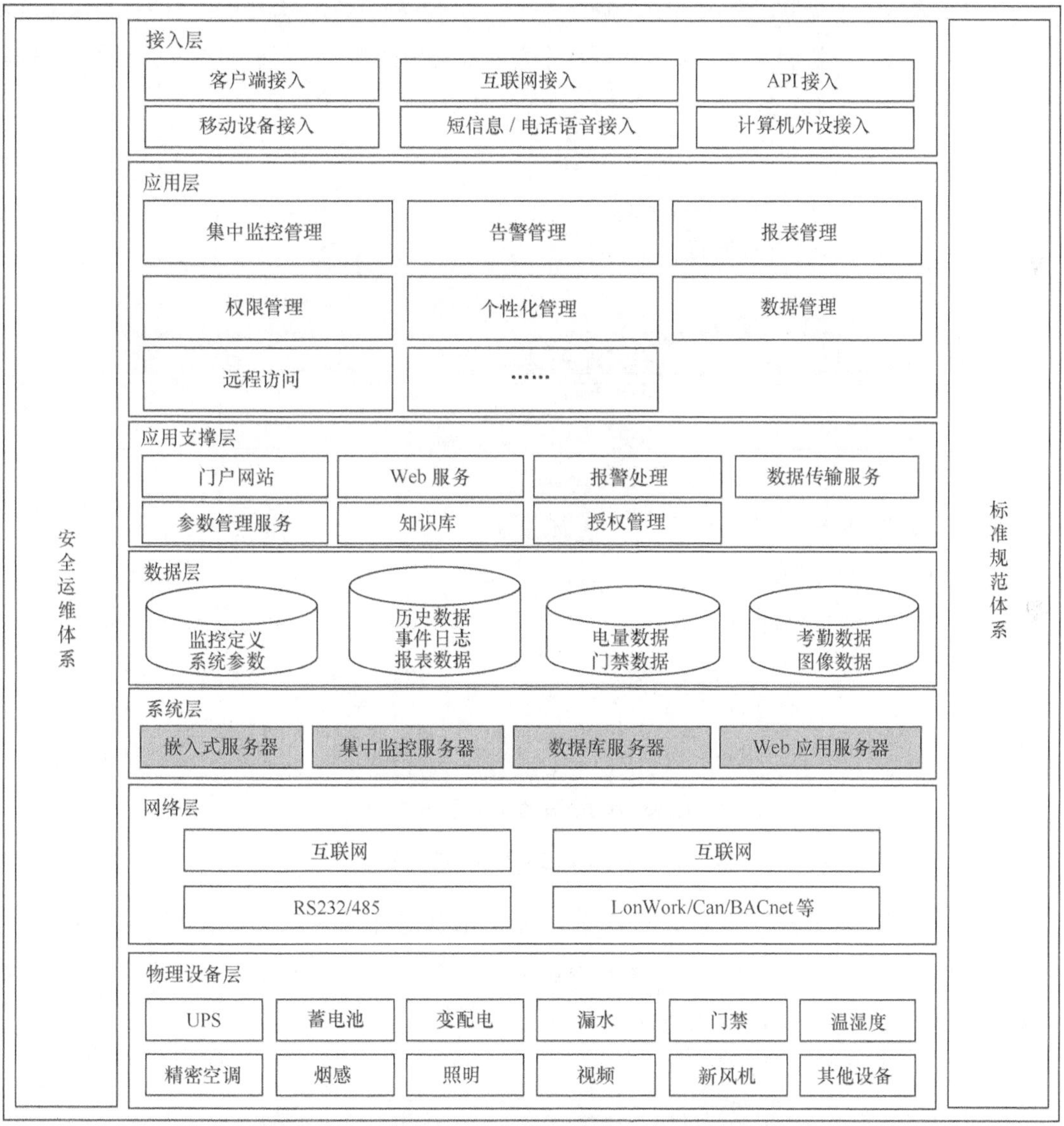

图3-42　机房动力环境监控系统体系架构

⑦ 接入层。接入层包括移动设备接入、客户端接入、互联网接入、短信息 / 电话语音接入及 API 等接入。

（2）部署架构

在机房动力环境监控系统中，设备主要包括动力设备、环境设备及相关传感器等，采集层设备主要是嵌入式采集器，嵌入式采集器负责各区域的现场监控，将现场设备的各种信息进行存储、实时处理、分析和输出，或将控制命令发往前端智能模块，同时将信息上传至服务器。机房动力环境监控系统示意如图 3-43 所示。

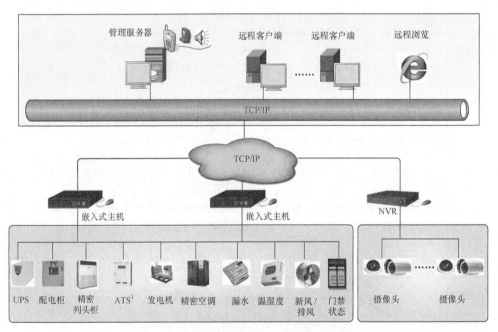

1.ATS（Automatic Transfer Switching，自动转换开关）

图3-43　机房动力环境监控系统示意

监控系统平台负责各子系统的统一管理，对数据进行分析，完成各种统计报表，并在平台上实现各种高端管理应用，例如，报表管理功能、告警管理功能、数据管理功能等。用户可在监控系统平台上通过客户端轻松地了解机房动力和环境的运行状况。

（3）动力设施监控

① 配电柜监控。监控对象：机房主要配电柜、UPS 输入、输出柜等。

监控实现：通过配电柜串行接口，将每一个串口总线回路的配电柜电量采集设备采用手拉手的接法将监控信号传输至嵌入式数据采集终端。嵌入式数据采集终端通过实时不间断的轮询采集将信息传送给监控平台进行显示、报警。

监控性能：主要实现监控配电柜的输出相电压、电流、频率、输出功率（有功、无功、视在）、谐波率、功率因素等；监测输出电压、电流、频率发出超限、过载、负载不平衡、交流电源失效等告警信息。监测配电柜各路开关的输出电压、电流、状态。

② 发电机监测。监控对象：发电机系统设备。

监控实现：通过配电柜串行接口，将每一个串口总线回路的发电机智能接口采用手拉手的接法将监控信号接起来连至嵌入式数据采集终端。嵌入式数据采集终端通过实时不间断的轮询采集将信息传送给监控平台进行显示、报警。

监测性能：实时监控发电机的输出电压、电流、功率、油压、水温、转速等参数；实时监测油路控制系统，例如，日用油箱液位状态、油泵状态等参数。

③ UPS 监测。监控对象：UPS。

监控实现：设备支持 RS232/485 或 SNMP 协议通信接口。将每一个串口总线回路的 UPS 智能接口汇聚接至嵌入式数据采集终端。嵌入式数据采集终端通过实时不间断的轮询采集将信息传送给监控平台进行显示、报警。

监控性能：实时监控的参数有输入电压、输入频率、输入电流、输出电压、输出频率、输出电流、输出功率、机箱温度、电池电压、电池充电程度（后备时间）等。

工作状态：旁路工作状态、在线状态、电池供电状态、电池充电状态等。

报警信息：输入越限报警、输出过载报警、电池异常报警、整流器故障报警、逆变器故障报警等。

实时显示并保存各 UPS 通信协议所提供的能远程监测的运行参数和各部件状态。实时判断 UPS 的部件是否需要报警，当 UPS 的某部件发生故障或越限时，嵌入式监控服务器系统发出报警信息。

④ 蓄电池监控。监控对象：机房中的蓄电池。

监控实现：蓄电池在线监测系统由收敛模块（监控主机）、TA 模块（单电池检测模块）、TC 模块（电流检测模块）以及相应安装附件组成。

每节电池配置一个 TA 模块，监测电池的电压、内阻与温度。每组电池配置一个 TC 模块，监测蓄电池组的环境温度和充放电电流。TA/TC 模块间通过一根通信总线相互连接后以环形接法接到收敛模块上，收敛模块轮询读取每个 TA/TC 模块监测到的数据，并进行分析、处理、保存与显示，通过通信口上传到监控中心。蓄电池监控示意如图 3-44 所示。

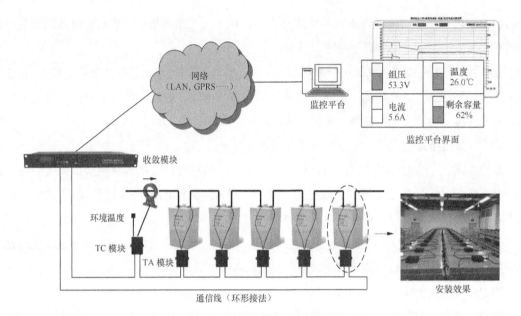

图3-44 蓄电池监控示意

监控性能：实时监测电池的单体电压、单体内阻、单体电池负极温度、组压、环境温度及充放电电流，并配置监测软件，远程读取并显示数据，同时数据可接入第三方监控系统中。

⑤列头柜监测。监控对象：精密列头柜。

监控实现：设备支持 RS232/485 或 SNMP 协议通信接口。将每一个串口总线回路的 UPS 智能接口汇聚接至嵌入式数据采集终端。嵌入式数据采集终端通过实时不间断的轮询采集将信息传送给监控平台进行显示、报警。

监控性能：实时监测 PDU 配电柜的三相电压、三相电流、相电压、相电流、有功功率、无功功率、频率、视在功率、电度采样点，具有参数上下限报警设置，上下限报警恢复设置。

⑥ATS 柜监测。监控对象：ATS 配电柜。

监控实现：设备支持 RS232/485 或 SNMP 协议通信接口。将每一个串口总线回路的 UPS 智能接口汇聚接至嵌入式数据采集终端。嵌入式数据采集终端通过实时不间断的轮询采集将信息传送给监控平台进行显示、报警。

监控性能：实时监测 ATS 配电柜的电压、电流、相电压、相电流、有功功率、无功功率、频率、视在功率以及 ATS 配电柜的动作状态，具有参数上下限报警设置，上下限报警恢复设置。

（4）环境设施监控

① 精密空调监控。监控实现：设备提供 RS232/485 通信接口。按实际情况划分区域，将每一个区域内的精密空调通过智能接口接至嵌入式主机。嵌入式主机通过实时不间断的轮询采集将信息传送给监控平台进行显示、报警。

监控性能：监测精密空调的运行状态，用图形和颜色变化来显示空调的工作情况，故障时进行报警。该监控系统能够实现空调的制冷器运行状态、压缩机高压故障、过滤网阻塞等的监测与报警。工作人员可以通过本监控系统在远端监控室内控制空调的启 / 停以及改变温度与湿度的设定值。此外，该性能能够实时显示并保存各空调通信协议所提供的能远程监测的运行参数、各部件状态及报警情况。

监控内容如下所述。

监测量：回风温度、回风湿度、回风温度上限、回风湿度上限、回风温度下限、回风湿度下限、温度设定值、湿度设定值、空调运行状态、压缩机运行时间、加热百分比、制冷百分比、加热器运行状态、制冷器运行状态、除湿器运行状态、加湿器运行状态、温湿度变化曲线图、压缩机高压报警、压缩机低压报警、空调漏水报警、温湿度过高报警、温湿度过低报警、加湿器故障报警、主风扇过载报警、加湿器缺水报警、滤网堵塞报警等。

控制量：空调的远程开机、关机；空调的温湿度的远程设定。

② 普通空调监控。监控实现：通过部署安装普通空调控制器，学习本地空调遥控器功能，输出 RS485 接口接入采集管理器，通过采集管理器不断轮询、采集、处理等。

监控内容：空调的实时运行温度、湿度等参数；空调的实时工作状态等；远程空调的开/关机，并支持空调来电自启动功能。

报警信息：温度过高、过低以及故障关机告警等。

③ 新风机监控。监控实现：在新风系统中的每台新风机中接入必要开关量转换和控制设备，将新风机运行状态转换为数字量信号接入 DI 扩展单元，实时监测新风机的运行状态。通过开关量控制单元实现对新风机的远程开关机的控制。

监控性能：以电子地图方式实时显示并记录新风机的运行状态。

④ 漏水监控。监控实现：定位式漏水控制器已经带有 RS485 接口。漏水线缆敷设在精密空调或易漏水区域，通过接口连至区域汇总采集箱，最终接至嵌入式主机。嵌入式主机通过实时不间断的轮询采集将信息传送给监控平台进行显示、报警。

监控性能：实时显示并记录漏水线缆感应到的漏水状态、位置及控制器的状态。当空调或其沿线水管漏水时，监控主系统发出报警信息，并有相应的图示和文本框显示漏水发生的位置。

监控内容：实时检测并记录漏水报警变化情况。

⑤ 区域式漏水监控。监控实现：区域式漏水控制器已经带有告警状态输出。漏水线缆敷设在精密空调或易漏水区域，通过开关量采集模块采集漏水的告警状态触点连至区域汇总采集箱，最终接至嵌入式主机。嵌入式主机通过实时不间断的轮询采集将信息传送给监控平台进行显示、报警。

监控性能：实时显示并记录漏水线缆感应到的漏水状态、位置及控制器的状态。当空调或其沿线水管漏水时，监控主系统发出报警，并有相应的图示和文本框显示漏水发生的位置。

监控内容：实时检测并记录漏水报警变化情况。

在漏水监控与区域式漏水监控中，漏水监测系统所监控的漏水感应线的状态以线条和图标的形式显示。一旦有漏水情况发生，所对应位置的线条会立即变成红色，并以文本方式显示相应的漏水地点。线条在正常情况下是绿色的。

⑥ 温湿度监测。监控实现：在机房内的重要区域安装温湿度传感器，带有RS485接口。按实际情况划分区域，将每一个区域内的温湿度传感器接至嵌入式主机。嵌入式主机通过实时不间断的轮询采集将信息传送给监控平台进行显示、报警。

监控性能：以电子地图的方式实时显示并记录每个温湿度传感器所检测到的室内温度与湿度的数值，显示短时间段内的变化情况曲线图。并可设定每个温湿度传感器的温度与湿度的上限与下限。当任意一个温湿度传感器检测到的数据超过设定的上限或下限时，监控主系统发出报警信息。

监控内容：由温湿度传感器采集各机房内的信号，实时显示温度信号、湿度信号。

⑦ 气体监测。监控实现：在机房内的重要区域安装氢气或其他气体传感器，带有RS485接口。按实际情况划分区域，将每一个区域内的氢气或其他气体传感器接至嵌入式主机。嵌入式主机通过实时不间断的轮询采集将信息传送给监控平台进行显示、报警。

监控性能：以电子地图方式实时显示并记录每个氢气或其他气体传感器所检测到的室内气体浓度的数值，显示短时间段内的变化情况曲线图。并可设定每个氢气或其他气体传感器的气体浓度的上限与下限。当任意一个氢气或其他气体传感器检测到的数据超过设定的上限或下限时，监控主系统发出报警信息。

监控内容：由氢气或其他气体传感器采集各机房内的信号，实时显示机房内气体浓度信号。

（5）子系统集成

动力环境监控系统及平台应充分考虑开放性和可扩展性的应用场景需求，通过内置行业主流的接口协议，方便、快速地实现与各类第三方系统的互联互通，有效地容纳和支持监控规模的不断扩大和监控内容的不断扩充，应在设施体系结构和软件模块两个方面具备良好的扩展能力。常规集成子系统包括电力监控系统、冷机群控系统、消防报警系统、安防系统（视频监控系统、门禁系统、入侵报警系统、进出口管理系统等）、照明系统等。

① 电力监控系统。实现方式：通过设备/系统提供的通信网口，采用电总/Modbus/SNMP通信协议。

集成内容：相电压、线电压、相电流、频率、功率因数、视在功率、有功功率、无功功率、开关运行状态、故障告警事件等。

② 冷机群控系统。实现方式：通过冷机群控系统提供的通信网口，采用 BACnet/OPC 协议。

集成内容：获取冷水机组、冷却水泵、冷冻水泵、电动阀、冷却塔等设备的实时运行数据信息、运行状态、水系统运行信息、设备控制（如果有的话）等。

③ 消防报警系统。实现方式：通过消防报警主机提供的干接点信号。

集成内容：消防告警状态。

④ 极早期报警系统。实现方式：通过系统提供的通信网口，采用 BACnet/SNMP 协议。

集成内容：实时监控各个吸气式火灾探测器设备，当出现早期火灾报警时在组态视图上实现闪烁提示。

⑤ 视频监控系统。实现方式：通过系统提供的通信网口，采用 TCP/IP（SDK 开发包）协议。

集成内容：实时录像调取、历史录像查看、摄像机控制（含云台）、获取事件信息等（针对智能摄像机，例如，行为判断、人脸识别等）。

⑥ 门禁系统。实现方式：通过系统提供的通信网口，采用 TCP/IP（SDK 开发包）协议或提供门磁状态。

集成内容：实时检测门开关状态、门告警信息、开关门信息、门禁权限授权信息、远程开门控制等。

⑦ 入侵报警系统。实现方式：通过系统或入侵报警主机提供的通信接口，采用 TCP/IP/RS485协议或干接点信号。

集成内容：实时入侵报警状态、入侵报警信息等。

⑧ 进出口管理系统。实现方式：通过系统提供的通信网口，采用 TCP/IP（SDK 开发包）协议。

集成内容：人员/物品的认证信息、进出信息、位置信息等。

⑨ 照明系统。在照明系统中的每个设备中接入必要开关量转换和控制设备，将照明设备开

关状态转换为数字量信号接入 DI 扩展单元，实时监测照明设备的开关状态。通过开关量控制单元实现对照明设备远程开关的控制。安装红外双鉴探测器实现人来灯开、人走灯灭的功能。

同时，动力环境监控系统也应具备被第三方系统集成的能力。系统具备多种标准北向接口，以便传输监控、告警数据信息。

（6）平台管理

动力环境监控系统平台的业务应用功能主要包括基础设施监控管理、告警管理、报表管理、数据管理、联动管理、权限管理、日志管理、资产管理、容量管理、能效管理、运维管理、系统管理、交互展示、移动终端等。

① 能效管理。能效管理系统包括电度管理、能耗实时展示、能耗统计分析、PUE 实时展示及分析、异常报警与趋势报警。

系统电度管理包括各楼内网及外围机房各类设备用电耗电量；对于统计耗电量采集的数据采取可配置设计，系统实时监测当前数据，统计各类设备供电质量，组合数据以精确 PUE 值计算。

② 能耗实时展示。根据监控系统的电量采集数据，计算出各关键测点的能耗值，并实时动态展示，以方便用户及时掌握能耗变化信息。

同时展示的内容还包括以下几点。

a. 建筑的基本信息，能耗监测情况，能耗分类分项情况。

b. 各监测支路的逐时原始读数列表。

c. 各监测支路的逐时、逐日、逐月、逐年能耗值（列表和图）。

d. 各类相关能耗指标图、表。

③ PUE 统计与展示。通过对主机房设备的每个模块能耗进行测量，可统计分析出数据中心的机房、楼层的 PUE 值。

能效管理的级别为数据中心整体→楼层→机房→机柜→ IT 设备。其中，机房和楼层的整体电量监测及 PUE 分析功能是通过安装智能电量监测仪，在总进线配电柜、UPS 输出配电柜、空调及照明输入配电柜中，实现对各部件用电情况的分类监测，并通过这些数据统计出 PUE 值。PUE 监测示意如图 3-45 所示。

④ 报警管理。监控中心平台应与下属机房监控系统建立统一的报警管理标准，对报警进行统一设定与管理，具有多地点、多事件的并发告警功能，不丢失告警信息，告警准确率达100%。其内容包括报警等级分类、报警分组、报警方式设定、报警流程（排班报警）、智能报警、报警信息查询、报警日志管理等。

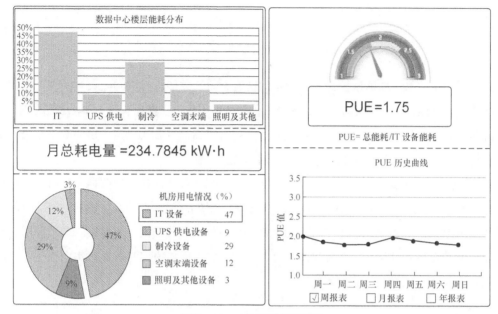

图3-45　PUE监测示意

⑤ 权限管理。系统具有权限管理功能，可设置多个用户按照指定的角色使用本系统，并进行自己权限范围内的操作，例如，删除用户、给用户分配权限等。系统权限管理的搭建基于一个用户担当一个或多个角色，一个角色拥有一种或多种权限，从而使系统的角色权限管理非常灵活、通用、易于扩展。例如，系统新增加一个模块，要把这个模块的一些权限分给担当某种角色的用户，此时，只要把这些权限与该种角色相关联就可以实现，不用给此种角色的每个用户都分配一次，提高了效率。

权限管理的主要功能包括角色类型定义、权限组定义、分配权限组给角色、指定角色给用户。

⑥ 报表管理。系统提供丰富的管理报表，包括日报表、月报表、年报表等，所有报表都可以由用户自定义，满足不同的监控要求，例如，报表的内容、格式、记录间隔等都可以设定，报表内容有两种显示形式：电子表格和曲线变化图形。所有报表均可导出电子表格（Excel）后保存及打印。

⑦ 查询功能。系统可提供数据查询功能，将各前端采集数据存储到集中监控数据库，并对数据进行分类归组，用户在查询数据时，可设置各种查询条件过滤不相关数据，以提高查询效率。

系统对每一个监控单元所能监控到的一切工作状态、工作参量等内容提供简单、直接的查询方式，查询结果可以输出为 Excel 并打印。同时，系统可以根据查询条件过滤不关心的内容，可以设置并保存固定的查询条件模块，方便用户下次直接调用该模块进行查询，而不用再进行逐一的过滤筛选。

⑧ 数据管理。

a. 实时数据。系统能够监控到相关设备的实时参量，并能进行实时查询，系统可提供实时的动态曲线，供操作员分析机房设备和环境变化的发展趋势，以做出有效的事故预防处理。

b. 报警数据。统一设定与管理报警数据，其内容包括报警方式设定、事件等级分类、报警事件分组、事件目录定义、事件确认处理及事件日志管理等。

c. 历史数据。对预设的监控对象的有关参数，系统会自动保存历史数据。任何历史数据不允许任何人进行修改，保证数据的可靠性、安全性。系统应能提供多种形式的历史数据曲线。

⑨ 远程管理。系统要求支持 C/S 和 B/S 浏览两种远程管理模式，以方便管理，并可利用权限管理功能实现不同权限用户查看界面信息、监控对象、操作内容等，并可实现在各个客户端设立独立的主界面，提供人性化管理。

10. 冷源群控系统

楼宇控制（Building Automation，BA）系统是将建筑物或建筑群内的暖通空调、给排水、供配电、电梯、公共照明等众多分散设备的运行、安全状况、能源使用状况及节能管理实行集中监视、管理和分散控制的建筑物管理与控制系统。广义 BA 控制系统示意如图 3-46 所示。

图3-46　广义BA控制系统示意

一整栋建筑的能耗中中央空调能耗占了 60% 的比重。典型建筑能耗分析如图 3-47 所示。

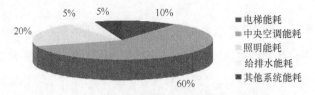

图3-47　典型建筑能耗分析

在中央空调系统中，冷源机房是能耗重头。就目前机房的整体运营情况而言，其在节能环保方面还有更大的提升空间。机房节能一直是节能环保的关键环节，已经得到了行业内各方用户的普遍关注，与呈几何级数增长的能源消耗和 IT 设备扩充速度相比，节能环保工作面临着很大的压力。机房进一步节约能源已成为一个关键的问题。

机房冷源群控系统的管理目的是在满足建筑物的冷负荷需求的情况下，使空调设备能量消耗最少，并使其安全运行，便于维护管理，取得良好的经济效益和社会效益。

对于数据中心而言，冷源群控系统应采用先进、安全、可靠、节能的自控系统和设备，控制逻辑要精练灵活。系统配置需遵循开放性原则，各系统需提供软件、硬件、操作系统和数据库管理系统等诸多方面的接口与工具，使系统具备良好的灵活性、兼容性和可移植性。系统提供向上和向下集成接口，符合开放式设计标准，支持目前业界广泛支持的 OPC server、SNMP 标准。该系统可对外提供各种通信协议及接口，例如，OPC、ODBC、API 等，完全实现与第三方系统的对接，传递各种监控及报警信息。

（1）系统架构

系统采用集散式结构，满足全天 24 小时运行，自动故障报警监测；通过 TCP/IP 协议对暖通设备进行实时监测和控制；建立可容的整体平台，在满足现有需求的同时，兼顾不断增长的需求，方便实现新设备、新系统的在线接入。

① 设备层：由各种传感器、执行器、机电设备等组成，属于控制系统的最底层，可通过传感器直接感知现场各种环境和设备运行参数，并可通过接收控制层的控制指令对现场各种设备进行远程操作。

② 控制层：现场控制层由控制器、I/O 模块、集成网关等组成，负责各自区域的现场监控，将现场设备层传输来的各种信息进行存储、实时处理、分析和输出，并负责随时将控制命令发往现场执行机构，同时将报警信息上传至集中管理层。现场控制层需具备本地存储、脱网运行、独立报警等能力。当出现网络故障时，现场控制层各设备仍能正常运行。现场控制层需要能够集成各类监控设备的数据信息，具有强大的集成功能。

③ 管理层：管理层要求具备双机冗余热备功能，负责对控制层的统一管理，将数据进行分析，完成各种报表，并在集中管理层上实现各种高端管理应用，例如，报表功能、告警管理功能、运维管理功能、权限管理功能、能效管理功能、设备信息管理功能、设备远程调控功能等。同时管理层要求具备单独的数据上传服务器能力，管理层采集、分析的实时、历史数据和报警信息，可通过服务器上传给上层的监控平台进行集成。BA 控制系统架构如图

3-48 所示。

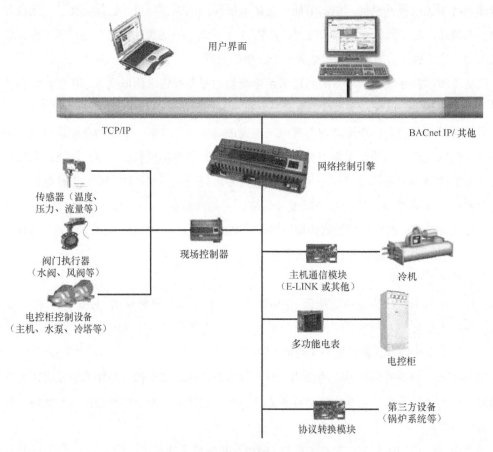

图3-48　BA控制系统架构

（2）冷冻机房控制与节能分析

对于数据中心而言，由于机房是中央空调能耗的重头，分布较分散，所以节能分析主要以冷冻机房为例。

数据显示，通过冷冻水泵变频，再根据对空调系统负荷变化的预测判断，空调系统可自动调节水泵的转速，并动态修正运行参数，对空调水系统进行全面优化，从而达到空调系统（不含末端设备）年平均系统节能率为15%～30%的节能效果。接下来我们将对冷冻机房控制与节能逐一进行分析。

① 主机台数的启停策略。在冷冻机房中，由于冷机数量较多，所以主机台数的启停策略尤

为重要。

常规主机台数启停的加机、减机策略如下。

第一，加机的条件。

a. 当温度设定值 UP-TSP（加机标志位的温度设定值）（7℃）低于冷冻水总供水温度，并持续 10min。

b. 当负荷设定值 UP-BTUSP（加机标志位冷负荷设定值）低于建筑物内的实际负荷，并持续 10min。

c. 当冷机运行电流百分比超过 80% 并接近 100%，并持续 10min。

d. 如果已运行的机组数量小于两台（可调），则加载一台机组。

第二，减机的条件。

a. 当冷冻水总回水温度低于温度设定值 DN-TSP（减机标志位的温度设定值）（10℃），并持续 10min。

b. 当建筑物内的实际负荷低于负荷设定值 DN-BTUSP（减机标志位冷负荷设定值），并持续 10min。

c. 当冷机运行电流百分比均低于 70%，并持续 10min。

d. 如果已运行的机组数量大于等于两台（可调），则卸载一台机组。

在此种运行策略下，主机可以节能总量的 5%～6%。BA 控制系统主机加减机策略示意如图 3-49 所示。

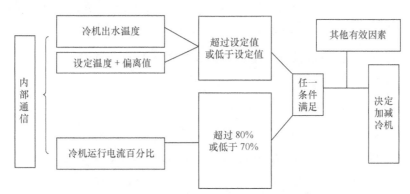

图3-49　BA控制系统主机加减机策略示意

② 冷却塔的控制（冷却水温重设）。冷却塔控制的目标是得到最低的冷却水温以使冷水机组高效运行。

对于冷水机组来说，冷却水温度每降低 1℃ 平均节能约 3%。不同冷却水温下节能分析如图 3-50 所示。

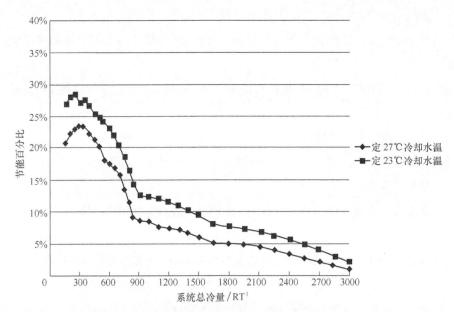

注：1.RT 是冷吨的意思，是制冷量的一种表示单位，此处 1RT=3.51kW

图3-50 不同冷却水温下节能分析

控制冷却塔是为了保证最低的冷却水进水温度，例如，采用变频（或多速）风扇控制，使冷却塔在低风速、大换热面积的工况下运行，使冷却水温度尽可能接近室外湿球温度，从而既提高冷机效率，又不影响末端负荷需求。

当冷却水温度已低至冷水机组的最低允许值时，可关闭冷却塔风扇，通过自然冷却达到节能效果。冷却塔工作示意如图 3-51 所示。

冷却塔的控制策略如下所述。

当冷却水温度≥32℃（可调）时，冷却塔风扇全开。

当 20℃≤冷却水温度＜32℃时，由冷却水回水温度控制冷却塔风扇。

当冷却水温度＜20℃（可调）时，系统控制冷却水旁通阀以保证机组的冷却水温度不低于最小允许值。

③ 冷冻机组的控制。流量可变的冷水机组作为系统中最核心的设备，必须能够满足一次泵变流量系统的要求，既要能满足系统流量的变化范围，又要能满足系统流量的变化率。

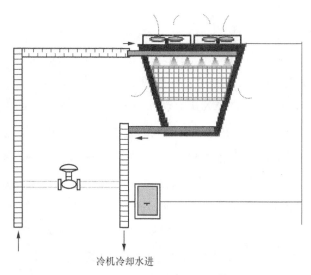

冷机冷却水进

图3-51 冷却塔工作示意

第一，变流量控制的末端。

末端设备一般通过电动两通阀门控制进入冷却盘管的水流量，从而达到控制出风温度，满足室内负荷的需求，故建议末端设备控制逻辑为：变频风机可根据系统中各区域的设定温度与实际温度的差值进行变化，以期满足区域温度的设定值；而电动水阀则可根据空调箱的出风温度（或回风温度）设定值与实际值的差值进行调节，以期满足空调箱的出风温度（或回风温度）设定值。

第二，旁通阀与流量传感器。

由于冷水机组的蒸发器侧变流量的范围不是 $0 \sim 100\%$，所以当用户侧的流量低于冷水机组允许的最低流量时需要旁通部分水流量，以保证蒸发器的水流量不低于机组的最低允许水流量。在冷冻水回水干管上安装流量传感器可测得水系统的总流量，用来控制旁通阀。一旦系统只剩下最后一台机组运行，当负荷侧的冷量需求继续下降到该机组预定的最低流量时，旁通阀门启动，确保旁通流量不低于冷水机组设定的最小流量。

值得注意的是，此处的旁通与定流量系统的旁通意义不同，此处的旁通只为保证系统中的单台机组蒸发器的最小流量而设置，比定流量系统中的旁通要小得多。

④ 冷冻水温重设定。通常冷水机组的出水温度是一定的，但当负荷很小，冷冻水的水流量已低于单台机组蒸发器的最小流量时，可以提高冷水机组的出水温度，既满足负荷的需求，又提高冷水机组的运行效率。

11. 综合布线系统

随着"互联网+"战略的深化，5G等信息技术的大规模商用进入产业化阶段，社会各界对于网络以及互联的需求更加重视，数据中心作为数据交换、计算、存储的枢纽将迎来新的发展。国内数据中心的服务器端口速率已迈入从10Gbit/s向25Gbit/s及更高速率的过渡阶段，国内及国际上的一些大中型数据中心已经在部署100Gbit/s的传输连接。接入层速率的演进势必将带动汇聚层及核心层速率的发展，一些超大规模数据中心已经在规划未来的400Gbit/s传输，由此可见，数据中心已形成对于下一代传输速率的需求。

400Gbit/s网络布线的升级涉及协议、标准、介质、架构等多方面的考量，还得兼顾行业发展及设备生态链的成熟度。不同的网络传输标准对应不同的网络传输介质，如何选择适用于400Gbit/s网络的网络布线架构及介质是业界关注的焦点。IEEE已发布了一个400Gbit/s网络传输标准，还有多项关于400Gbit/s网络传输的专项也已立案，相关的标准编制也正在顺利进行。故对于综合布线系统而言，400Gbit/s网络布线将成为未来的趋势。

（1）400Gbit/s应用场景介绍

① 超大规模数据中心采用扁平的二层Spine-Leaf（脊-叶）架构需要大量的连接，因为每个叶开关扇出每个脊柱开关，最大限度地增强服务器之间的连接。数据中心的硬件加速器、人工智能和深度学习功能都消耗大带宽，迫使高端数据中心快速转向以更高数据速率运行的下一代互联。400Gbit/s在超大规模数据中心的网络Spine-Leaf架构互联应用中将具有重要意义。相比大量100Gbit/s的互联，400Gbit/s的接口不仅可以实现网络架构的简化，同时也可以降低同等速率应用的成本。

在Spine-Leaf网络架构中，Spine交换机的增加主要是增容东西向的流量。如果要实现南北向的流量无阻塞，除了Spine交换机的上联要使用400Gbit/s传输技术之外，Spine交换机和Leaf交换机之间的连接也要使用400Gbit/s传输技术。如果Leaf交换机和Spine交换机之间所有的链路全部设计为400Gbit/s链路，那么和100Gbit/s链路相比，Spine交换机的数量保持不变，东西向流量将扩容4倍。如果所需东西向流量保持不变，那么Spine交换机的数量只需要100Gbit/s链路情况下的1/4。减少Spine交换机的数量，可以降低整个数据中心的PUE值，并可以提高数据中心的空间利用率。

② 伴随着数据流量的爆炸式增长，数据中心网络逐步走向IP互联网的中心位置。目前，数据中心已不再局限于一座或几座机房，而是一组数据中心集群。为实现网络业务的正常工作，

这些数据中心要协同运转，相互之间有海量的信息需要及时交互，这就产生了数据中心互联（Data Center Interconnection，DCI）网络需求。云业务从根本上改变了计算模型和流量模型，网络流向从传统意义上的南北向流量，转变为 IDC 之间或者资源池之间的横向流量，数据中心之间横向流量的占比正在逐步上升，这就要求数据中心互联网络必须具备大容量、无阻塞和低时延的特征，网络带宽成为 DCI 建设的首要焦点。

为了在地理上靠近用户，提供更好的服务体验，或者是数据中心之间互为灾备，这些数据中心可能分布在同一个园区内，或者同一个城市的不同区域，或者分布在不同城市，通常这些数据中心之间的距离为 500m ～ 80000m。数据中心互联场景如图 3-52 所示。

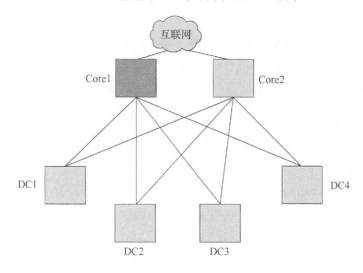

图3-52　数据中心互联场景

基于总体成本的考虑，数据中心机柜互联通常采用多模光纤，数据中心内部互联距离在 70m/100m/150m 以内的仍然采用大规模部署方案，主要应用 400G SR4.2、400G SR8、400G SR4 共 3 种方案。同一园区数据中心之间的距离为 100 ～ 500m，未来也是大规模部署的场景，通常采用 400G DR4 的应用方案。对于数据中心在同一城市不同区域的情况，数据中心之间的互联距离在 2km 以内可以采用 400G FR4 的应用方案。数据中心之间的互联距离如果在 10km 之内，可以采用 400G LR4 的应用方案。数据中心之间的互联距离在 40km 之内，可以采用 400G ER8 的应用方案。如果数据中心位于不同城市，互联距离在 80km 之内，可以采用 400G ZR 的应用方案。

③ 芯片到芯片（Chip to Chip，C2C）和芯片到模块（Chip to Module，C2M）是最简单的互联形式，芯片到芯片的电气接口位于同一印制电路板平面上的两个芯片之间，而芯片到模块

的接口位于端口专业集成芯片和具有信号调节芯片的模块设备之间。IEEE 802.3 已经定义了连接单元接口（Attachment Unit Interface，AUI），该接口基于不同类型的光学模块的每通道50 GB/s 电气。根据连接长度和吞吐量要求，网络建设者可以选择不同的芯片到模块接口连接到光学模块。

硅光子技术是芯片与芯片互联推动力之一。硅光子技术是基于硅和硅基衬底材料（例如，SiGe/Si、SOI 等），利用现有互补金属氧化物半导体（Complementary Metal Oxide Semiconductor，CMOS）工艺进行光器件开发和集成的新一代技术，结合了集成电路技术的超大规模、超高精度制造的特性和光子技术超高速率、超低功耗的优势，是应对摩尔定律失效的颠覆性技术。

硅光子产业已经进入快速发展期。硅光子以传播速度快和功耗低的特点成为超级计算市场的重要研究方向，在高性能计算 HPC 和"百亿亿次（exascale）"级计算中一直是主要的研究领域。随着数据中心核心网络设备间的传输速率不断提高，自 400Gbit/s 应用开始，基于硅光子的技术在成本和功耗等方面的优势开始显现，在芯片到芯片（C2C）以及芯片到模块的互联中，400Gbit/s、800Gbit/s 甚至 1.6Tbit/s 等更高速的传输将会得到越来越多的应用。

（2）网络布线标准

目前，国内主要参照的网络布线标准有：GB/T 50311、ISO/IEC 11801 系列、ANSI/TIA-568系列，针对数据中心的网络布线设计参照的标准有 GB/T 50174、ISO/IEC 11801-5 以及 ANSI/TIA-942-B。

① GB/T 50311 由住房和城乡建设部主编，最新版本已于 2016 年发布，主要针对建筑群及建筑物综合布线系统及通信基础设施工程建设进行规范，适用于新建、扩建、改建与建筑群综合布线系统工程设计。GB/T 50311 对综合布线系统构成做了详细的描述，并对综合布线铜缆系统与光纤系统做了分级和分类，并在第 6 章做了性能指标的规定，同时对系统配置设计做了详细的阐述。

② GB/T 50174 由工业和信息化部主编，最新版本已于 2017 年发布，主要为规范数据中心的设计，确保电子信息系统安全、稳定可靠运行而制定，适用于新建、改建和扩建的数据中心的设计。GB/T 50174 将数据中心划分成 A、B、C 三级。其中，A 级为"容错"系统，B 级为"冗余"系统，C 级为基本需要。标准对不同系统与不同等级的性能要求做了规定，与网络和布线相关的章节收编在第 10 章，对数据中心网络系统基本架构图、布线系统架构图及布线与网络的关联做了详细的阐述。标准中要求对承担数据业务的主干和水平子系统采用 OM3/OM4 多模光缆、

单模光缆或 6A 及以上对绞电缆，传输介质各组成部分的等级应保持一致，同时应采用冗余配置，且主机房布线系统中 12 芯及以上的光缆主干或水平布线系统宜采用多芯光纤连接器（Multi-fiber Pull Off，MPO）预连接系统，存储网络的布线系统宜采用 MPO 多芯预连接系统。

③ ISO/IEC 11801 是由国际标准化组织（International Organization for Standardization，ISO）和国际电工委员会（International Electrotechnical Commission，IEC）的联合技术委员会 ISO/IEC JTC 1 的标准化小组委员会 ISO/IEC JTC 1/SC 25 WG3 制定的国际标准。该委员会负责开发和促进信息技术设备互联领域的标准，而工作组 WG3 则专注于用户建筑群的布线系统标准化工作，包括测试程序及规划和安装指南。2017 年 11 月，最新的国际标准 ISO/IEC 11801:2017 发布，这是该标准的重大技术修订，它的版本号没有从旧版的 2.x 变成 3.0，而是重新命名为 1.0 版。新标准统一了商业、家庭、工业网络、数据中心以及楼宇自动化等多个原有标准，并定义了通用布线和分布式建筑网络的要求。标准涵盖了商用、家庭、数据中心和工业建筑等多类型场所中通信网络的要求，规定了适用于广泛应用（模拟和综合业务数字网络（Integrated Service Digital Network，ISDN）电话机，各种数据通信标准、楼宇控制系统、工厂）的真正的通用布线系统的要求。新标准包含的文件数也扩充到了 6 个，具体包括以下分册。

ISO/IEC 11801-1:2017：信息技术—用户基础设施通用布缆

ISO/IEC 11801-2:2017：信息技术—用户基础设施通用布缆—办公部分

ISO/IEC 11801-3:2017：信息技术—工业基础通用布缆

ISO/IEC 11801-4:2017：信息技术—家庭通用布缆

ISO/IEC 11801-5:2017：信息技术—数据中心通用布缆

ISO/IEC 11801-6:2017：信息技术—分布式楼宇服务通用布缆

新标准内容的架构基本遵循了 ISO/IEC 24764:2010 的目录和顺序，并就部分内容进行了增补或修订。

中国国家标准化管理委员会也发布了对标 ISO/IEC 11801-5:2017 的《信息技术 用户建筑群通用布缆 第 5 部分：数据中心》（GB/T 18233.5—2018）标准。

④ ANSI/TIA-942 标准是美国电信工业协会（Telecommunications Industry Association，TIA）下属的 TR42.1 分委会开发的数据中心电信基础设施标准，初版发布于 2005 年，2012 年和 2013 年先后发布了更新的 ANSI/TIA-942-A-2012 和面向云计算的网络架构附录 ANSI/TIA-942-A-1-2013。2015 年再次启动更新工作，并于 2017 年正式发布了 ANSI/TIA-942-B-2017。与 ISO/IEC 11801-5:2017 不同的是，ANSI/TIA-942 还涉及数据中心主机房和进线间的选址、结构、

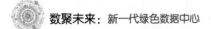

环境、供配电和空调等相关标准，并定义了不同数据中心的分级。

在 MPO/MTP 多芯推进锁闭光纤连接器件的使用上，ANSI/TIA-942-B-2017 增加了 MPO/MTP-16 芯、MPO/MTP-24 芯和 MPO/MTP-32 芯光纤连接器的多种选择。ANSI/TIA-942-B-2017 将网线的最高等级由原来的超 6 类网线（Cat6）提高到 8 类网线（Cat8）。8 类网线可以作为 25Gbit/s、40Gbit/s 传输速率的选择。

对于数据中心的线缆结构，ANSI/TIA-942-B-2017 对中间配线区（Intermediate Distribution Area，IDA）的连接描述更加详细，并且设备配线区（Equipment Distribution Area，EDA）直接连接电缆的最大线缆长度推荐值已从 10m 减少到 7m。

（3）400Gbit/s 标准在数据中心的应用

① 400Gbit/s 在 Spine-Leaf 架构中的连接模型。Leaf 交换机常部署于水平配线区（Horizontal Distribution Area，HDA）内，Spine 交换机常部署于主配线区（Main Distribution Area，MDA）或 IDA 内。Spine-Leaf 架构的连接模型如图 3-53 所示。

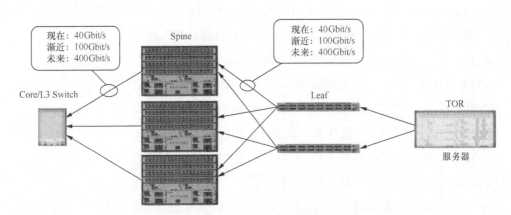

图3-53　Spine-Leaf架构的连接模型

② 400Gbit/s 链路的建立。典型的基于 400Gbit/s 光纤链路模型示意如图 3-54 所示。

图3-54　典型的基于400Gbit/s光纤链路模型示意

③ 信道的损耗要求。400Gbit/s 传输距离和链路损耗技术要求见表 3-22。

表3-22　400Gbit/s传输距离和链路损耗技术要求

传输速率 / (bit/s)	应用类型	光纤类型	传输距离 /m	链路损耗 /dB	备注
400G	SR16	OM3	0.5～70	1.8	
		OM4	0.5～100	1.9	
		OM5	0.5～100	1.9	
	SR8	OM3	0.5～70	1.8	标准化中
		OM4	0.5～100	1.9	
		OM5	0.5～100	1.9	
	BiDi SR4.2	OM3	0.5～70	1.8	
		OM4	0.5～100	1.9	
		OM5	0.5～150	2	
	SR4.2	OM3	0.5～70	1.8	标准化中
		OM4	0.5～100	1.9	
		OM5	0.5～100	1.9	
	DR4	4 Pairs SM	2～500	3	
	FR8	1 Pair SM	2～2000	4	LWDM
	LR8	1 Pair SM	2～10000	6.3	
	CWDM8	1 Pair SM	2～2000	4	CWDM
	CWDM8	1 Pair SM	2～10000	6.3	
	FR4	1 Pair SM	2～2000	4	标准化中
	LR4	1 Pair SM	2～10000	6.3	标准化中

注：表 3-22 源于 ISO/IEC TR 11801-9908，MSA 及 IEEE 系列标准要求。

④ 400Gbit/s 布线产品的常见组件。从 400Gbit/s 应用模型可以看出，400Gbit/s 端口需要 4 对或 8 对光纤进行传输，MPO/MTP 多芯连接器及系列化的预端接布线系统是应用发展的主流选择。预端接光缆系统常见的产品形态如图 3-55 所示。

MPO/MTP 系统可分为 8 芯、12 芯与 24 芯共 3 种系统。

12 芯系统：可用于 400Gbit/s BASET-SR4.2/DR4，它是基于 MPO/MTP 12 芯连接器的主干，是为 SR4 而设计的，尽管 SR4 是一个 8 芯光纤接口，但 12 芯连接器也与其兼容。当直接与 SR4 收发器跳接时，12 芯连接器并不能充分利用主干光缆中的所有光纤，但是多个 12 芯连接器组合使用并进行转换后，可以充分利用所有光纤。当前大部分的数据中心运营商普遍选择的是 12 芯主干网，因为市场上以 12 芯光纤连接器和光缆为主流。虽然当前没有标准的收发器可以充分利用 12 芯连接器中的 12 根光纤，但是随着网络的发展和升级，未来数据中心运营商可以获得不错的投资回报。

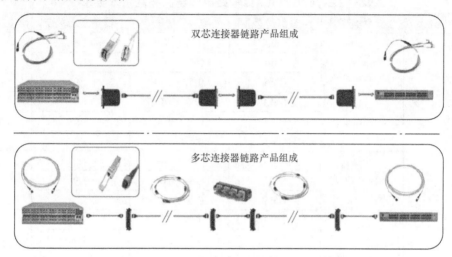

图3-55 预端接光缆系统常见的产品形态

24 芯系统：可用于 400Gbit/s BASET-SR8/FR8，使用 24 芯光纤中的 16 芯光纤进行信号传输。

24 芯主干光缆的连接器通常为公头，因为该配置允许使用母头到母头设备跳线。与 12 芯相比，24 芯能够减少连接中所需的线缆数量，但主干光缆配置 24 芯时需要使用过渡硬件或转换硬件才能使 24 芯适应 10Gbit/s 和 40Gbit/s 的数据传输速率。

高密度 / 常规型配线系统：常规型配线架支持安装 MPO/MTP-LC（是指前端为 LC 接口，后端为 MPO/MTP 接口的预连接系统，其作用是将前端 LC 适配器转换为后端的 MPO 或 MTP 适配器）时最大芯数每 U 为 96 芯。高密度型配线架支持安装 MPO/MTP-LC 时最大芯数每 U 为 144 芯，高密度模块是可更换的连接模块，可从机箱的前面、后面插入或拔出，多个种类的模块可满足不同的应用需求。

3.3.7 消防

1. 数据中心火灾成因

火灾发生的三要素是引火源、可燃物和助燃剂。下面就从火灾的三要素来分析数据中心的火灾成因。

（1）引火源

① 机房供电设备或用电设备起火。主要原因有电气短路（含蓄电池系统短路）产生电火花、电弧或大电流；过电流、漏电流、电气连接点接触电阻过大导致的回路、设备和电气连接点过热及绝缘老化、损坏甚至击穿短路；过电压（例如雷击）导致的巨大泄放电流或绝缘击穿短路；高频谐波导致的电气设备、线缆局部过热；精密空调的电极式加湿器、电加热器局部过热；供用电设备散热不佳导致局部过热等。以上情况将形成局部高温，一旦温度达到周围物质的着火点，即形成火焰，造成火灾。

② 机房可能出现焊接、金属切割、烟头、打火机等外来火源。同时，机房周边区域发生火灾也可能引发数据中心火灾，例如，机房外围防护结构（隔墙、窗户、门、孔洞等）的防火性能不足以抵御火势侵入，极易引发机房火灾。

（2）可燃物

数据中心机房中的可燃物主要有机房装修、装饰材料中的可燃材料，供电、用电设备中可燃的绝缘材料（例如，普通线缆绝缘层）及配件，机柜内的印刷线路板、电路板中的塑料制品以及违规进入机房的易燃、可燃物品和办公设备等。机房内可燃物的多少直接关联机房火灾范围、火势和损失的大小。

（3）助燃剂

由于空气中含有 21% 的氧气（按体积分数计算），所以机房内不可避免地存在氧气。同时新风系统也在源源不断地向机房输送新鲜空气。

2. 数据中心火灾特点

数据中心的设备密度较大，常年不间断运行，散发的热量较大。数据中心火灾具有以下特点。

① 以电气火灾为主，其他类型火灾为辅。在数据中心发生火灾的各种原因当中，由电气设备引发的火灾约占 60%，并且初期往往以浓烟为主要的火灾特征。在火灾损失中，约 95% 是烟雾造成的，而仅 5% 是火场温度造成的。

② 隐蔽性强，随机性大。导致机房电气火灾的过电流、漏电流、短路打火、接触电阻过大、局部过热等通常都发生在机柜内部及线缆桥架或管内，不易发现。数据中心的空调系统可以快速地排出热量，吹散火灾初期烟雾、过滤烟雾颗粒，容易导致报警系统检测不到火灾，并且机房起火的风险点多，位置分散，起火位置、时间、概率都很难预测。

③ 机房蓄电池系统短路造成的火灾具有一定的特殊性。蓄电池系统容易发生漏液腐

蚀或线缆绝缘损坏导致正负极短路故障。同时蓄电池短路极易产生"雪崩"效应，单只蓄电池短路的高温将破坏绝缘材料，连锁引发周边多只或整组甚至多组蓄电池短路，热量累积速度快，除了短路回路熔断、蓄电池放电损毁和外部降温之外，没有其他有效的灭火方式。

3. 主要的消防设施

数据中心园区常用的消防系统主要有消火栓灭火系统、自动喷水灭火系统、气体灭火系统、水喷雾灭火系统、高压细水雾灭火系统、火灾报警联动控制系统、极早期报警系统。这些系统的具体描述如下。

（1）消火栓灭火系统

消火栓灭火系统是最常用的灭火系统，由蓄水池、水泵及室内消火栓等主要设备构成。消火栓灭火系统的设计流量根据建筑定性和体量确定，室内消火栓按照大楼任何部位有两个消火栓的水枪充实水柱同时到达的原则布置，消火栓设在公共走道内，消火栓间距≤30m。消火栓箱处设消防按钮，向消防控制室发出火灾信号。

（2）自动喷水灭火系统

自动喷水灭火系统由湿式报警阀组、闭式喷头、水流指示器、控制阀门、末端试水装置、管道和供水设施等组成。发生火灾的初期，建筑物的温度不断上升，当温度上升到使闭式喷头温感元件爆破或熔化脱落时，喷头即自动喷水灭火。自动喷水灭火系统的设计流量根据建筑定性和体量确定，每层和每个防火分区设有信号蝶阀和水流指示器，分区报警。消防泵由报警阀上设置的压力开关、高位消防水箱出水管上的流量开关直接启动。扑灭初期火灾的消防用水由设于屋顶水箱间的消防水箱和消防增压稳压给水设备供给。数据中心内的自动喷水灭火系统主要用于保护走道、门厅、卫生间等公共区域。

（3）气体灭火系统

不同等级的数据中心对消防灭火系统的要求也不尽相同，主要体现在：B级和C级数据中心的主机房宜设置气体灭火系统，也可设置高压细水雾灭火系统或自动喷水灭火系统，而A级数据中心的主机房宜设置气体灭火系统，也可设置高压细水雾灭火系统。只有当A级数据中心内的电子信息系统在其他数据中心内安装有承担相同功能的备份系统时，A级数据中心才可设置自动喷水灭火系统。主要的几类气体灭火系统技术性能对比见表3-23。

表3-23 主要的几类气体灭火系统技术性能对比

系统特性	二氧化碳灭火系统	七氟丙烷灭火系统	三氟甲烷灭火系统	氮气灭火系统	IG—541灭火系统
灭火剂	CO_2（100%）	CF_3CHFCF_3	CHF_3	N_2（100%）	N_2（52%）Ar（40%）CO_2（8%）
灭火机理	物理窒息	物理+化学方式	物理+化学方式	物理窒息	物理窒息
最大贮存压力	5.7MPa	5.6MPa	4.2MPa	20MPa	20MPa
贮存形态	液态	液态	液态	气态	气态
灭火剂输送形态	气液两相流	液体单相流	气液两相流	气体单相非稳态流	气体单相非稳态流
最大输送距离	≤120m	≤60m	≤60m	≤150m	≤150m
防护区面积与容积限制	无具体规定	•有管网系统面积不宜大于800m²，容积不宜大于3600m³ •预制系统面积不宜大于500m²，容积不宜大于1600m³	•有管网系统面积不宜大于1000m²，容积不宜大于4000m³ •预制系统面积不宜大于200m²，容积不宜大于800m³	•有管网系统面积不宜大于1000m²，容积不宜大于4500m³ •预制系统面积不宜大于100m²，容积不宜大于400m³	•有管网系统面积不宜大于800m²，容积不宜大于3600m³ •预制系统面积不宜大于500m²，容积不宜大于1600m³
防护区环境温度	-20℃～100℃	不低于0℃	-20℃～50℃	不低于0℃	不低于0℃
喷射后对保护物的影响	无（对人有窒息作用，已禁止使用）	轻微	无	无	无
喷射后对环境的影响	温室效应	温室效应	破坏臭氧层	无	无

目前，主机房采用的气体灭火系统主要有七氟丙烷灭火系统和IG—541灭火系统两种，具体项目中需根据钢瓶间的大小和设置位置以及防护区的布置情况进行选择。

（4）水喷雾灭火系统

柴油发电机房水喷雾灭火系统与气体灭火系统对比见表3-24。

表3-24 柴油发电机房水喷雾灭火系统与气体灭火系统对比

系统特性	水喷雾灭火系统	七氟丙烷灭火系统	IG—541 灭火系统
灭火剂	H_2O	CF_3CHFCF_3	N_2（52%）Ar（40%）CO_2（8%）
灭火机理	物理窒息 + 冷却	物理 + 化学方式	物理窒息
最大贮存压力	常压	5.6MPa	20MPa
贮存形态	液态	液态	气态
灭火剂输送形态	液体单相流	液体单相流	气体单相非稳态流
最大输送距离	无限制	≤ 60m	≤ 150m
防护区面积与容积限制	无限制	• 有管网系统面积不宜大于800m²，容积不宜大于3600m³ • 预制系统面积不宜大于500m²，容积不宜大于1600m³	• 有管网系统面积不宜大于800m²，容积不宜大于3600m³ • 预制系统面积不宜大于500m²，容积不宜大于1600m³
防护区气密性要求	无限制	防护区需封闭	防护区需封闭
喷射后对保护物的影响	无	轻微	无
喷射后对环境的影响	无	温室效应	无

数据中心中的柴油发电机房的特点如下。

柴油发电机房需设置进排风降噪室，否则防护区密闭性难以保证；柴油发电机房所在楼层较高、面积较大，适用对防护区体积无限制的消防方案；IG—541 灭火系统高压喷放时可能会导致可燃易燃液体飞溅及汽化，有造成火势蔓延扩大的危险，故一般不提倡将其用于扑救主燃料为液体的火灾。

水喷雾灭火系统的主要灭火机理是表面冷却、窒息和乳化。与自动喷水灭火系统相比，它的灭火效率更高，同时它以细小水雾滴的形式灭火，不易造成油类液体火的飞溅，因此柴油发电机房建议采用水喷雾灭火系统。

（5）火灾报警联动控制系统

数据中心整体按"集中报警系统"设计，一般在运维楼一层设置消防控制室。消防控制室设置有智能型总线火灾自动报警及消防联动控制装置、消防对讲主机、应急广播主机及彩色图形显示器、打印设备以及其他一些具有辅助功能的装置。

　　走道等一般场所应设置烟感探测器，变配电、数据机房、电池电力等气体灭火场所内应设置烟感和温感双重探测器。建筑的每个防火分区的出入口处应设置手动报警按钮，并满足防火分区内任何位置到最近一个手动报警按钮的步行距离不大于 30m。火灾自动报警控制器可接收烟感、温感、可燃气体探测器等的火灾报警信号及水流指示器、检修阀、手动报警按钮、消火栓按钮等的动作信号，还可接收排烟阀的动作信号。按规范要求，数据中心每层还应设置楼层显示盘、若干手动报警按钮，以及消防对讲电话分机和插孔。

　　消防控制室设置有消防联动控制系统，其控制方式分为自动 / 手动控制。消防联动控制系统可实现对消火栓系统、防排烟系统、电梯运行、气体灭火、火灾应急广播、火灾应急照明等的监视及控制。当发生火灾时，消防控制室可自动或值班人员手动切断空调机组、通风机及其他非消防电源。

　　消防控制室应设置火灾应急广播机柜，火灾应急广播系统按建筑层或防火分区分路。在走道、机房等场所设置火灾应急广播扬声器。当发生火灾时，消防控制室值班人员根据火情，自动或手动进行火灾应急广播，及时指挥、疏导人员撤离火灾现场。

　　消防控制室应设置消防专用电话总机以及可直接报警的外线电话。除了在手动报警按钮、消火栓按钮等处设置消防专用电话塞孔之外，在变配电间、电梯机房及与消防联动控制有关且经常有人值班的机房等场所还需设有消防专用电话分机。消防专用电话网络应为独立的消防通信系统。

　　（6）极早期报警系统

　　机房区、电池电力区、运营商接入间等应设置极早期报警系统。探测主机采用直流 24V UPS 电源单独供电，UPS 电源及模块安装于距地面 1.5m 处。探测主机采用现场编程显示方式，可对各种参数进行读取和调整。

　　探测器要在现场通过编码型输入模块接入报警总线，探测器能输出预警、火警和故障干接点信号，消防值班人员通过火灾报警系统在消防控制室实施对现场的监视。早期报警信号仅作为报警信号，不作为气体灭火联动信号。各个探测器联网并将信号送至消防控制室，消防控制室设置了极早期报警监控平台，平台通过监控管理软件对系统进行集中编程和监控等。

3.3.8　给排水

1. 给水系统

① 数据中心项目的给水系统包括生活给水系统、空调加湿给水系统及冷却塔补水系统。其

中，冷却塔补水系统是数据中心项目用水的主要来源，一般占到总用水量的 99% 以上。

② 数据中心的水源一般引自市政自来水管网，为保证供水安全，建议数据中心采用两路进水，管径根据项目规模来确定。

③ 当采用水冷冷水机组的冷源系统时，数据中心还应设置空调蓄水池，以备当城市自来水停水时，还能继续保障空调系统供水，空调蓄水池的有效容积按不低于 12 小时设置。

2. 排水系统

（1）室外排水系统

室外排水系统为雨、污分流制。室内生活污水排至室外污水管，经室外化粪池处理后，排至市政污水管网。屋顶雨水靠重力流至室外雨水井，汇集后排向市政雨水管道。

（2）事故排水系统

事故排水系统从数据机房事故水产生的原因入手，结合建筑、电气、空调等专业，整理出一套适合数据中心机房事故水的预警及处理措施，为数据中心事故水处理提供了模块化解决路径。数据机房事故水处理方案主要包括事故水预警、土建优化设计、事故水及时排除 3 个方面。

① 事故水预警。当数据中心机房的管道出现漏水的情况后，如果依靠维护人员发现，则会有长时间的延迟，因此需要采取在线监测手段确保能第一时间发现漏水事故。漏水报警系统的漏水感应线被安装在供水管道的下方，当漏水感应线发现了漏水警情，它将会在第一时间发出报警信号通知机房值班人员，并可指示出具体的漏水位置；同时事故水预警系统能够选择自动或手动关闭阀门，切断水源，防止漏水事故的进一步发展。以往机房发生漏水事故时，值班人员接到报警信号后需要赶往现场处理，在这一过程中，漏水在持续，容易造成机房积水，从而引发电源短路、设备宕机等重大事故。事故水预警系统能够发现机房漏水点位，自动控制空调供水管电磁阀的启闭，还可通过大楼监控系统进行远程控制，能够有效地将事故在萌芽阶段解决。机房事故水预警系统流程如图 3-56 所示。

② 土建优化设计。数据中心项目在土建设计时，采取了相应措施防止事故水进入机房内部，同时在机房外部走道等处设置排水设施。土建优化设计主要包括以下两个方面的内容。

a. 在机房内空调区设置挡水槛，防止水进入机房，同时设置地漏用于排水。

b. 在各个房间及管井与走道相连的门均设置挡水槛，同时在走道区域设置地漏用于排水。

③ 事故水及时排除。数据中心机房事故水预警系统能够从源头减少机房水灾的发生，但是如果发生空调水管爆管或因水消防启动而引起的水灾，这就需要机房有良好的排水措施，避免

积水，最大限度地减小事故损失。

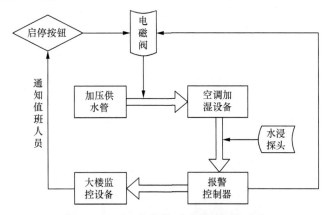

图3-56　机房事故水预警系统流程

3. 空调事故水排除系统

数据中心项目应根据平面布局设置空调事故水排除系统，在每个机房空调区域内设置排水立管，在空调区域内每隔一定的距离设一个 DN100 地漏，用支管将水引至立管，由立管排水管将水引出室外，排至散水坡。

4. 水消防启动后排水系统

数据中心机房走道及办公区域应设置自动喷水灭火系统和消火栓灭火系统，为防止这两个灭火系统误启动或在消防灭火时喷洒下来的水进入机房，数据中心需要设置水消防系统启动后的快速排水系统，排水量由室内消防水量确定。在机楼的走道及公共区域设计水消防启动后排水系统，即隔一定的距离在走道设置一个 DN100 地漏，地漏再接至事故排水立管，由事故排水立管将水引出室外排至室外雨水井。这项措施可有效地防止水消防系统启动后水进入机房，避免造成二次损失。

第 4 章

节能与创新

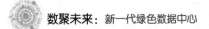

4.1 建筑节能与创新

4.1.1 装配式建筑

装配式建筑是近年来为积极推进城市建设有序发展而兴起的新型建筑结构。据统计，装配式建筑比传统建筑可节省建筑材料达 40% 左右，可减少建筑垃圾达 70%，这对城市可持续发展和文明城市建设起到很大的作用。在国家大力提倡绿色发展、转型升级和供给侧改革的大背景下，装配式建筑获得广泛关注，多个省市陆续出台扶持相关建筑产业发展的政策。装配式建筑示意如图 4-1 所示。

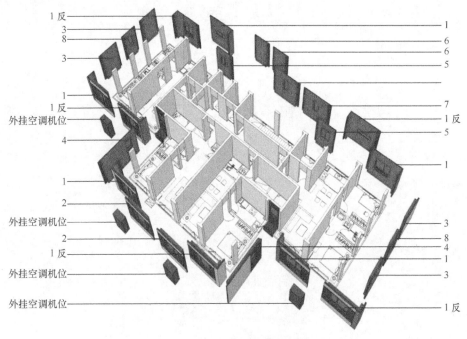

图4-1　装配式建筑示意

1. 什么是装配式建筑

装配式建筑指的是主体结构、外部围护、内装、设备及管线系统全部或部分构件由预制部件组装而成的建筑。通常来说，装配式构件在专业工厂预制完成，然后被运输至施工现场，施工人员再通过可靠的连接方式在现场对构件进行安装，以完成工程建设。

装配式建筑大量采用预先在工厂加工制作的预制构件，在现场进行装配化施工，它具有节约劳动力、克服天气影响、便于常年施工等优点。在设计装配式建筑时，设计人员需要统筹考虑设计、生产、施工、运维的全过程，以期实现建筑设计、施工乃至使用全过程的一体化。其重点是统筹主体结构、外部围护、内装、设备与管线系统设计并争取实现一体化，同时确保装配式建筑能够实现设计过程的标准化、生产过程的工厂化、施工过程的装配化、装修过程的一体化、管理过程的信息化、运营过程的智能化目标。工厂化作业方式大量减少了现场湿作业、模板、钢筋绑扎作业、脚手架搭设、强弱电线盒、套管埋设与人工的使用，缩短施工周期，对城市交通居民生活的影响较小，符合当前我国建筑节能环保发展的方向，是现阶段我国大力推行的建造方式。

2015 年，我国发布了 GB/T 51129—2015《工业化建筑评价标准》，该文件中提出了推广装配式建筑的意见。2015 年，住房和城乡建设部又推出了《建筑产业现代化发展纲要》，该文中指出 2020 年装配式建筑所占比重将达到 20% 以上，在 2025 年达到 50% 以上。2016 年，国务院出台了相关政策，这些政策指出要因地制宜发展装配式混凝土钢木结构。2016 年《政府工作报告》中提出大力发展钢结构和装配式建筑的号召。2017 年《政府工作报告》中明确指出提高装配式结构在建筑中的比例。这一系列的规划对于推动我国建筑产业转型升级，提高现代化城市建设水平指明了方向。

2. 装配式建筑标准化设计

装配式建筑标准化设计的模块、过程和指标可以为建设方提供一套能在多个项目中形成系列化应用的装配式建筑体系，与构件生产、施工工艺形成配套设计，从而降低成本、提高效率。

标准化设计的基本要求是通用化、模数化和标准化，其设计原则是"少规格、多组合"，通过标准化模块的组合，实现建筑及构件的系列化和多样化。这样的标准化设计再结合预制构件生产和装配式施工工艺的特点，可以满足建筑功能的多样性要求。在设计过程中，主要需要考虑以下两个方面的内容。

（1）模数和模数协调

建筑师从方案设计阶段开始就要有工业化建筑设计的理念，需要充分考虑工厂的标准化生产。为设计出可组合的构件单元，建筑师需要考虑模数之间的协调，从最初设计时就应该采用模块化、标准化思维，实现主体结构与外部围护系统，以及设备与管线系统、内装系统的一体化集成。第一，考虑同一模块的多次套用；第二，对不同功能房间，尽量将保持构件同模数、标准化，在模数协调的基础上，大大提高构件的通用性。同时，建筑师在设计时应充分考虑构件在生产、存放及运输等环节的困难及成本，应本着在满足现场结构安全及相关功能的前提下，对一些复杂的、薄弱的位置、节点进行优化，以降低构件生产及安装时的成本。

在装配式建筑中，模数之间的协调非常重要。建筑模数协调一方面可以在预制结构中实现不同构件之间、各个功能模块之间，以及所有预制构件与相应功能房间尺寸之间的协调性，使部件以及组合件的种类尽可能地减少、优化，使建筑设计、构件生产、施工建造等各个环节之间配合起来更加简单、精确，最终确保土建专业和机电专业等的各个部件实现生产工厂化和施工一体化；另一方面还可以在预制构件的各种构成要素（包括钢筋设置、管线预埋、点位布设等）之间形成一种合理的空间匹配关系，以防出现构件交叉和相互碰撞。

（2）系统集成

按照系统集成设计原则，各不同专业之间需要进行协同设计。因此建筑师需要对结构系统、外部围护系统、设备与管线系统和内装系统等建筑的各个部分进行集成设计，并统筹考虑材料性能、加工工艺、运输限制、吊装能力的要求。建筑的内装系统宜选用具有通用性和互换性的内装部品。建筑的预制构件应采用标准化接口，部品接口设计应符合部品与管线之间、部品之间连接的通用性要求，并满足接口位置固定、连接合理、拆装方便及使用可靠。同时各类接口尺寸应符合公差协调要求。模数化构件尺寸示例如图4-2所示。

3. 装配式建筑预制构件的工业化生产

装配式建筑的预制构件由专业工厂进行工业化且自动化的生产，在很多关键工序上实现机器对人工的取代，从而从根本上消除工人在生产过程中出现操作错误的可能。

在生产构件前，工厂需要依照设计要求与实际生产条件制订生产工艺、生产方案，对构造比较复杂的构件和部品，还应展开工艺性试验。产品设计图以及构件的深化设计图需要经过批准才能使用，产品设计深度至少要达到生产、运输和安装等各项技术要求。工业化生产构件示例如图4-3所示。

图4-2　模数化构件尺寸示例　　　　图4-3　工业化生产构件示例

相比工人的现场操作，工厂生产设备具备更高的可靠性，因此传统施工方式中由工人技术能力、责任心等人为因素带来的质量风险和部分安全风险可以在工业化生产中得到有效规避，可以做到质量可控并降低安全风险。工业化生产较传统施工方式可以更精确地计算原材料的用量以及机械设备、人工的使用，可以做到生产环节的成本精确控制。

所有的部品部件在最终出厂前均需要进行适当的包装，防止部品部件在运输、装卸期间出现破损、变形。对超高、超宽、形状特殊的大型部品部件的运输和堆放应制订专门的方案。选用的运输车辆应满足部品部件的尺寸、重量等要求。

部品部件的堆放场地应平整、坚实，并按部品部件的保管技术要求采用相应的防雨、防潮、防暴晒、防污染和排水等措施。

4. 装配化施工

通过标准化设计，预制构件在进行工业化生产后被运输至施工现场，装配化施工通过机械化作业安装实现，变湿作业为干作业，保证建筑质量，减轻劳动强度，降低生产成本，减少环境污染，节约自然资源。

装配化施工前，建设方需要制订完善的施工组织设计方案、合理的施工方案，其中包括构件的安装方案与各个节点的施工方案，以及安装质量的管理方案和安全保障措施等；充分考虑塔吊位置，塔吊装置的选择以安全、经济、合理为原则，根据构件重量及塔吊悬臂半径的条件，结合现场施工条件进行调整；在构件吊装过程中，应定制施工保护措施，避免构件翻覆、掉落等安全事故。装配式建筑施工过程示例如图 4-4 所示。

图4-4　装配式建筑施工过程示例

对于现场施工管理，现场管理者应是对装配式建筑了解较深入且有一定经验的管理者，传统现浇建筑施工的管理者需要及时转变管理观念，不能停留在传统现浇建筑的管理模式，应能真正做到技术前置、管理前移。

装配式结构的施工效率是项目效益的基本保障，设计、生产和施工环节应当更紧密协调，以达到大幅度提高施工效率的目的。

装配式建筑需要全部采用符合产业化要求的建造方式，避免先设计后拆分，以设计为源头，通过业主、设计、施工、生产等工程实施主体的紧密合作，彻底改变传统的建设方式。装配式建筑强调设计规范化、标准化，形成设计、生产、施工、装修、部品、运维一体化的建设和管理模式，以实现性能良好、质量稳定、成本可控、效益增长的可持续发展目标，体现装配式建筑的优势，促进装配式建筑稳步有序的发展。

5. 建筑信息模型技术在装配式建筑中的应用

装配式建筑在提高建设效率、提升建造质量的同时，也对建设各阶段的一体化集成应用提出了更高的要求，正在由分散式技术运用向集成式技术运用转变。目前，装配式建筑的建设管理信息化水平较低，全过程信息化管理平台的应用非常少，阻碍了建设管理信息的有效传递，影响了建造质量和效率。

建筑信息模型（Building Information Model，BIM）是对建筑工程的物理特征和功能特性的数字化表达。其有效解决了信息传递的障碍，提供了可进行数据交互的三维可视化管理平台。此平台让项目各方参与建设全过程，实现各专业、各环节、各参与方的信息集成，提升了装配式建筑的信息化水平，发挥了装配式建筑工业化集成的建造优势。

BIM 模型示意如图 4-5 所示。

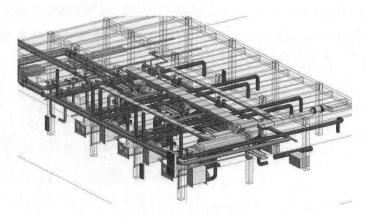

图4-5　BIM模型示意

（1）BIM 技术在装配式建筑中的应用现状

对于建筑行业来说，BIM 技术是一个革命性的飞跃，BIM 技术可以被广泛应用于各种类型的装配式建筑中，例如，装配式混凝土结构建筑、装配式钢结构建筑、装配式木结构建筑等，现阶段 BIM 技术在装配式混凝土结构建筑中的应用较为广泛。另外，BIM 技术还可以被广泛应用于项目全生命周期的各个阶段,例如,设计、生产、施工、运维等。

装配式建筑在建设全过程中尝试应用全专业正向 BIM 协同设计。目前,在设计阶段的针对性应用主要包括预制构件的拆分、预制率的统计、管线优化以及碰撞检测等。在施工阶段的针对性应用包括依据 BIM 模型对施工场地的预制构件堆放和施工装配进程进行模拟,提前做好施工规划。

BIM 技术能够得到建设部门的重视,主要是因为 BIM 技术具有可视化效果好、协调作用强、过程模拟性高的特点。不同于普通构件的是,装配式构件预制及拼装要求高,必须精确地定位各组成部件的位置尺寸,且装配式建筑的施工工序不同于普通结构建筑,其拼装顺序的要求相对严格,拼装顺序的错误可能会引起结构的不合理受力,因此,可视化效果好的 BIM 技术给装配式建筑提供了很好的施工指导平台。

(2)基于 BIM 技术的装配式建筑一体化集成应用原则

装配式建筑主要包括建筑、结构、机电、装饰 4 个子系统,它们分别自成体系,又共同构成一个复杂的系统。装配式建筑只有通过各子系统一体化集成应用,才能实现系统性装配和工业化建造。

基于 BIM 技术的装配式建筑一体化集成应用原则主要包括以下内容。

① 模块组合原则:按照通用化、标准化的设计要求,将装配式建筑的各组成系统划分为不同层级及功能的模块单元,实现相同层级及功能的模块单元间的重复使用与互换,不同层级及功能的模块单元间的衔接与组合,形成合理高效的建筑平面布局、结构体系、机电系统及装饰系统等。

部品部件的深化设计注重"少规格、多组合",既确保构件及模具的通用性,满足工业化生产、装配化施工的要求,又可在模块组合的基础上满足装配式建筑个性化的形象需求。

② 系统协同原则:装配式建筑设计过程中注重 3 个方面的协同。

功能协同:建筑功能与结构体系、机电系统等的协同。

空间协同:建筑、结构、机电、装饰等不同专业间的空间协同。

接口协同:基于 BIM 技术的各个专业模型接口标准化。

③ 因地制宜原则:综合考虑装配式建筑的各项基础条件及项目特点,因地制宜地选用技术措施,遵循"集成优先,主动优化"的原则进行设计。选用针对性的技术措施,在优先考虑装配式建筑 4 个子系统技术措施集成应用的前提下,根据 BIM 模型对系统进行主动优化,制订合理的预制装配率指标,完善构造及建造措施,实现经济、安全、高效的建设目标。

（3）基于 BIM 技术的装配式建筑一体化集成应用

在装配式建筑技术策划阶段，充分了解项目定位、建设规模、预制装配目标、成本限额等影响因素，制订合理的技术路线。对技术选型、经济性和适应性进行评估，对项目所在区域的构件生产能力、施工装配能力、现场运输及吊装条件进行评估。

在装配式建筑方案设计阶段，做好建筑平面布局、立面构成及空间设计，满足使用功能及设计要求，建立并构建装配式建筑各类预制构件的"族"库，进行装配式预制构件的标准化设计，遵循"少规格，多组合"的工业化建筑设计理念。

在装配式建筑初步设计阶段，基于 BIM 协同设计平台，各专业可以高效地进行数据交互、细化和落实技术方案。在预制装配率指标统计、预制构件拆分、设备管线预留预埋、建设成本评估等环节，BIM 协同设计平台可以便捷、准确地进行专业协同和指标分析。

在装配式建筑施工图设计阶段，基于 BIM 模型进行预制构件拆分、预制构件计算、构造节点设计、设备管线预留预埋设计、预制构件之间与现浇部分的碰撞检测、设计图生成，以及预制构件混凝土体积重量和预埋钢筋规格长度等指标统计。

在装配式建筑预制构件深化设计阶段，通过已完成的预制构件 BIM 模型进行深化设计，布置钢筋及各类预埋件，形成预制构件拆分图、装配图、预制构件深化设计图。

在装配式建筑预制构件生产加工阶段，通过 BIM 技术实行部品部件的生产管理信息化，实现设计信息与生产制造的直接对接。以预制构件 BIM 模型为核心，以计算机辅助制造（Computer Aided Manufacturing，CAM）为手段，以生产制造执行系统（Manufacturing Execution System，MES）为工具，以物联网（IoT）为媒介，通过 BIM 技术为设计院和构件生产工厂提供数据传递和交互的平台。数字化的预制构件信息为构件生产工厂的自动化生产提供了可能。基于预制构件加工 BIM 模型，设计院生成预制构件加工图，完成模具设计与制作、生产材料准备、钢筋下料及加工、预埋件定位、编码设置等预制构件的生产加工工作，添加生产及运输等信息，传输至构件生产工厂的生产制造执行系统，提高生产效率和产品质量。

在装配式建筑施工阶段，建设方采用 BIM 模型对预制构件的吊装及塔吊位置、堆场范围进行模拟，提前排查施工安全问题，优化施工工序，保证施工顺利进行。

在装配式建筑运维阶段，运维方将 BIM 模型轻量化处理后可将其作为运维模型的基础，对建筑空间管理、设备维护维修、能耗综合分析等进行管控，借助 BIM 和 RFID 技术建立装配式建筑预制构件以及设备的运营维护系统。传感器采集的各类数据可在监控中心动态显示，运维效率提升。

6. 大数据中心的装配式应用

工程预制化是一场数据中心行业的变革和升级，它将为我国 IT 行业、建筑行业、制造行业带来以绿色高效为特点的从手工"建造"到工业"制造"的跨越。

数据中心行业的变革表明我们已经来到了一个势不可挡的"风口"。IT 行业、建筑行业、制造行业已经不再处在单一行业"独善其身"的自我封闭环境了。多行业的跨界交融已经成为趋势，交叉组合的技术产物形成，并影响着相关行业的发展，产生的技术产物如下。

① 建筑信息模型技术（IT 行业 + 建筑行业）。

② 预制装配式建筑技术（建筑行业 + 制造行业）。

③ 智能制造技术（IT 行业 + 制造行业）等。

《建筑产业现代化国家建筑标准设计体系》将现代建筑体系按照主体、内装、外装 3 个部分进行划分。同理，我们也将数据中心"建筑体系"按照主体、内装、外装 3 个部分进行划分。

装配式建筑的工程预制化是目前最为先进的建筑体系，新型的墙体材料、保温隔热材料、屋面材料、防水材料、纤维增强复合材料等一些新材料、新技术、新工艺被广泛应用于工程预制化的装配式建筑中，而这些也是数据中心建设所必需的内容，故数据中心极为适应工程预制化的装配式建筑方式。

根据我们对数据中心装饰工艺的理解，数据中心预制装配式装饰可分为 3 个等级的实施模型，以应对数据中心中不同类型的装饰需求与状况。同时，也在一定程度上表示了数据中心预制装配式装饰的实施成熟度。

"C"——基本型（一级模型）。

"G"——扩充型（二级模型）。

"回"——融合型（三级模型）。

在数据中心预制装配式装饰的 3 个等级的实施模型中，不同实施模型的范围是不同的。

在"C"——基本型（一级模型）中，预制装配范围是建筑的内装，比较适合原先的地板、墙板、吊顶板等厂商扩展延伸同类产品线，提升综合生产能力，集成相关的产品。

在"G"——扩充型（二级模型）中，预制装配范围是建筑的内装，比较适合原先的机柜、封闭通道的产品厂商、总包企业，以及新投资转产的企业进行跨越式深层次扩展产品线、提升综合生产能力，集成相关的产品。

在"回"——融合型（三级模型）中，预制装配范围是建筑的主体（外装）和内装，比较适

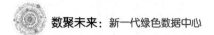

合总包企业、预制装配式企业等扩展延伸同类产品线，提升综合生产能力。

7. 结语

装配式建筑受到了政府和行业的关注，政府出台了多个与建筑产业化相关的政策，取得了较大进展。国外经验表明，发展并推广装配式建筑势在必行。

按照国家相关政策要求，装配式建筑项目要广泛推广"设计标准化、生产工厂化、装修一体化、现场装配化以及全过程信息化"五化一体的管理模式，其构件的设计标准化程度越高，模具的利用率越高，工厂的生产效率越高，相应的构件成本就会下降，再加上工厂的数字化管理，整个装配式建筑的性价比会越来越高。

数据中心是一种功能特殊的建筑，有其特定的工艺要求，涉及装饰工程的许多技术细节和指标要求，数据中心预制装配式装饰产业研究具有深远的意义。

综上所述，装配式建筑建设是一个系统性工程，只有管控好系统中的每一个环节，即控制设计、生产、施工、运维等建筑的全生命周期，方能实现装配式建筑绿色、节能、环保、质量高、建设速度快的优点。装配式建筑建设以设计为源头，通过业主、设计、施工、生产等工程实施主体的紧密合作，彻底改变传统的建设方式，强调设计的规范化、标准化、模块化，形成集设计、生产、施工、装修、部品、运维一体化的建设和管理模式，实现性能良好、质量稳定、成本可控、效益增长的可持续发展目标，体现装配式建筑的优势，促进装配式建筑稳步有序地发展。

4.1.2 建筑保温节能

1. 我国建筑热工设计分区

建筑外部围护结构热设计主要涉及冬季保温和夏季隔热，以维持室内相对稳定的热环境。我国 GB 50176—2016《民用建筑热工设计规范》将全国划分为 5 个区（严寒地区、寒冷地区、夏热冬冷地区、夏热冬暖地区、温和地区）。同一气候分区的室外气候状况在总体上较为接近。

2. 数据中心建筑保温的必要性

数据中心机房墙面保温是机房设计必须考虑的重点。尤其是在夏季室外温度较高，空气的相对湿度也很高时，机房内外会存在较大的温差，如果机房的保温处理不当，则会造成机房区域两个相邻界面产生凝露,更重要的是,下层天花结构面层的凝露会造成相邻部分设施损坏,进而会影响工作。同时产生凝露会使机房区域空调的负荷加大,造成能源浪费。在冬季,机房的温度、湿度是恒定值,此时相对湿度是高于室外的,机房的内墙立面及天地平面会产生凝露,使机房受潮,给墙立面及天地平面的建筑结构带来损坏,从而影响机房的洁净度。如果界面的凝露蒸发,则会造成局部区域空气湿度增大,会给计算机及微电子设备的元器件和线缆插件带来损坏。因此为了节约能源,减少日后的运行费用,根据以上分析计算,机房相邻界面凝露应按其起因来采取相应的措施,从而控制平面、墙立面隔热及热量的散失。

3. 建筑节能设计

建筑节能设计是一个系统化、整体化以及全过程的课题,包括建筑总体规划、体形系数控制、围护结构热工设计、窗墙面积比设计。其中,围护结构热工设计对建筑能耗有着重要的影响。调查数据显示,我国围护结构的传热耗热量占建筑物总耗热的70%以上,分布于墙体、屋面、门窗等各个部位,因此大幅度降低围护结构的传热系数是建筑节能的重要途径之一。由于我国地域宽广、气候变化多样,不同地区的气候环境各不相同,这就决定了各地的建筑保温材料的选择和围护结构热工设计方法存在一定的差异,因此,针对不同地区或不同类型的建筑节能设计不可一概而论,而应因地制宜进行具体研究。

例如,在严寒或寒冷地区应尽量选择导热系数小的材料,以减小保温层厚度,进而降低保温系统的施工难度。还有大多数保温材料吸水后,其保温性能会大大降低,因此在潮湿气候区域应避免选择吸水性好的保温材料。

建筑节能设计是一个相对复杂的设计过程,更是贯穿建筑全生命周期的设计过程,我们不能仅仅依靠某一建筑构件的热工性能和节能效率来评价整个建筑的节能设计。

4. 实际应用建议

建筑节能是建筑行业未来必然的发展方向,是一项长期的不容忽视的工作。目前,我国建筑节能工作已得到大力推行,国家相关审批部门也将建筑节能纳入重点审查专项,较大地推进了建筑节能工作的开展。然而建筑材料种类繁多,为了达到节能标准,一些建筑材料被盲目过量地使用,造成了大量资源的浪费,从而造成另一种形式的能耗损失。在实际工程中,保温材料的选择受多种因素的制约,其中包括客观因素(例如,建筑外墙体系类型、施工技术水平、气候环境、防火性能等要求)、主观因素、经济成本、工程质量等。

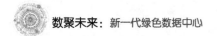

4.1.3 柱网结构

1. 柱网结构的分析

近年来，随着数据中心的大规模发展，国内建设了大量的数据中心机房楼，但其柱网结构各有千秋。本小节通过分析常见的 9000mm、8400mm、7200mm 柱网，以期得出不同场景下最优的柱网模型，指导后期数据中心机房楼的建设。

目前，数据中心机柜基本上采用 600mm×1200mm 标准机架。根据单机架的功耗不同，数据中心机柜可分为低功耗机柜（4kW）、中高功耗机柜（6kW）和高功耗机柜（8kW）。

根据不同功率密度的机架的冷却通风量要求和开孔地板的开孔率，低功耗机柜的冷热通道间距采用 1200mm；中高功耗机柜的冷热通道间距采用 1500mm；高功耗机柜的冷热通道间距采用 1800mm。

下面我们来分析不同柱网结构下，柱网对不同功率机架的平面布局的影响。

（1）低功耗机柜（冷热通道间距为 1200mm）

不同柱网结构下低功耗机柜布置示意如图 4-6 所示。

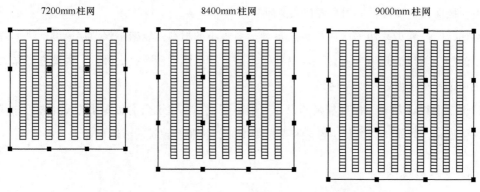

图4-6　不同柱网结构下低功耗机柜布置示意

从图 4-6 中可以看到，在 7200mm 柱网的情况下，柱子完整位于机柜中间，而在 8400mm 柱网和 9000mm 柱网的情况下，柱子分别部分位于冷热通道和完全位于冷热通道。

我们建立了 3 个机房的模型 A、B、C，通过 CFD 模拟，对机房平面温度分布、热通道温度差和冷通道出风量进行对比，分析柱子位于冷热通道时对气流组织的影响。

①3 个机房平面温度场分布如下。

3 个机房平面温度场分布如图 4-7 所示。A 机房：柱子位于机柜之间；B 机房：柱子部分位于冷热通道；C 机房：柱子完全位于冷热通道。

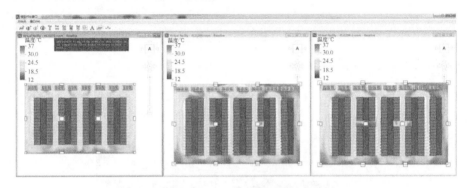

图4-7　3个机房平面温度场分布

结论：3 个机房的平面温度场均没有出现过热区域，相对于 A 机房，B 机房和 C 机房的机柜出风温度和热通道整体温度较高。

②3 个机房热通道温度场分布如下。

A 机房热通道温度场如图 4-8 所示。

图4-8　A机房热通道温度场

B 机房热通道温度场如图 4-9 所示。

图4-9　B机房热通道温度场

C机房热通道温度场如图 4-10 所示。

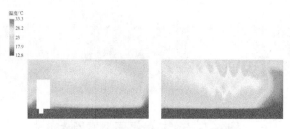

图4-10　C机房热通道温度场

结论：A 机房的热通道温度略低于 B 机房和 C 机房。

③ 3 个机房冷通道出风量示意如下。

A 机房冷通道出风量示意如图 4-11 所示。

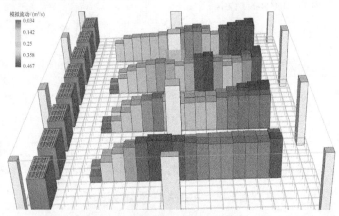

图4-11　A机房冷通道出风量示意

B 机房冷通道出风量示意如图 4-12 所示。

结论：由图 4-11、图 4-12 和图 4-13 可知，地板出风量由近空调端至远空调端总体呈上升趋势。当柱子位于机柜之间时，总体出风量较为平滑均匀；当柱子部分位于冷热通道时，柱子前方地板出风量偏高，柱子后方出风量偏低；当柱子完全位于冷通道时，柱子前方地板出风量较高，柱子后方出风量较低，C 机房受影响最为明显。柱子位于机柜之间，具有以下优点。

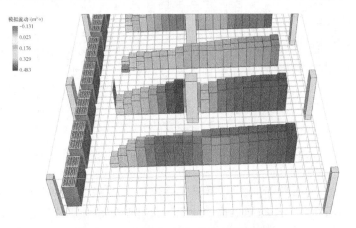

图4-12　B机房冷通道出风量示意

C 机房冷通道出风量示意如图 4-13 所示。

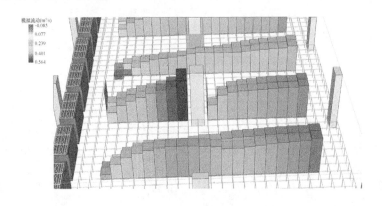

图4-13　C机房冷通道出风量示意

a. 机房更美观、更整洁。

b. 对于送风地板，冷通道的施工更方便、投资更少、工期更短。

c. 对于送风、回风的气流组织影响更小，能更好地获得冷却效果。

综上所述，对于低功耗的机柜建议采用 7200mm 柱网结构。

（2）中高功耗机柜（冷热通道间距为 1500mm）

不同柱网结构下中功耗机柜布置示意如图 4-14 所示。

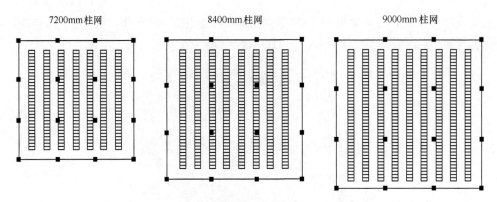

图4-14   不同柱网结构下中功耗机柜布置示意

从图 4-14 可知，在 8400mm 柱网结构的情况下，柱子完整地位于机柜中间，而在 7200mm 柱网结构和 9000mm 柱网结构的情况下，柱子分别位于冷通道和热通道，所以对于中高功耗机柜建议采用 8400mm 柱网结构。由于目前静电地板的模数是 600mm×600mm，所以当冷热通道采用 1500mm 时，需要对地板进行切割。我们对冷热通道分别采用不同的间距进行了模拟。

3 个机房平面温度场分布如图 4-15 所示。

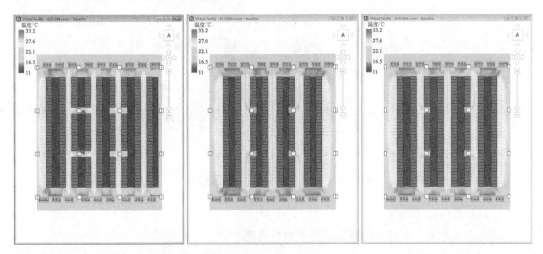

A 机房：冷通道 1.5m，热通道 1.2m   B 机房：冷通道 1.2m，热通道 1.8m   C 机房：冷热通道均为 1.5m

图4-15   3个机房平面温度场分布

从图 4-15 可以看出，3 个机房的温度分布较为接近，均没有出现过热现象。同时也可以看到，

A 机房冷热通道的间距减少，A 机房比 B 机房和 C 机房增加了 1 列机柜，增加了数据中心的经济效益。所以从数据中心的经济性考虑，中高功耗机房可以采用冷通道间距 1500mm，热通道间距 1200mm 的柱网结构进行布置。

（3）高功耗机柜（冷热通道间距为 1800mm）

不同柱网结构下高功耗机柜布置示意如图 4-16 所示。

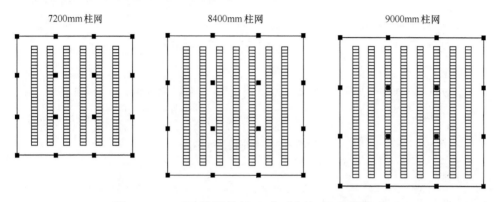

图4-16 不同柱网结构下高功耗机柜布置示意

从图 4-16 可以看到，在 9000mm 柱网的情况下，柱子完整地位于机柜中间，而在 7200mm 柱网结构和 8400mm 柱网结构的情况下，柱子分别位于冷通道和热通道，因此对于高功耗机柜建议采用 9000mm 柱网结构。

2. 普通柱网与大柱网

机房大部分采用常规柱网布置，即 8400mm×8400mm、7200mm×7200mm、8400mm×7200mm 等普通柱跨。随着高强混凝土和高强钢筋在工程上的广泛应用，钢筋混凝土结构中也不断出现大柱网布置形式。现对普通柱网与大柱网的两种方案进行分析。

（1）方案一

普通柱网布置如图 4-17 所示。

普通柱网梁的高度相对较小，在同样层高的情况下，机房获得净高较高，造价有所减少。但由于框架柱较多，空间较小，机架布置不灵活，在同等建筑面积的情况下，机房可放置机架数量较少。

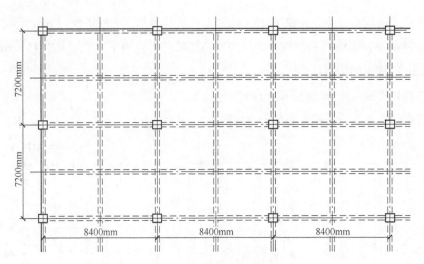

图4-17　普通柱网布置

（2）方案二

大柱网布置如图 4-18 所示。

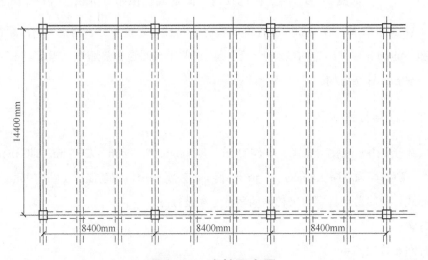

图4-18　大柱网布置

大柱网在平面规划上将机房内轴距调整到 14400mm。该方案取消机房内的柱子后，使机房可以获得大空间，并且空间分隔灵活，机架布置不受柱子的影响，在同等建筑面积的情况下，增加了放置的机架数量。但柱子较大，梁较高，在同样层高的情况下，机房获得净高小。同时相对普通柱网布置结构，机房造价有所增加。

改变柱距对土建造价的影响的比较见表 4-1。

表4-1　改变柱距对土建造价的影响的比较

方案二比方案一增加的工程量	变化工程量	综合单价 / 元	合价 / 元	备注
混凝土增加体积 /m³	23.33	1200	27991.66	方案一单方混凝土用量为每平方米 0.34m³，方案二单方混凝土用量为每平方米 0.277m³（考虑层高影响另增加 2%）
钢筋增加 /t	3.87	4000	15476.87	方案一单位面积用钢量为 64.75kg/m²，方案二单位面积用钢量为 54.30kg/m²（考虑层高影响另增加 2%）
增加的建安造价			43468.52	
增加的投资			52163.10	
增加的单方投资 元 /m²			143.70	方案一比方案二增加投资金额

注：方案一柱距 8400mm×14400mm，方案二柱距 7200mm×8400mm，建筑面积约为 363m²（25.2m×14.4m）。

经测算，柱距加大后，数据中心建筑的单方造价增加 143.70 元 /m²，总造价增加 52163.10 元。

由于方案一抽掉 4 个柱子后，可增加 8 个机架，每个机架每年租金约为 7 万元，所以方案一比方案二的机架租金每年多 56 万元左右，即增加的租金收入为 1542 元 /m²。可见，采用大跨技术获得的效益远远大于增加的土建成本，具有良好的经济效益。

我们应该注意到，方案二的梁跨度较大，结构梁截面大，水化热大，容易出现温度裂缝。同时大跨度梁节点处钢筋密集，混凝土振捣困难，施工难度会有所增加，施工单位应做好施工组织设计。

4.2　空调节能与创新

4.2.1　风冷冷水机组带自然冷却功能的水冷系统

1. 工作原理

该水冷系统采用风冷冷水机组，以空气作为冷源制取冷冻水，再将冷冻水输送至机房专用空调，并在过渡季节和冬季利用室外冷空气自然冷源进行节能运行。风冷冷水机组在安装时可将空调机组直接置于屋顶或室外空间，不需要专用的制冷机房、冷却塔、冷却水泵、冷却水管系统。

风冷冷水机组示意如图4-19所示。

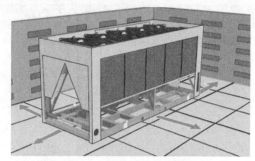

图4-19 风冷冷水机组示意

2.节能减排效果及效益

对于数据中心这类特殊的需要全年制冷的应用场景，在过渡季节和冬季室外环境温度低于冷冻水温时，室外环境的低温空气则是自然冷源。数据中心可利用室外低温空气与冷冻水温差，进行节能的自然冷却制冷应用，节省运行费用。

带自然冷却功能的风冷冷水机组可以有效地利用室外的自然冷源，达到节能效果。根据环境温度变化，自然冷却型风冷冷水机组有3种运行模式，包括电制冷（机械制冷）模式、部分自由冷却模式（机械制冷和自然冷却共同运行）和完全自然冷却模式（可实现100%自然冷却）。以上3种运行模式由风冷冷水机组在全年运行时智能无缝切换，完全由风冷冷水机组自带的控制器智能控制。

夏季时，带自然冷却功能的风冷冷水机组采用与常规风冷冷水机组一样的运行机制进行制冷，压缩机和风机开启，冷冻水回水直接流经蒸发器。夏季带自然冷却功能的风冷冷水机组工作原理如图4-20所示。

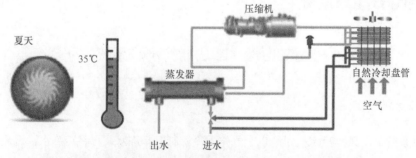

图4-20 夏季带自然冷却功能的风冷冷水机组工作原理

在过渡季节，当室外环境温度低于冷冻水回水温度时，风冷冷水机组开启自然冷却功能，冷冻水回水先经过自然冷却盘管预冷，再进入蒸发器，自然冷却制冷量不够时再由压缩机制冷补充，压缩机耗电量大大减少。室外环境温度越低，自然冷却的制冷量比例越大。过渡季节带自然冷却功能的风冷冷水机组工作原理如图 4-21 所示。

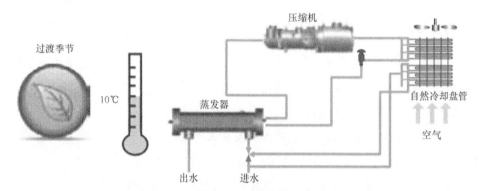

图4-21 过渡季节带自然冷却功能的风冷冷水机组工作原理

当冬季室外环境温度低至可供所有室内需要的制冷量时，冷冻水回水经过自然冷却盘管，冷冻水完全由室外冷空气进行冷却，此时压缩机关闭，只消耗少量风机能耗，压缩机的耗电量几乎为零，达到 100% 自然冷却的目标。

以南京地区为例，根据南京地区的气象条件，全年约有 1200 小时机房可完全利用自然冷源供冷，另有 1000 多小时可部分利用自然冷源供冷，利用自然冷源节能效益良好。南京地区全年各级干球温度出现小时数如图 4-22 所示。

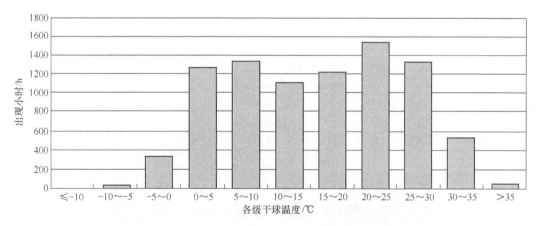

图4-22 南京地区全年各级干球温度出现小时数

制冷主机的配置应兼顾运行安全性、投资合理性和节能性。对于断电后的重新启动速度，变频主机的软启动明显优于定频主机的星三角启动方式，变频主机启动对电网冲击小、部分负荷下运行稳定而且节能。因此我们尽量优先选用变频制冷主机，以达到更好的节能效果。变频制冷主机的最高效率点一般在设备满负荷的 60% ~ 80%。

3. 适用场景

① 带自然冷却功能的风冷冷水机组适用于我国北方的大部分城市，根据北方气候特点，大部分时间的环境温度较低，利用自然冷却技术可使风冷冷水机组在环境温度低于 2℃时即可进入完全自然冷却状态，极寒地区则需要考虑严格的防冻措施。

② 它适用于水资源紧缺地区，该机组没有常规水冷系统，冷却塔的蒸发、飘逸和排污耗水可以直接利用可再生的室外冷空气，全年零耗水。

③ 它适用于中小型规模的数据中心，室内无制冷机房面积的建筑。

4. 实际使用案例分析及应用建议

（1）案例概况

某数据中心项目位于甘肃省金昌市，该地区的气候属于大陆性温带干旱气候，降水量少，光照充足，蒸发量大，昼夜温差悬殊。春季多风沙，夏季温度南北差异大，秋季降温迅速，冬季无严寒。区域年均蒸发量是降水量的 18 倍，是全国 110 个重点缺水城市和 13 个资源型缺水城市之一，也是中国西部地区自然生态环境比较脆弱的地区。金昌市某数据中心项目示例如图 4-23 所示。

图4-23　金昌市某数据中心项目示例

金昌市某数据中心项目在规划空调冷源方案时，考虑到水冷系统较为稳定，但该系统在运行和维护上也存在一些困难和麻烦。目前，一些大型数据中心的水冷系统相继投入运行，已暴露出运行和维护方面的问题，特别是在严寒和寒冷地区。

以已建成运行的数据中心为例，严寒地区的大型水冷系统存在的问题如下。

① 在严寒地区，冬季水冷系统的冷却塔防冻问题无法解决，需要人工除冰。

② 大型水冷系统的管路系统复杂，运行维护困难。

③ 北方地区水质较硬，后期水质处理费用较高，水质处理频繁且影响系统效率。

④ 初期在低负荷工作条件下，数据中心运行效率低。

与水冷系统相比，风冷系统减少了冷却水泵和冷却塔，系统效率却不低于水冷系统。特别是带自然冷却功能的风冷系统，综合全年效率不比水冷系统差，可有效解决严寒地区的冷却塔防冻、水质较硬、缺水等问题。

蒸发冷却冷水系统综合了水冷系统和风冷系统的优势，使水量损失大幅降低，制冷效率大幅提升，金昌市数据中心项目地处西北干燥地区，水资源短缺，因此不考虑采用水冷系统方案。

该项目的空调系统最终采用 50% 带自然冷却功能的风冷冷水机组 + 50% 带自然冷却功能的蒸发冷却冷水机组的冷源形式，冷冻水系统供 / 回水温度为 12℃ /18℃，在屋顶设置空调水泵房。

1# 数据中心的空调总负荷约为 13500kW，共设置 6 台（5+1）单台制冷量为 1489kW 带自然冷却功能的风冷冷水机组，对应 4 台冷冻水泵和 UPS 保障；8 台（7+1）带自然冷却功能的蒸发冷却冷水机组，对应 5 台冷冻水泵和 UPS 保障。

为保障市电断电时的不间断供冷，该项目设置满足系统 15 分钟供冷要求的蓄冷罐，蓄冷罐采用卧式闭式承压蓄冷罐。1# 数据中心机房设置 4 台蓄冷罐，单台容积为 140m³，室外埋地安装。该项目还设置蒸发冷却补水应急水池，保障市政停水 24 小时的补水需求，水池容积为 200m³。空调系统水路的设计满足无单点故障要求，在空调水泵房侧采用分集水器，在末端干管采用环状管路设计，满足数据机房的在线维护需求，机房内采用房间级和列间空调末端机送风，设置空调末端机 253 台、加湿器 21 台、直膨式全新风屋顶风机 2 台。金昌市全年温度分布统计如图 4-24 所示。

为充分利用冬季和过渡季节的室外自然冷源，系统根据室外温度情况分 3 种工况运行：完全自然冷却、部分自然冷却和完全机械制冷。项目现场实景如图 4-25 所示。

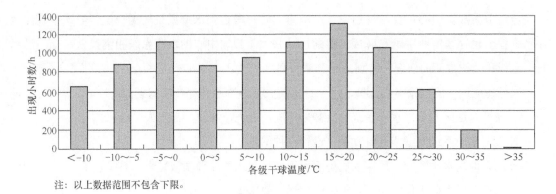

注：以上数据范围不包含下限。

图4-24　金昌市全年温度分布统计

图4-25　项目现场实景

具体工况切换情况如下所述。

① 当室外温度＜10℃时，风冷冷水机组和蒸发冷却冷水机组均按完全自然冷却模式运行制得冷冻水，压缩机不工作。考虑到金昌市当地缺水的状况，此时蒸发冷却机组的冷凝器不喷水，按干工况运行。

② 当室外温度在10℃～15℃时，风冷冷水机组采用部分自然冷却模式，风冷冷水机组的自然冷却模块和压缩机同时工作，冷冻水先经自然冷却模块预冷，降低压缩机功耗，从而降低制冷系统的用电量；当室外温度＞10℃且湿球温度＜15℃时，蒸发冷却冷水机组的自然冷却模块和压缩机同时工作，冷冻水先经自然冷却模块预冷。

③ 当室外温度＞15℃时，风冷冷水机组按照完全机械制冷工况运行；当室外湿球温度＞15℃时，蒸发冷却冷水机组按照完全机械制冷工况运行。

各种工况下的运行条件和年运行时长见表 4-2。

表4-2　各种工况下的运行条件和年运行时长

空调运行方式	工况 1：完全机械制冷		工况 2：部分自然冷却		工况 3：完全自然冷却
机组类型	风冷	蒸发冷却	风冷	蒸发冷却	风冷、蒸发冷却
室外温度范围	>15℃	湿球>15℃	10℃～15℃	湿球10℃～15℃	<10℃
时长 /h	3170	772	1130	3528	4460

注：参数来源于中国建筑热环境分析专用气象数据集。

（2）数据对比分析

综合比较两种方案，风冷冷水机组＋蒸发冷却冷水机组系统的方案比传统水冷离心机方案的每年运营费用节省 268 万元，初期投资节省 1238 万元。

风冷冷水机组＋蒸发冷却冷水机组方案与传统水冷离心机方案对比见表 4-3。

表4-3　风冷冷水机组+蒸发冷却冷水机组方案与传统水冷离心机方案对比

项目 A-1	设计方案	对比方案
方案名称	风冷＋蒸发冷却	水冷离心机
PUE	1.276	1.288
用电量 /（kW·h）	191104809	196202349
年电费 / 万元	6637.1	6814.1
年用水量 /m³	50740	278000
水费 / 万元	20.3	111.2
水费＋电费合计 / 万元	6657.4	6925.3
每年运营费用节省 / 万元	—	267.9
初期投资节省 / 万元	—	1237.9

（3）应用建议

在实际使用过程中，我们需要重点考虑一次侧水泵扬程、盘管防冻以及室外机组降噪。

风冷冷水＋蒸发冷却冷水机组的构成有自然冷却盘管，运行时冷冻水回水不仅需要克服制冷机组蒸发器侧壳管换热器的水阻力，还需要克服自然冷却盘管的阻力，因此一次侧水泵扬程需要考虑两个部分的总阻力，水泵参数选型需要放大 1.5～2 倍。

由于带自然冷却盘管的风冷冷水机组充分利用室外低温空气对盘管内的冷冻水进行对流换热，所以自然冷却盘管有上冻的风险。机组可采用防冻液（乙二醇溶液）作为载冷剂进行循环，但有些应用场景不接受或不允许防冻液在空调系统内循环至末端盘管，此时需要选择非防冻液型的机组，通过机组内置的小型中间换热器，将用户侧末端与主机侧隔离，用户侧采用纯水为载冷剂进行循环，主机内部的小型中间换热器至自然冷却盘管采用乙二醇溶液循环。这种方式增加了一级换热，在解决防冻的同时会损失一小部分能效，在使用的时候需要进行分析对比。

例如，机组使用场景周边有居民区或者办公楼，对噪声有一定的要求，经噪声叠加计算后，超出规范标准的，需要考虑采取一系列降噪措施。风冷冷水机组的噪声来源主要是风机和压缩机两个部分，从这两个部分源头考虑降噪措施，并需要有资质的专业降噪厂家进行方案的深化。

风机降噪的具体措施如下。

① 采用进口 EC 低噪声型风机。

② 增大换热器的面积，降低风机转速，如果将换热器面积增大 0.5 倍，风机转速下降 1/3，那么噪声会大大降低。

③ 配置导流风筒降低空气回路噪声。

压缩机降噪的具体措施如下。

① 压缩机本身置于消音罩内，在压缩机内安装弹簧减振器，从而达到一定的降噪效果。

② 技术上可选用高频磁悬浮压缩机，噪声低，高频噪声随距离衰减快，10m 的距离噪声可下降 6dB，穿透能力弱，遇到阻挡，噪声急剧下降。

4.2.2　新型风冷节能技术

1. 工作原理

传统风冷空调系统使用制冷剂作为传热媒介。机组内的制冷系统由蒸发器、压缩机、冷凝器、节流部件等组成。风冷冷凝器与室内机通过铜管连接，整个制冷循环在一个封闭的系统内。由于数据中心机房在建设时会受多种条件的限制，空调配套室外机平台预留不够充分，所以机房专用空调配套室外机安装间距较密，散热效果受到一定的影响，不利于机房专用空调系统发挥最大的能效，降低了空调的制冷效率。且室内外机管路长度和高差均受限，导致传统风冷空调系统在很多场景不适用。

因此，在传统风冷空调系统的基础上，产品逐渐优化节能措施，例如，室内机、室外机、FC 风机均改为 EC 变频风机，定频压缩机升级为变频压缩机或数码涡旋压缩机，以及在传统风冷基础上增加氟泵节能技术等。近几年，传统风冷空调系统已经有了翻天覆地的变化，解决了以往室外机占地面积大、能耗高等问题。

新型风冷节能空调系统随着室外温度的降低，能效提高，并在冬季充分采用自然冷源，从而实现全年 PUE 值小于 1.4 的目标。其通常有以下 3 种运行模式。

（1）变频压缩机运行

变频压缩机运行模式如图 4-26 所示。

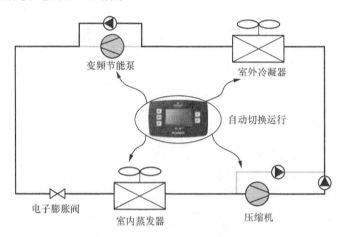

图4-26　变频压缩机运行模式

该模式完全依靠压缩机完成空调制冷循环，耗电量较大，适用于夏季。

（2）部分压缩机关闭

"热管＋氟泵系统＋机械制冷"混合模式如图 4-27 所示，7℃＜室外温度＜ 30℃或室内、室外温度相差 5℃。

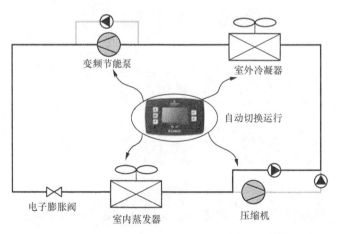

图4-27　"热管+氟泵系统+机械制冷"混合模式

该模式可以逐步关闭压缩机，根据室外温度调节，开启氟泵循环系统，减少压缩机耗电量。

（3）压缩机关闭

热管系统工作模式如图4-28所示，当室外温度＜7℃，热管循环系统可自启动运行。

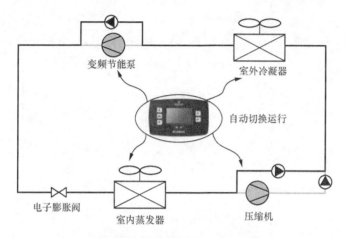

图4-28　热管系统工作模式

在该模式下，压缩机无须启动，变频氟泵甚至可以关闭，系统完全依靠制冷剂自身的重力循环，完全使用热管制冷主机模块完成制冷过程。热管复合主机示意如图4-29所示。

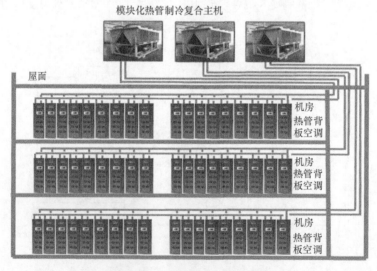

图4-29　热管复合主机示意

新型风冷节能空调系统也可以为非动力型（没有氟泵），仅为热管系统＋压缩制冷系统双循环系统的热管制冷复合主机。两套系统互相独立（非切换模式），热管系统优先运行，压缩制冷系统作为补充和备份。降低热管冷凝器的进风温度，能提高室外冷源的利用区间，进一步提高热管效率，并且将主机系统模块化，数据中心全楼可以以一个机房为一个模块单元进行规划建设。热管空调示例如图 4-30 所示。

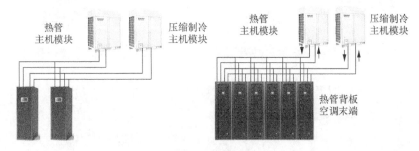

图4-30 热管空调示例

新型风冷节能空调采用 V 型室外机，它是一种热管及压缩制冷一体化的室外机，支持集中式摆放，在节省占地面积的同时也减少了传统风冷室外机的热岛问题。同时，室内机和室外机最长管路达 150m，室内机和室外机最大高差支持 80m，扩大了新型风冷节能空调的使用场景。

传统风冷室外机与热管及压缩制冷一体化室外机布置示例如图 4-31 所示。传统风冷室外机与热管及压缩制冷一体化室外机湿度场示意如图 4-32 所示。

图4-31 传统风冷室外机与热管及压缩制冷一体化室外机布置示例

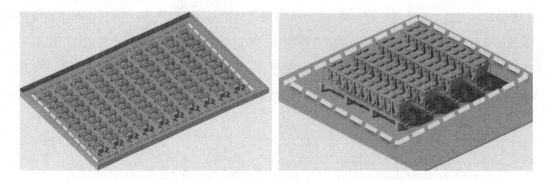

图4-31　传统风冷室外机与热管及压缩制冷一体化室外机布置示例（续）

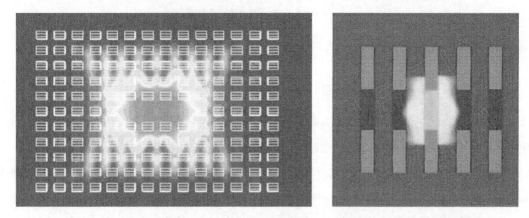

图4-32　传统风冷室外机与热管及压缩制冷一体化室外机湿度场示意

2. 节能减排效果及效益

根据新型风冷节能空调系统的全年运行特点，我们将全国不同地区的气象参数进行了统计。其中，在室外干球温度 > 30℃的工况下，系统需要以压缩机制冷模式为主用；在室外干球温度 7℃ ～ 30℃的工况下，空调室内机按回风温度 35℃选型计算，室外温度低于 30℃，温差达到 5℃，热管节能模式即可开启，压缩制冷变频运行，新型风冷节能空调可通过自动控制系统，自动切换热管、氟泵、机械压缩的混合制冷模式；室外干球温度 ≤ 7℃的工况下，新型风冷节能空调可完全采用热管循环完成制冷循环，此时不需要任何其他能耗。在室外 -30℃的干球温度下，热管制冷仍可正常运行，与传统风冷型空调相比，其适用范围更广泛。全国不同城市的气象参数统计见表 4-4。

表4-4 全国不同城市的气象参数统计

城市	室外最高干球温度 /℃	室外最低干球温度 /℃	室外干球温度 ≤ 7℃时长 /h	室外干球温度 7℃~30℃时长 /h	室外干球温度 > 30℃时长 /h
北京	37.2	-14.2	3641	4754	365
上海	36.8	-4.5	1551	6906	303
西安	37.9	-7	2669	5586	505
乌鲁木齐	38.8	-25	4177	4325	258
南京	37.2	-5.6	2224	5957	579
成都	34.8	-0.9	1156	7392	212
哈尔滨	32.8	-28.7	4561	4128	71
呼和浩特	34.6	-23.1	4164	4418	178
贵阳	33.5	-2	1551	7151	58
昆明	30.2	-2.1	918	7841	1
广州	36.6	4.7	281	7608	871

以北京为例，新型风冷节能热管列间空调的全年能效为 10.79；以上海为例，新型风冷节能热管列间空调的全年能效为 8.67。北京的热管列间空调能效分析见表 4-5。上海的热管列间空调能效分析见表 4-6。

表4-5 北京的热管列间空调能效分析

模块热管列间	额定制冷量 38kW				
回风干球温度 /℃	35	35	35	35	35
回风湿球温度 /℃	20	20	20	20	20
送风干球温度 /℃	24	24	24	24	24
室外干球温度 /℃	35	25	15	5	-5
能效	3.4	5.05	6.54	16.38	20.26
北京 /%	7.20	28.10	23.10	21	20.60
全年能效	10.79				

表4-6　上海的热管列间空调能效分析

模块热管列间	额定制冷量 38kW				
回风干球温度 /℃	35	35	35	35	35
回风湿球温度 /℃	20	20	20	20	20
送风干球温度 /℃	24	24	24	24	24
室外干球温度 /℃	35	25	15	5	−5
能效	3.4	5.05	6.54	16.38	20.2
上海 /%	8.40	34.10	28.80	26.60	2.10
全年能效	8.67				

　　以北京为例，新型风冷节能热管背板空调的全年能效为15.28；以上海为例，新型风冷节能热管背板空调的全年能效为11.32。北京的热管背板空调能效分析见表4-7。上海的热管背板空调能效分析见表4-8。

表4-7　北京的热管背板空调能效分析

模块热管背板	额定制冷量 38kW				
回风干球温度 /℃	35	35	35	35	35
回风湿球温度 /℃	20	20	20	20	20
送风干球温度 /℃	24	24	24	24	24
室外干球温度 /℃	35	25	15	5	−5
能效	4.31	5.3	7.4	23.77	32.91
北京 /%	7.20	28.10	23.10	21.00	20.60
全年能效	15.28				

表4-8　上海的热管背板空调能效分析

模块热管背板	额定制冷量 38kW				
回风干球温度 /℃	35	35	35	35	35
回风湿球温度 /℃	20	20	20	20	20
送风干球温度 /℃	24	24	24	24	24
室外干球温度 /℃	35	25	15	5	−5

（续表）

能效	4.31	5.3	7.4	23.77	32.91
上海 /%	8.40	34.10	28.80	26.60	2.10
全年能效	11.32				

3. 适用场景

新型风冷节能空调的适用场景广泛，可模块化、灵活地进行安装建设，体现新一代数据中心空调制冷系统的高效运行、简单维护、安全可靠。热管节能系统运行优先模式，使风冷节能空调在全年中有更长的时间充分利用自然冷源，在我国北方地区，减少了压缩机的使用时长，甚至压缩机可以全年作为备用。在系统容灾方面，系统也可以实现多种备份形式，在压缩制冷故障或市电断电时，无须建设庞大的蓄冷罐等设施，热管节能系统自循环仍能保持制冷延续能力。但需要注意的是，建设等级较高的数据中心需要保障对机房 IT 的不间断供冷，在夏季或室外干球温度＞30℃时，不能完全依靠热管节能系统自循环完成制冷的时候，可考虑市电断电故障情况下的不间断供冷方式。其适用场景和优势如下。

① 根据客户需求变化，更换空调末端及冷源模块。

② 适用于老旧机房空调系统出于节能需求的改造，配合中小型机房数据中心改造。

③ 对于新建的小型机房来说，建设周期短，初期投资小。

④ 对于新建的大中型机房，适用于初期负荷较小的场景，后期可作为双冷源备份。

⑤ 无水进机房，保证可靠性。

⑥ 维护工作量小，误操作概率大大降低。

⑦ 室外机占地面积小，可用于中型数据中心。

4. 实际使用案例分析及应用建议

我们以某数据中心机房为案例，通过对比测算分析节能效果。该案例为北京一栋约 20000m² 拥有约 2100 台 5kW 机柜的机房楼。方案 1 采用传统风冷型列间空调，方案 2 采用冷冻水列间空调＋离心式水冷冷冻水机组（冷源），方案 3 采用新型风冷节能热管列间空调，方案 4 采用新型风冷节能热管背板空调。从能效比、PUE 投资、运维费用及设备面积等维度将方案 2、方案 3、方案 4 与方案 1 进行对比。某案例不同空调方案对比见表 4-9。

表4-9　某案例不同空调方案对比

方案	系统形式	全年能效比	PUE	投资对比系数	运维费用对比系数	制冷设备面积
方案1	传统风冷型列间空调	5.04	1.33	1.00	1.00	1.00
方案2	冷冻水列间空调+离心式水冷冷冻水机组（冷源）	6.20	1.31	0.89	0.96	0.67
方案3	新型风冷节能热管列间空调	10.79	1.19	1.10	0.64	0.86
方案4	新型风冷节能热管背板空调	15.28	1.17	1.12	0.54	0.86

　　其中，系统投资数据包含空调系统全部设备及材料，有冷源系统、冷冻水管路、冷却水管路、不间断供冷设备等。制冷设备面积的统计包含冷冻站、屋面冷却塔、室内精密空调设备等。运维费用包含水、电、排污水处理等日常维护费用。

　　通过对比发现，采用新型风冷节能热管背板空调的全年能效比最高，降低了全年的PUE值。从初期投资角度出发，新型风冷节能空调的投资会略高于传统风冷型空调。相比传统风冷型空调和常规冷冻水空调系统，新型风冷节能空调的综合占地面积介于二者之间，而运维费用大大减少。项目现场实景示例如图4-33所示。

图4-33　项目现场实景示例

4.2.3 新风引入节能技术

1.风扇墙工作原理

据初步统计,一般通信机房内 40% 以上的电能是由空调设备消耗的。如果能利用自然新风对通信机房进行制冷,那么这无疑是一种理想、便捷、高效的节能方式。风扇墙系统可以有效减少空调的运行时间,节约空调用电,从而减少用户开支,提高能源利用率,这是一个值得研究和跟进的技术。

风扇墙系统由进风单元、加湿单元、风墙单元、排风单元、回风单元和控制单元组成。风扇墙系统工作原理如图 4-34 所示。

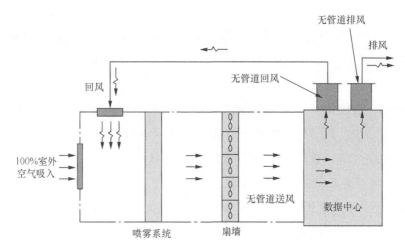

图4-34 风扇墙系统工作原理

在冬季及过渡季节,当室外气温低于设定值时,系统会自动切换为新风冷却系统,利用室外新风对机房进行自然制冷,热空气部分排出机房,但在冬季寒冷季节,部分热空气会与室外新风混合后再进入机房制冷;当夏季室外温度高于设定值时,系统自动切换为室内制冷循环系统,机房回风经冷却盘管冷却后再对机房进行制冷。室外新风经喷淋降温加湿、物理、化学过滤后,由风扇墙引入机房内进行降温。大量铜管组成的热交换器示例如图 4-35 所示。

图4-35 大量铜管组成的热交换器示例

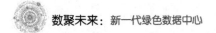

风扇墙实景如图 4-36 所示。

图4-36　风扇墙实景

2. 节能减排效果及效益

Facebook 公司 2011 年在美国俄勒冈州的普林维尔（Prineville）建成了世界上最先进的节能机房之一，当时的数据显示使用该机房能效提高了 38%，建造成本降低了 24%，PUE 值为 1.073，利用的就是风扇墙系统。

风扇墙系统在室外空气温度低于某个设定值时，从室外吸进一定量的冷空气就可以满足机房设备降温的需求，此时只需要运行新风系统的进出风的风扇，不需要运行空调设备，新风系统的风扇电功率比空调电功率小得多，可实现节能的目的。

风扇墙系统以其高适应性、高能效、高可靠性的特点很好地满足了数据中心节能的要求。一方面在有效冷却的前提下提高了数据中心的热密度，数据中心环境可达到显热量大、潜热量小、风量大、焓差小、不间断制冷、温湿度和洁净度精确等要求；另一方面也使 PUE 值大大降低。

3. 适用场景

在室外空气温湿度合适的情况下，风扇墙系统的节能效率比其他新风节能方式要好一些，更具有推广价值，但要保证室外空气能满足温湿度及洁净度等条件，很多地方会限制风扇墙系统的使用。单从节能效率来说，在一些大中型通信机房里采用风扇墙系统会比较好，但从机房环境和设备安全的角度来说，在接入网机房、模块局机房、移动基站机房这类站点先做风扇墙系统试点比较稳妥。从地区来说，西南地区、长江流域比较适合自然新风系统，东北地区、华北地区可以考虑应用风扇墙系统。

风扇墙系统能起到有效节能作用的关键前提条件是一年内当地有较大时间比例的空气温度低于新风系统，并可以满足机房设备降温要求的温度（通常为 21℃），但在我国南方沿海地区，气温普遍较高，不少地方一年内空气温度低于新风系统并且可以满足机房设备降温要求的门限值的时间不足 50%，很难起到风扇墙节能的机房制冷效果。

4. 实际使用案例分析及应用建议

（1）传统风扇墙技术应用

目前，在宁夏回族自治区中卫市的一些数据中心应用了传统风扇墙技术，该技术结合当地气候和环境的特点进行了改进。因为中卫市地处沙漠边缘，所以当时设计的粗效过滤器进行了倾斜设置，减少灰尘的附着。中卫某数据中心的剖面如图 4-37 所示。中卫某数据中心的进风室剖面如图 4-38 所示。

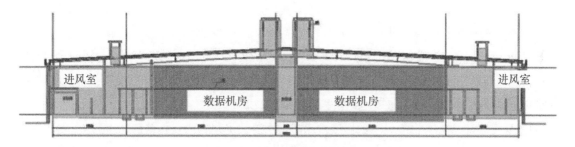

图4-37　中卫某数据中心的剖面

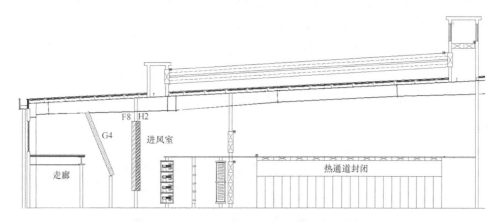

图4-38　中卫某数据中心的进风室剖面

（2）热压自然通风技术应用

美国雅虎数据中心的外观示意如图 4-39 所示。该数据中心采用热压自然通风技术，充分利用自然环境对数据中心进行散热，减少风机的使用，从而达到节能的目的。该数据中心的

PUE 值为 1.08，是真正的绿色数据中心。它采用了开放式设计，利用独特的"鸡窝式"结构进行自然对流。热压自然通风技术中的热压是由室内外空调的密度差和窗孔之间的高度差引起的，如果室内温度高于室外温度，建筑物上部压力高于下部压力，那么当建筑物上部和下部存在窗孔时，空气将通过下部进风，上部排风，形成自然对流。

图4-39 美国雅虎数据中心的外观示意

（3）半封闭维护结构应用

某运营商的贵州信息园位于贵州省贵安新区，定位于打造国内领先、世界一流的云数据中心，占地面积为 387000m²，总建筑面积为 340000m²，规划不少于 5 万机架。贵安新区邻近贵阳市，贵阳市全年的平均气温是 14.8℃，夏季平均气温为 22.2℃，冬季平均气温为 5.5℃，真正是冬无严寒，夏无酷暑，全年 25℃ 以下的温度占比超过 92%。贵州省的森林覆盖率达到 46.7%，空气质量在全国排名第 5，因其独特的气候条件和优质的空气质量被誉为"天然氧吧"，适宜的气候和良好的空气质量使贵州信息园数据中心机房全年有超过 300 天的时间能够采用简单有效的新风系统和板式换热方式实现降温，大大降低了能耗。

空调冷却系统是离心水冷系统、板式换热系统和新风系统组成的综合新风节能系统，用电效率的 PUE 值小于 1.3，在绿色节能上实现了低能耗、无污染，园区实现能源效率最大化和环境影响最小化。贵州信息园数据中心机房气流组织如图 4-40 所示。贵州信息园数据中心的冷却系统运行模式如图 4-41 所示。

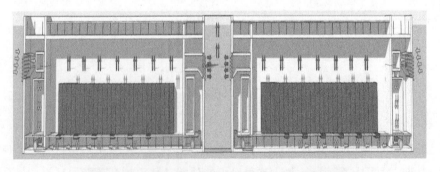

图4-40 贵州信息园数据中心机房气流组织

温度区间	设备组合		天数	节能比例
模式 1：$-5℃<T≤7℃$	新风系统	空调末端	61天	75.0%
模式 2：$7℃<T≤15℃$	板式换热器	新风系统	87天	66.7%
模式 3：$15℃<T≤25℃$	新风系统	冷水机组	190天	50.0%
模式 4：$25℃<T≤35℃$	冷水机组	新风系统	27天	25.0%
模式 5：$T>35℃$	冷水机组		0天	0

全年节能比例约为56.3%

图4-41 贵州信息园数据中心的冷却系统运行模式

4.2.4 重力 / 动力热管技术

1. 工作原理

传统的空调大多数采用蒸汽压缩式制冷循环，重力热管技术即空调通过热管水冷冷凝器中工质的蒸发、冷凝循环进行制冷，热管运行时工质回流依靠重力，而不需要其他动力。压缩机制冷循环如图 4-42 所示。热管循环如图 4-43 所示。热管工作如图 4-44 所示。

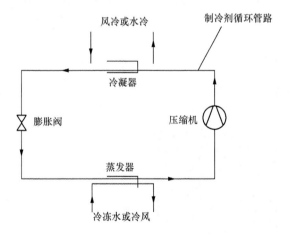

图4-42 压缩机制冷循环

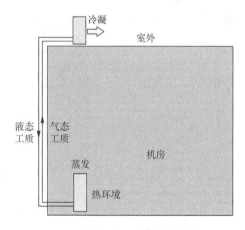

图4-43 热管循环

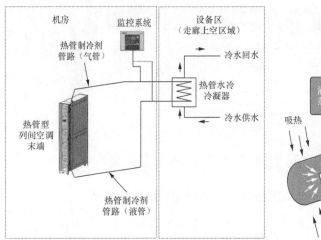
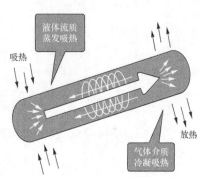

图4-44　热管工作

重力热管型背板空调安装在通信机柜后门，与通信机柜紧密结合，通过水冷冷凝器中工质的蒸发、冷凝循环直接冷却通信机柜排风，机柜外部形成冷环境。热管运行时工质回流依靠重力而不需要其他动力。热管背板系统主要由外壳、风机、换热盘管、控制器、水冷冷凝器、热管工质、热管工质管道、电动二通调节阀、水过滤器及群控系统等组件组成，应能实现机组最优性能和保证工艺设备等安全运行。重力热管型背板空调系统如图4-45所示。

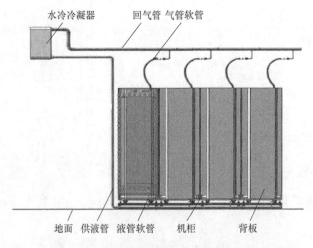

图4-45　重力热管型背板空调系统

动力热管技术即空调通过热管水冷冷凝器中工质的蒸发、冷凝循环进行制冷，热管运行时工质回流依靠制冷剂泵驱动。

动力热管型背板空调安装在通信机柜后门，与通信机柜紧密结合，通过水冷冷凝器中工质的蒸发、冷凝循环直接冷却通信机柜排风，机柜外部形成冷环境。热管运行时工质回流依靠制冷剂泵驱动。热管背板系统主要由外壳、风机、换热盘管、控制器、水冷冷媒分配单元（主要包含水冷冷凝器、储液罐、过冷器、电磁阀、氟泵等）、热管工质、热管工质管道、电动二通调节阀及群控系统、电子膨胀阀等组件组成，应能实现机组最优性能和保证工艺设备等安全运行。动力热管型背板空调如图 4-46 所示。

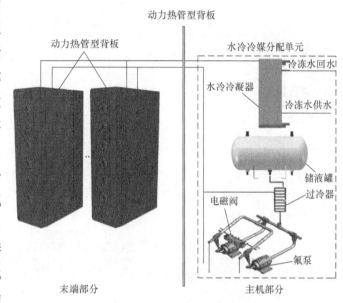

图4-46　动力热管型背板空调

动力热管型背板空调安装在通信机柜后门，与机柜形成一体，适用于前进风后排风的标准服务器机柜，且机柜内部服务器负载在垂直方向分布均匀。热管背板气流组织流程如图 4-47 所示。

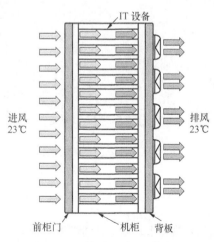

图4-47　热管背板气流组织流程

2. 节能减排效果及效益

热管背板空调与传统冷冻水列间空调对比见表 4-10。

表4-10　热管背板空调与传统冷冻水列间空调对比

对比项	热管背板空调	传统冷冻水列间空调
安全性	水不进机房，无漏水隐患	水进机房，有漏水隐患
机房利用率	机房利用率略高	因为列间空调占机柜位置，所以机房利用率略低，单个机房机架为热管背板的 80%～90%
造价投资	单机柜投资约为冷冻水列间的 1.5 倍	单机柜投资较低
末端能耗	单个热管背板空调风机功率为 0.25kW	单个传统冷冻水列间空调风机功耗为 2kW

热管背板相比传统精密空调风机更节能。制冷单元靠近热源可降低风压，结合进风温度的提高，风机能耗降低 60% 以上。热管背板空调风机与传统末端空调风机对比见表 4-11。热管背板实景如图 4-48 所示。

表4-11　热管背板空调风机与传统末端空调风机对比

对比项	计算值	测量值
传统末端空调风机功耗 / kW	30.00	27.35
热管背板空调风机功耗 / kW	4.14	2.90
末端送风节能率 / %	86.2	89.4

图4-48　热管背板实景

3. 适用场景

热管背板空调利用分离式重力热管系统原理，通过相态变化及自然重力原理实现机房内封闭循环，被布置在机柜热风侧。热管背板平面示意如图 4-49 所示。热管背板机房剖面示意如图 4-50

所示。

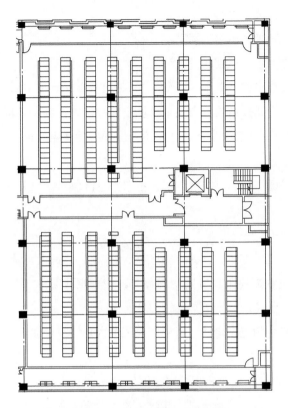

图4-49　热管背板平面示意

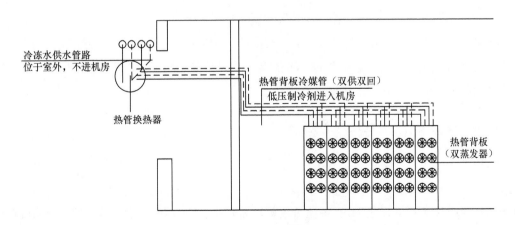

冷冻水供水管路
位于室外，不进机房

热管换热器

热管背板冷媒管（双供双回）

低压制冷剂进入机房

热管背板
（双蒸发器）

图4-50　热管背板机房剖面示意

热管背板空调建设方式的优点如下。

① 冷媒管进机房，无漏水隐患。

② 不占机柜位置，可增加机房出架率。

③ 建筑也不需要做预留，后期建设灵活。

④ 风机备份：风机选用多个轴流 EC 风机，可通过控制单元实现调速功能，且风量放有 1.2 倍余量，风机接线口采用插拔结构。当某个风机出现故障时，其余风机将自动提高转速，保证机柜正常运行所需风量，并报故障。维护人员有充分的时间替换风机。

⑤ 背板内采用双盘管，安全可靠。

⑥ 电源备份：为保证产品的可靠性，可使用双路电源供电，以防有一路电源断电后，风机无法运行。

热管背板空调建设方式的缺点如下。

① 该技术已由某运营商完成试点并得到规模推广，一般适用于前进风后排风的标准机柜形式，并且机柜内部负载需要垂直方向均匀分布，在前期规划中，建设方需要与使用方确认后期业务类型及服务器形式。

② 参考以往试点机房的建设价格，背板的投资约为普通空调建设模式（地板下送风＋冷通道封闭）的 1.5 倍。

③ 一般可满足 15kW 以内的单机柜功率密度。

④ 制冷管路上、下均走线，或全部上走线，冷量分配模块需要高于机柜 1m 就近安装，需要空调数量多、管路多，工艺要求高。

⑤ 机柜、热管背板、冷量分配模块供应商需要紧密合作。

无论是重力热管还是动力热管，除了背板形式，热管型列间空调可用于更高功率密度机柜，单个热管型列间空调的制冷量可达 30kW，封闭冷通道或热通道，满足高功率密度机柜的制冷。热管型列间空调示意如图 4-51 所示。

4. 实际使用案例分析及应用建议

总体来说，热管背板应用范围较广，但在机柜功耗稳定，单机柜功耗为 5 ～ 10kW 时效果最佳，同一冷量分配模块下的机柜功耗要尽可能一致，设计时需要按机柜深"1.2 ＋ 0.2"m 规划平面。制冷管路上、下均走线，冷量分配模块需要高于机柜 1m 就近安装，需要空调数量多、管路多，工艺要求高，同时机柜、热管背板、冷量分配模块供应商需要紧密合作。

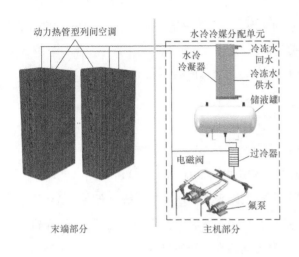

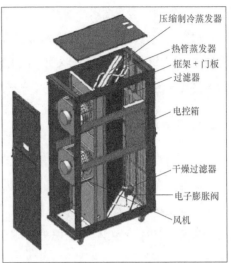

图4-51 热管型列间空调示意

4.2.5 间接蒸发冷却技术

1. 工作原理

蒸发冷却技术是一种自然冷却方法，指水与未饱和空气接触时蒸发汽化，吸收自身与空气中的热量从而使水和空气的温度降低，产生制冷效果。水在空气中蒸发降温后通过换热器冷却另一侧的载冷介质，即为间接蒸发冷却技术。由于数据中心对空气质量、温湿度要求较高，故间接蒸发冷却技术相比直接蒸发冷却技术应用更广泛。

间接蒸发冷却空调机组包含一次空气侧（室内侧）和二次空气侧（室外侧），二次空气侧进行直接蒸发过程通过换热器冷却一次空气。间接蒸发冷却空调机组原理如图 4-52 所示。

间接蒸发冷却空调机组实现了直接蒸发冷却器和空空换热器（空气与空气换热器）功能的复合。在间接蒸发冷却过程中，一次空气和二次空气交叉流动，

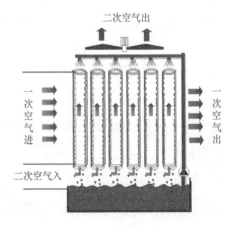

图4-52 间接蒸发冷却空调机组原理

在二次空气侧通过湿表面水分的蒸发，降低空气的干球温度，然后通过壁面的导热冷却间壁另一侧的一次空气。这样在一次空气侧仅发生显热的交换（当二次空气的湿球温度高于一次空气的露点温度时）。在这个过程中，一次空气经处理后其干球温度和湿球温度都下降了，而含湿量不变，热力学将其描述为减焓等湿降温过程。一次空气的出风极限温度为入口二次空气的露点温度。

2. 应用场景及效果

目前，间接蒸发冷却空调机组是行业节能应用热点，国内外厂商例如蒙特、阿尔西、维谛、华为、英维克都推出了相关产品。间接蒸发冷却空调机组系统示意如图4-53所示。

间接蒸发冷却空调机组系统一般集成了压缩机制冷模式，压缩机系统补充制冷量一般为整机的一部分（10%～50%）。当室外干球温度较低时（干球温度低于16℃左右），压缩机系统及喷淋水系统不工作，风机工作，室外新风与室内回风直接经换热器换热。当室外干球温度较高而湿球温度较低时（湿球温度低于19℃左右），压缩机系统不工作，风机和喷淋水系统工作，机组通过间接蒸发冷却制冷。当室外湿球温度较高时（湿球温度高于19℃左右），风机、喷淋水系统及压缩机系统全部工作。

为达到良好的换热效果，蒸发冷却空调机组的体积一般较大，260kW冷量的机组长×宽×高可达6000mm×3000mm×4000mm左右，因此该机组应被置于室外或屋顶才能避免影响机房的利用率，适宜应用于低楼层特别是2层以下的数据中心。

腾讯将蒸发冷却技术与集装箱数据中心理念相结合，于2016年推出了T-block技术产品。其IT产品箱内部含有2个微模块，单个微模块由10个机柜封闭通道组成，每个微模块可以安装200余台服务器。制冷方式可选间接蒸发冷却、氟泵制冷及常规冷冻水盘管制冷等。T-block的所有部件均为标准化设备，采用模块化设计、工厂预制，从而实现快速部署，建设周期比传统数据中心节省近80%的时间。腾讯T-block外观如图4-54所示。

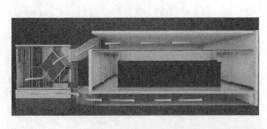

图4-53　间接蒸发冷却空调机组系统示意　　　　图4-54　腾讯T-block外观

2018 年年底，腾讯又推出了一款真正意义上的产品化数据中心—Mini T-block。该款产品相比 T-block 的尺寸更小，集成度更高，布置也更加灵活。整个产品仅有一个月的工厂生产周期，运输到现场后安装只需要简单地插拔线路，特别适用于有余电的数据中心扩容（例如老旧机房挖潜扩容），具有临时性的场合（例如大型赛事转播），具有应急性的场合（例如救灾现场），对边缘计算有需求的工业场景（例如石油开采现场），对私有云、混合云有需求的其他场景（例如偏远地区网络课堂）。腾讯 Mini T-block 如图 4-55 所示。

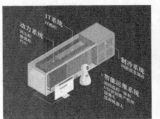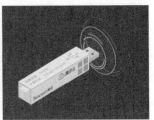

图4-55　腾讯Mini T-block

相比常规水系统，蒸发冷却空调机组减少了换热环节，增加了自然冷源的利用时间，故机组能效比较高。以北京地区为例，全年机组可完全自然冷却时长占比 75% 左右，可将 PUE 值降至 1.25。

3. 其他相关技术研究

上述间接蒸发冷却空调机组的载冷介质皆为空气，目前，大型数据中心普遍采用冷冻水系统，故将间接蒸发冷却技术融入冷冻水系统。常见的蒸发冷却冷水机组主要有两种：第一种是将蒸发冷却技术应用于机械式冷水机组的冷凝器部分，通过高换热系数的蒸发式冷凝器获得较低的系统冷凝温度，从而提高机组能效；第二种是利用蒸发冷却过程直接出冷水，是一种纯粹的蒸发冷却冷水机组，是完全自然冷却。本小节主要介绍蒸发冷却冷水机组。蒸发冷却冷水机组系统示意如图 4-56 所示。

西安工程大学的黄翔教授是我国蒸发冷却通风空调技术领域的学科带头人，二十余年来，其带领课题组对蒸发冷却技术原理、关键组件试验、应用装置设计等进行了全方位的研究，对蒸发冷却技术在数据中心的推广应用做出了很大的贡献。其与"产学研"合作单位新疆华奕新能源科技有限公司共同推出的蒸发冷却冷水机组已在新疆落地，现作简要介绍。

为获得在高温天气仍能直接使用的冷水，机组设置了预冷段、间接蒸发冷却段和直接蒸发冷却段。室外新风首先在预冷段由系统回水进行预冷，然后经间接蒸发冷却段减焓等湿降温，经过两次降温后的空气最终在直接蒸发冷却段制取冷水。在干球温度 33.5℃、湿球温度 18.2℃ 的室外条件下，机组可获得 16℃ 的出水温度。

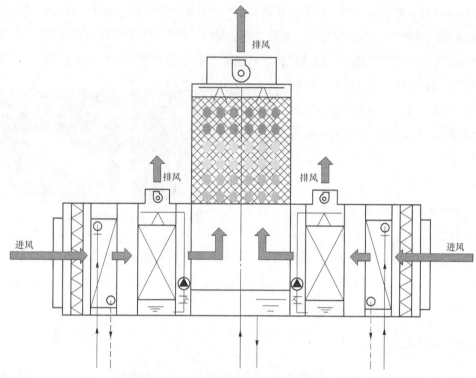

图4-56 蒸发冷却冷水机组系统示意

　　蒸发冷却冷水机组被应用于乌鲁木齐某机房，由于全年不需要压缩机制冷，机组能效比最高可达30%，机房年均PUE值达1.17。

　　现有蒸发冷却冷水机组在炎热天气并不能满足连续提供冷水，而与机械制冷设备耦合使用的情况占地面积较大，在寸土寸金的数据中心场地内难以布置。针对现有技术的不足，中通服咨询设计研究院有限公司提出了一种复合蒸发制冷和机械制冷的冷水机组一体机。复合蒸发制冷和机械制冷的冷水机组一体机示意如图4-57所示。

　　该一体机创造性地将系统核心部件——机械制冷系统的蒸发式换热器与蒸发制冷系统的蒸发式换热器整合到一个箱体内，共用进风口、风机、水泵、集水器以及布水器等设备组件，极大地提高了机组集成度、节省了机组空间。冷冻水侧只须连接机组进出口的水管即可，机械制冷系统与蒸发制冷系统在机组内通过电动阀门便可自动切换，当室外空气温度较低时，机组可以采用蒸发冷却模式或风冷自然冷却模式无压缩部件免费制冷，增加了自然冷源的利用时间，进而提升机组能效。相比风冷冷凝器，机械制冷系统的冷凝器采用蒸发式换热器降低了冷凝温度,提高了系统能效;相比水冷冷凝器,机械制冷系统还减少了冷却塔、冷却水泵等复杂设备,机组在实现高效节能、全年制冷的同时,具有结构紧凑、体积小巧、易于布置、操作简单等优势。

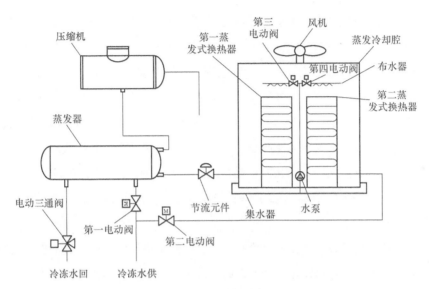

图4-57 复合蒸发制冷和机械制冷的冷水机组一体机示意

4. 应用分析与建议

近年来,蒸发冷却技术是数据中心领域的一个研究热点,相关讨论均能成为行业各大会议重点讨论的话题。本技术的节能性无须赘言,但数据中心有其本身的独特性,蒸发冷却技术在数据中心的应用还存在不少问题。

数据中心需要全年制冷,而间接蒸发冷却技术具有明显的"靠天吃饭"的属性。国内除了西北个别地区的气候能够使用该技术实现全年制冷的目标外,绝大多数地区需要配置机械制冷机组补充冷量,部分蒸发冷却空调机组厂商尝试在不明显增大蒸发冷却空调机组体积的同时把机械制冷组件集成在内,在极端高温天气负担蒸发冷却空调机组欠缺的制冷量,但这又引起人们对于安全方面的担忧。蒸发冷却冷水机组目前在大部分地区仅能作为机械式冷水机组系统的节能补充,但由于冷冻水系统本身比较复杂,两者耦合起来更是困难,所以少有实用案例,相关研究仍处于探索阶段。类比蒸发冷却空调机组,在机组内部集成压缩制冷组件可能会成为新的方向,原因在于水系统蓄冷方式更为简单。

4.2.6　液冷技术

1. 工作原理

现阶段数据中心所用的空调类型，无论房间级空调，还是行业级空调、背板空调，都是先冷却空气，再通过冷空气与服务器的 CPU 进行热交换，这种冷却方式被称为空气冷却或"空冷"。由于空气的换热效率差，热流密度低，所以空冷服务器冷却的能耗高、噪声大、设备密度低。为解决服务器散热难题，厂商开始尝试使用液态流体作为热量传输的中间媒介，将热量从发热处直接传递到远处再进行冷却，即"液冷"。由于液体冷媒比空气的比热容大，散热速度远远大于空气，所以其制冷效率远高于风冷散热，可有效解决高密度服务器的散热问题，降低冷却系统能耗并降低噪声。目前液冷技术按照产品形态主要分为两种：冷板式液冷技术和浸没式液冷技术。其中，冷板式又分为间接冷板式液冷技术和直接冷板式液冷技术。

（1）间接冷板式液冷技术

间接冷板式液冷技术属于冷板式液冷技术。服务器发热元器件和冷板不直接接触，为了防止水浸服务器，冷板和服务器发热元器件之间通过热管连接进行热传导。间接冷板式液冷技术利用热管散热技术和水冷散热技术，对服务器主要发热元器件进行冷却，将服务器产生的热量直接排出数据中心。该技术将冷媒直接导向热源，同时由于液体比空气的比热容大，散热速度远远大于空气，因此制冷效率远高于风冷散热，该技术可以有效解决高密度服务器的散热问题，不仅可以降低冷却系统能耗，而且可以降低噪声。

间接冷板式液冷系统主要由热管冷板模块、内循环冷媒传导系统和外循环冷却水散热系统3 个部分组成。热管冷板模块利用热管的特性将服务器发热元器件产生的热量排出服务器机箱外，然后通过内外循环系统将热量带出数据中心。

间接冷板式液冷系统的工作过程大致分为以下 3 个步骤。

第一步：在服务器中，热管冷板模块和服务器耦合，热管冷板模块的基板与服务器发热元器件直接接触，吸收服务器发热元器件的发热量，并将热量沿着热管传递至冷板。

第二步：在内循环冷媒传导系统内，冷媒通过内循环水泵驱动，将冷板的热量不断地传递至板式换热器中。

第三步：在外循环冷却水散热系统内，水通过板式换热器吸收内循环冷媒的热量，在水泵驱动下再将热量携带至冷却塔自然散发。间接冷板式液冷系统工作原理如图 4-58 所示。

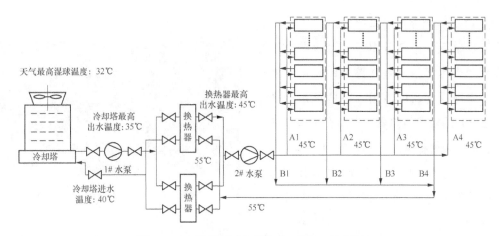

图4-58　间接冷板式液冷系统工作原理

间接冷板式液冷系统的具体组成如下。

① 热管冷板模块。热管冷板模块是间接冷板式液冷系统最为关键的部分，其性能的好坏关系着整个系统的工作效率高低。热管冷板模块主要由基板、热管和冷板 3 个部分组成，基板采用铝板或铜板制成，用于将热管蒸发段固定在服务器发热元器件上。冷板采用带有槽道的冷板，增加流体与冷板的接触面积，强化流体与冷板之间的对流换热，以提高冷板的散热效率。热管冷板模块结构示意如图 4-59 所示。

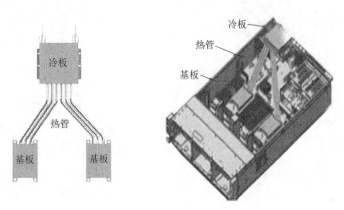

图4-59　热管冷板模块结构示意

热管冷板模块中的基板与服务器芯片接触部分为蒸发端，与冷板接触部分为冷凝端，热管内部液体因在蒸发端吸收服务器芯片的热量而发生相变，将热量传递到冷凝端冷板，并进一步将热量传递到服务器外部。

② 内循环冷媒传导系统。内循环冷媒传导系统主要由液冷分配单元、液冷维护单元和液冷温控单元 3 个部分组成。冷媒在内循环水泵驱动作用下沿同程管路流动，不断将机架内热管冷板模块中冷板上吸收的热量携带至温控单元的板式换热器。液冷分配单元的主要功能是连接内循环主管与热管冷板模块，向各层服务器均匀分配冷水流量，带走服务器发热元器件的发热量。液冷分配单元示意如图 4-60 所示。

图4-60 液冷分配单元示意

液冷维护单元主要是对机柜的进出水温度和流量进行监控，同时将数据反馈给控制系统进行调节。液冷维护单元示意如图 4-61 所示。

液冷温控单元是由板式换热器、内循环水泵、定压装置、补水接口等装置组成，液冷温控单元是一个自动化控制部件，主要功能是通过内循环进行温度控制和流量调节等。液冷温控单元示意如图 4-62 所示。

图4-61 液冷维护单元示意

图4-62 液冷温控单元示意

③ 外循环冷却水散热系统。外循环冷却水散热系统主要由冷却塔、外循环水泵以及外循环管道阀门组成。在外循环冷却水散热系统内，水通过板式换热器吸收内循环纯水的热量，在水泵驱动作用下将热量携带至冷却塔并散发到环境中。

（2）直接冷板式液冷技术

与间接冷板式液冷技术相比，直接冷板式液冷技术的制冷剂直接进入单板内部，通过贴近发热元器件的液冷散热器将热量带走。在服务器中，制冷剂主要采用冷板对发热源 CPU 等元器件级精确制冷，采用板级直接液冷，制冷剂温度可达 35℃～45℃，实现 ASHARE 机房标准中的 W4 等级对服务器进行散热。直接冷板式液冷内循环通过冷液分配装置（Coolant Distribution Unit，CDU）的水泵驱动制冷剂（例如，高温水）将热量从液冷板传递到板式换热器，再通过外循环系统的水泵将板式换热器的热量传递到外界的冷却塔进行散热。除了对 CPU 进行直接液冷，板级液冷还可以覆盖内存、电压调节器（Voltage Regulator Device，VRD）等散热部件，通过直接板级液冷技术，整板的液冷占比可达 80%～85%。

直接冷板式液冷系统的工作过程大致分为以下 3 个步骤。

第一步：冷板与服务器直接接触，将中央处理器（Central Processing Unit，CPU）、内存等的热量直接带走。

第二步：内循环系统（二次空气侧）在水泵驱动作用下，将液冷板热量传递至板式换热器。

第三步：外循环系统在水泵驱动的作用下，将板式换热器热量携带至冷却塔自然冷却并散发到环境中。直接冷板式液冷系统工作原理如图 4-63 所示。

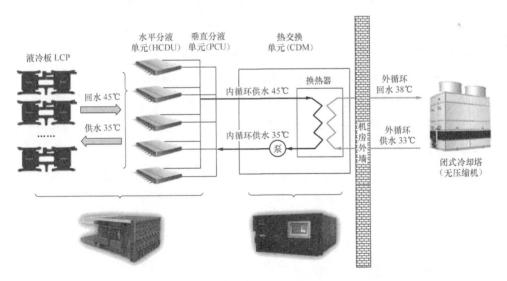

图4-63　直接冷板式液冷系统工作原理

直接冷板式液冷系统的具体组成如下。

① 冷板。液体比热容高、导热系数高。冷板与服务器 CPU 直接接触，利用中高温水的冷媒对服务器 CPU 进行降温。通过内循环系统、外循环系统进一步发生热交换，完成将服务器 CPU 产生的热量高效传导至室外冷却塔，从而实现降温的过程。冷板的性能可以用相同流量下支持芯片的许用温度来衡量。冷板的性能还需要考虑压降的影响。

② 内外循环系统设计。内循环系统可以对机柜内的循环水进行隔离，保证循环制冷剂的水质，并对服务器的进水温度进行精确控制。内循环系统的控制策略必须考虑防凝露控制。内循环系统有柜式和插框式两种形式，可以根据数据中心的规模和机柜的带载数量进行综合选择。

③ 快速插拔防泄漏接口设计。考虑运行的安全性和长期运行寿命，水系统和服务器的连接设计成一种可快速插拔的快速接口，快速接口主要有前插和盲插两种形式，可根据服务器的架构进行综合选择。快速接口的选择除了考虑流动阻力性能之外，插拔过程中的泄漏量和空气混入量等也是需要考虑的因素。

④ 水平和垂直分液技术。分集水器可以根据服务器的架构选择水平分液和垂直分液两种形式。分液器的设计要保证内循环制冷剂分配的均匀性，确保系统运行正常，CPU 温度能满足需求。可在一定范围内允许服务器单板流量存在一定的不均匀性，但是最低流量需要满足单板的散热要求。

（3）浸没式液冷技术

浸没式液冷技术是将服务器浸没在不导电的冷却液里直接带走服务器热量，根据冷却液工质的制冷形态可分为单相浸没冷却液和相变浸没冷却液。单相浸没式冷却液不蒸发、不沸腾，靠液体的温升进行热交换；相变浸没式冷却液通过沸腾、蒸发，利用汽化潜热带走热量。相变的散热能力比温升的散热能力高出百倍，是浸没式液冷技术的终极形态。

相变浸没式液冷系统的工作过程大致分为以下 3 个步骤。

第一步：服务器全部浸没在相变工质中，服务器元器件发热量将热量传递至相变工质，相变工质吸热发生汽化在机柜内蒸发。

第二步：机柜内蒸发的制冷剂到达机柜顶部，与机柜上部的热交换器交换热量，冷凝后变回液体，重新流回机柜内。

第三步：位于机柜顶部的热交换器中可以通入水等工质进行冷却，再由外部循环系统的水泵，将热量直接带至机房外面的冷却塔进行散热。

相变浸没式液冷系统的具体组成如下。

① 氟化液等冷媒。相变浸没式液冷系统采用不导电的冷媒技术，确保服务器能够安全稳定地运行，同时利用浸没式液冷技术实现 100% 液冷，全环境无风扇无振动设计，利用不导电液体减

少空气杂质对服务器的损坏，从而提高服务器的可靠性以及使用寿命。低压制冷剂的沸点将影响芯片壳温，一般选用低沸点工质。如果工质沸点过低，热交换器需要的进水温度也就越低，这不利于节能。

② 全密封设计机柜。采用密封技术对服务器和冷媒进行密封，确保冷媒不泄漏，不危害机房环境，同时可以减少运行过程中的制冷剂消耗，确保服务器的可维护性。

③ 系统架构与浸没液冷耦合。从经济型角度出发，浸没冷却需要考虑服务器中冷媒的使用比例。不同架构对冷媒的用量要求也不同。一般来说，高密度服务器更适用于浸没液冷。

④ 兼容性材料。制冷剂要对器件材料有一定的要求，应用时需要全面审视验证，例如，不能使用普通机械硬盘，可使用固态硬盘或氦气密封硬盘，导热材料不能使用硅脂和导热垫等，需要改为金属导热材料；设备和电源模块的风扇需要去掉；线缆材料不能用聚氯乙烯（Polyvinyl Chloride，PVC）和橡胶管；光模块需要用密封的有源光源（Active Optical Cable，AOC）。

2. 应用场景及效果

冷板式液冷技术可以将原有风冷服务器升级改装成冷板式服务器，使数据中心的 PUE 值大幅降低。间接冷板式液冷技术主要适用于以下场景。

① 间接冷板式液冷技术解决了服务器高密度散热问题，适用于单机柜 20 ～ 60kW 的中高密度数据中心机房和中小企业基站。

② 间接冷板式液冷技术可以大幅度降低机房噪声，因此适用于对噪声要求较高的数据中心机房。

③ 适用电价较高和对新建数据中心机房节能要求较高的地区。

华为公司基于冷板式液冷技术设计了一款液冷刀片服务器，对液冷刀片服务器中 80% 的器件进行了液体冷却，减少了空调的使用数量，降低了空调所需能耗，节能效果显著。华为公司冷板式液冷服务器如图 4-64 所示。

为了消除水浸入服务器内部的漏水隐患，厂商将冷板和服务器发热元器件通过热管连接进行热传导：在服务器内，热管模块和服务器耦合，利用热管模块的基板与服务器发热元器件直接接触，吸收服务器发热元器件的发热量，并将热量沿着热管传递至服务器外侧冷板，再由内外循环系统散热。

广东安耐智节能科技有限公司（简称安耐智公司）基于此开发的热管—冷板式液冷服务器，单机架功率可达到 20kW，在全国各个地区均可实现数据中心的 PUE 值小于 1.2，主业务设备能耗占比大于 83%，而制冷系统能耗占比仅为 10%。安耐智公司热管—冷板式液冷服务器如图 4-65 所示。

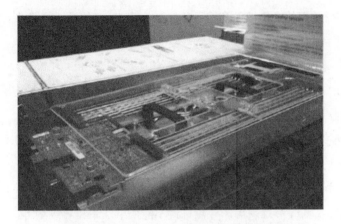

图4-64　华为公司冷板式液冷服务器

图4-65　安耐智公司热管—冷板式液冷服务器

浸没式液冷系统需要改造设备以及独立密封箱体（Tank），维护要求较高，制冷剂对材料的兼容性要求多。浸没式液冷技术主要适用于以下场景。

① 浸没式液冷技术解决了服务器高密度散热问题，更适用于单机柜功率60kW以上的高密度数据中心机房。

② 浸没式液冷技术适用于科学研究、国家超算系统以及节能要求极高的场景。

曙光公司提出了一款基于浸没式液冷技术的PHPC300液冷服务器，配合数据中心水系统或氟系统间接自然冷却技术，可以使用冷却塔提供的35℃冷却水，不需要压缩机制冷循环。曙光公司PHPC300液冷服务器如图4-66所示。

图4-66　曙光公司PHPC300液冷服务器

总而言之，冷板式液冷技术可将服务器风扇功耗降低70% ～ 80%，空调系统功耗降低70%；可大幅降低CPU和系统的温度，提高CPU元器件的使用寿命，并提升其运算能力；在降低噪声方面，可降低机房噪声20 ～ 30dB。浸没式液冷服务器与冷板式液冷服务器相比，冷却液可带走服务器100%热量，不需要系统风扇和额外空调，制冷能力更强，单机柜功率可达到60 ～ 200kW。而相变浸没式液冷系统的冷却液部分通过相变自循环，既不需要风扇也不需要水泵，进一步节省了制冷耗电。

3. 应用分析及建议

液冷服务器的出现时间不长，虽有很多人认为这是未来服务器制冷的终极形态，但其在数据中心的应用仍处于研究、试验阶段。

冷板式液冷服务器之所以是最先产业化的，其原因主要有以下 3 个方面。

一是冷板式液冷技术与现有服务器机架形态较为吻合，只须对风冷服务器稍加改造，通过冷板替代原来电子元器件上的散热片即可，对服务器的机架结构调整不大，比较符合风冷服务器原来的操作维护习惯。

二是冷板式液冷技术虽然近年才被尝试应用到服务器上，但其技术本身在市场上已经出现多年，故相应的技术成熟度较高、产业链比较完备。

三是冷板式液冷技术冷却液与电子元器件并不直接接触，因此它对冷媒的要求较低，质优价廉的水即可作为冷板式液冷服务器的冷媒。冷板式液冷服务器上千台规模的部署已有较多案例，例如，中国科学院大气物理研究所的地球模拟装置原型机、中国气象局的新一代气象高性能计算系统、国家电网的电力仿真等。

浸没式液冷服务器的主要优点就是冷媒与发热元器件直接接触，会有更强的制冷能力。但这个优点也带来了以下两个方面问题。

一是冷媒对电子元器件的影响，长时间浸泡接触材料后，其兼容性受影响程度如何，液体对信号的传输影响程度如何。

二是浸没式液冷技术改变了现有服务器形态，需要全新的设备及独立密封箱体，对维护要求较高。国内第一台真正商用的全浸没式液冷服务器是曙光公司于 2017 年推出的全浸没相变式液冷服务器 I620-M20（产品型号），它被应用到华中科技大学的项目（健康大数据项目）平台建设中。此后，阿里巴巴的张北数据中心也进行了浸没式液冷服务器的规模部署。

4.2.7 自然水源冷却技术

1. 工作原理

自然水源冷却技术是指利用常年保持低温的江、河、湖、海水来降低机房温度的冷却系统，通过水泵取低温自然水源至机房末端空调进行制冷或通过换热器制取冷冻水再送至机房末端空调进行制冷，运行时只须开启取水泵及末端设备。

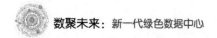
2. 节能减排效果及效益

自然水源冷却技术自身的低温水源降低了机械制冷时间，从而可将机房的 PUE 值降至 1.3 以下，节能效益与所用自然水源的温度相关。

3. 适用场景

自然水源冷却技术适用于水资源充沛且常年水温较低的水源地，且数据中心用水不影响相应的水文生态环境。

4. 实际使用案例分析及应用建议

以阿里云千岛湖数据中心为例，它有国内首个利用深层湖水来降低室内温度的冷却系统，它以节能环保和运行费用低廉的双重优势，取代了传统的以氟利昂作为制冷剂的空调系统。阿里云千岛湖数据中心的湖水冷却系统如图 4-67 所示。

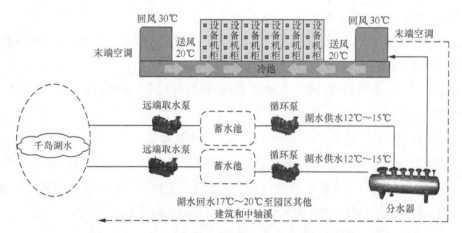

图4-67 阿里云千岛湖数据中心的湖水冷却系统

湖水冷却系统通过远端水泵取千岛湖水下约 35m 水位的湖水（水温为 12℃）至蓄水池，再由循环泵将湖水经分水器送至机房末端进行制冷，运行时只须开启取水泵及末端设备。湖水使用完后温度约为 20℃，一部分被输送至园区其他建筑作为空调冷却水使用，另一部分被输送至园区中作为景观水使用。当湖水水位降低导致水温升高时，开启另外一套独立的集中式冷冻水空调系统。

整个湖水冷却系统 90% 的时间不需要电制冷，深层湖水通过完全密闭的管道流经数据中心帮助服务器降温后，回流水先流经长度为 2.5km 的青溪新城中轴溪，作为城市景观呈现，经自然冷却后再回到千岛湖,确保生态平衡。该项目可实现全年平均 PUE 值小于 1.3,最低 PUE 值为 1.17,设计年平均水分利用率(Water Use Efficiency,WUE)可达 0.197,成为全球最节能的数据中心之一。

自然水源冷却技术在数据中心领域的应用较少,主要原因是数据中心发热量过大,对水环境势必造成影响,阿里云千岛湖数据中心为降低相关影响,利用了青溪新城中轴溪,但并非所有项目都具备如此条件。因此数据中心项目在利用自然水源冷却技术时,从最初的项目选址、规划布局都需要进行严格的论证,谨慎评估对当地水文生态环境的影响,并应取得相关部门的审批。

4.2.8　冷却塔供冷技术

采用水冷式冷冻水空调系统的数据中心机房在冬季有稳定的内部发热量,需要全年供冷,这时只要室外气温足够低(室外空气湿球温度也足够低),系统配置的冷却塔便可以提供温度足够低的冷水,直接作为机房冷源来消除机房余热量。冷却塔供冷(开式冷却塔加热交换器)系统原理如图 4-68 所示。

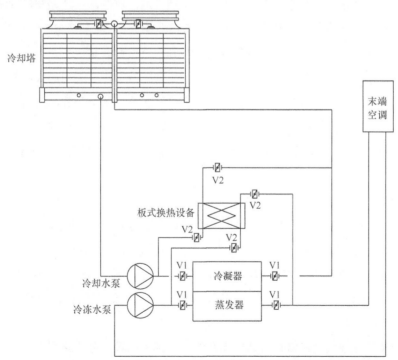

图4-68　冷却塔供冷(开式冷却塔加热交换器)系统原理

这种利用冷却水供冷的室外冷源利用方式称为冷却塔供冷。对于一种结构已确定的冷却塔而言，它的出水温度是由建筑冷负荷以及室外空气湿球温度来决定的。这一湿球温度可以代表在当地大气温度条件下，水可能被冷却的最低温度，也就是冷却塔出水温度的理论极限值。冷却塔的热工特性曲线如图4-69所示，它显示了冷却塔出水温度随室外空气湿球温度变化的规律。

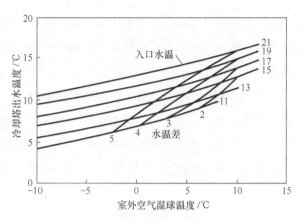

图4-69　冷却塔的热工特性曲线

1. 冷却塔供冷分类

冷却塔供冷系统按冷却水直接或间接被送入空调末端设备可划分为两大类：直接供冷系统和间接供冷系统。

直接供冷系统是指在原有空调水系统中设置旁通管道，将冷冻水环路与冷却水环路连接在一起的系统。直接供冷系统中冷却塔采用开式、闭式均可。当系统采用开式冷却塔时，冷却水与外界空气直接接触，易被污染，污染物容易随冷却水直接进入室内空调水路，从而造成盘管被污染物阻塞，影响系统的正常运行，故不建议使用开式冷却塔。采用闭式冷却塔可满足卫生要求，但由于其靠间接蒸发冷却降温，散热效果会受到影响，加上闭式冷却塔的初期投资费用较高，故应用也很少。直接供冷系统的特点：形式简单，没有中间换热过程，因此在相同室外气象条件下供冷运行的时间较长。需要说明的是，直接供冷系统中冷却水泵能否满足使用要求，需要校核。

间接供冷系统是指空调系统中冷却水环路与冷冻水环路互相独立，能量传递主要依靠中间板式换热设备来进行。其最大的优点是保证了冷冻水环路的封闭性，保证环路系统的卫生条件，因为水系统中增设了换热设备，要达到相同的供冷效果，冷却水温度要更低一些。由于增加了管路和换热器，系统形式相对复杂，系统阻力也发生了变化，冷却水泵与冷冻水泵均需要校核。目前，大多数项目为保证系统运行的可靠性，多数会选择间接供冷系统。板式换热设备外观如图4-70所示。

冷却塔间接供冷系统是在常规空调冷水系统的基础上增设部分管路和设备，当室外气象参数达到特定值时，关闭冷水机组，以流经冷却塔的循环冷却水间接向空调系统供冷，提供机房所需的冷负荷，即自然冷却。

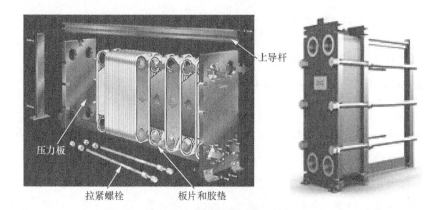

图4-70　板式换热设备外观

2. 冷却塔供冷的特点

① 保证了空调水系统的水质不受污染，不需要额外加过滤设备和水质处理设备，降低了系统的污染风险。

② 减少冷水机组的运行时间，延长冷水机组的使用寿命。

③ 降低机房的噪声。

④ 对数据中心机房的洁净度没有影响。

⑤ 改造费用少，投资回收期短。

3. 节能减排效果及效益

在数据中心机房空调系统中，冷水机组的能耗占据极高的比例，采用冷却塔供冷技术可少开或者不开冷水机组，其节能效果不言而喻。在冬季，当室外气温低于10℃时，开启冷却塔供冷系统，关闭冷水机组；冷却塔供冷的供回水温度为12℃/17℃。以江苏地区为例，冷却塔供冷系统的运行时间为100天左右。空调系统的节电率为10%～20%。一般情况下，静态投资回收期为3年左右。

4. 适用场景

① 适用于新建的高显热比的数据中心，且采用水冷冷水机组作为冷源。

② 对于建成的数据中心已投入运行的水冷空调系统，可考虑改造为冷却塔供冷系统。

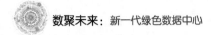

③ 该系统不建议在夏热冬暖地区和缺水地区应用。

5. 实际使用案例分析及应用建议

以某 IDC 数据中心机房为例，制冷机房设置 5 台离心式制冷主机，四用一备，机组单台制冷量为 1758kW（500TR）。空调冷冻水供回水温度为 7℃ /12℃，为避免单点故障，管路系统设计为双路由。

根据设计的终期冷负荷（5400kW），在制冷机房设置 3 台板式换热器（换热量为 2000kW/ 台）。机房节电量及静态投资回收期如下所述。

单台冷水机组功率为 322kW，冷却塔供冷开启时段以 100 天计算，电价为 0.84 元 / 千瓦时。冷水机组同时运行系数设置为 0.5，该项目冷却塔供冷改造费用约为 199.6 万元。静态投资回收期约为 2.05 年。

$$每年的节电量 = 322 \times 3 \times 0.5 \times 24 \times 100 = 1159200（千瓦时）$$
$$每年节省电费 = 1159200 \times 0.84 = 973728（元）$$

根据以上案例分析，冷却塔供冷系统具有较高的经济性，建议一些具备改造条件的数据中心将水冷空调系统改造成冷却塔供冷系统，以节省机房运行能耗，降低运行费用。同时希望在新建数据中心时，在空调设计阶段就将冷却塔供冷方案考虑进去。

（1）影响冷却塔供冷效果的主要因素

① 系统的供冷温度。选择合理的供冷温度，既可以满足室内环境要求，又能最大限度地增加冷却塔供冷时数，从而降低运行费用。

② 系统设备的选择。在给定的室外空气湿球温度和建筑负荷条件下，冷却塔填料尺寸越大，其出水温度越低。如果条件允许的话，也可以通过串联两台冷却塔来增加冷却效果，供冷时数将显著增加。冷幅与冷却塔尺寸的关系如图 4-71 所示。

一般的板式换热器的温差（冷却水入口端与冷冻水出口端之间的温差）是 2℃～3℃，有的板式换热器的温差能达到 1℃多一点。数

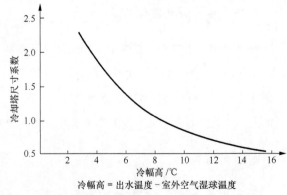

图4-71　冷幅与冷却塔尺寸的关系

据中心在选择换热器时，要从初期投资和运行费用两个方面考虑。选择温差大的换热器，虽然可以节省一定投资费用，但是供冷时数也会显著下降，它需要比较系统的技术和经济性能来确定。

③ 地理位置、气象条件。地理位置往往决定了气象条件对冷却塔供冷时数的影响。在北方地区，低于设定湿球温度的冷却塔供冷时数将明显增加；在南方地区，低于设定湿球温度的冷却塔供冷时数将下降。因此在北方地区更适合推广这种供冷形式。

④ 建筑负荷特点

数据中心这种建筑一般都有全年稳定的冷负荷，利用冷却塔供冷系统会节省大量的运行费用，因此应用前景广阔。

（2）冷却塔供冷应用建议

① 冷却塔的冷却能力与所在地区的气象参数密切相关。

② 不同种类的冷却塔，其换热方式不同，冷却能力也不同，需要全面收集和详细分析各类型冷却塔的技术资料。

③ 选择合适的技术措施保障冷水机组供冷和冷却塔供冷两种运行工况间平稳转换，为此应配置合适的阀门、仪表和可靠的自控系统。所选用的冷水机组对低温冷却水的适应性也是冷却塔供冷系统中至关重要的问题。

④ 必须采取可靠的防冻措施，包括报警、调控和必要的应急加热防冻措施。

冷却塔的防冻措施包括集水盘电加热、填料壁增加保温、加长导流板、增加进风口挡风板、风机变频、供回水管设置旁通阀门；带自然冷却的风冷冷水机组可采用乙二醇防冻液。冷却塔结冰示例如图 4-72 所示。

图4-72 冷却塔结冰示例

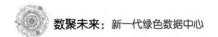
⑤ 对于改造项目，必须采取可靠的措施，在进行节能改造的施工过程中，保证数据中心机房的不间断供冷。

⑥ 冷却塔供冷系统如果采用开式冷却塔和板式换热器，那么要注意水质处理问题。开式冷却塔与空气直接接触，空气中的灰尘和垃圾极易进入冷却水系统中，而板式换热器的间隙较小，容易堵塞。这样就必须采用化学加药、定期监测管理，在夏季及时清洗板式换热器从而保证良好的换热效果。

⑦ 冷却塔供冷模式的转换条件不是简单地以室外空气湿度或者比焓低到某一设定值以下时就可以运行的，这只能作为理论转换点进行参考。冷却塔供冷模式的启动需要根据室外气象条件、室内状态参数要求、室内实际冷负荷、冷却塔与空调末端设备的供冷能力等因素综合分析。

4.2.9 冷冻水升温及环境温度提升技术

1. 工作原理及节能减排效果

采用中温冷冻水系统，提高冷冻水供回水温度至 12℃/18℃，水冷机组 COP 值可从 5.5 提高至 7.0，预计可节能 15%～20%。

通过提高冷冻水的出水温度，提高主机效率，自然冷却运行时间延长，空调系统的整体运行效率提高。

由于温差加大，流量减少，水管管径减小，管路阻力减小，结露的可能性降低，水泵的运行功率降低，末端的精密空调可按 12℃～18℃ 工况选型。经计算校核，如果机房回风温度提升至 26℃（传统的机房回风温度为 24℃，冷通道封闭后，回风温度可达到 26℃），冷水温度为 12℃～18℃，末端的精密空调换热面积与传统水温基本一致，不用调节水温或设置更多精密空调。

根据国家标准 GB 50174 以及国际 ASHRAE 相关研究的指标，目前数据中心服务器设备可接受的环境温湿度范围越来越广。

中温冷冻水供冷技术可以通过提高制冷效率和延长冷却塔供冷时间起到大幅节约空调能耗的作用，技术已经相对成熟。

2. 适用场景

部分成功案例供回水温度见表 4-12。

表4-12　部分成功案例供回水温度

项目	供回水温度	项目阶段
某运营商内蒙古园区	12℃～17℃	已运行
某运营商北京数据中心	10℃～16℃	已运行
某运营商苏州数据中心	10℃～15℃	已运行
某运营商南京数据中心	12℃～18℃	已运行

在提升冷冻水供回水温度的同时，需要对末端空调的供冷量进行校核，例如，结合机房内升温情况，经济性更强。目前，运营商每年集中采购的冷冻水精密空调标准设备已能够满足多种工况的选型，常规工况可覆盖 7℃～12℃、12℃～18℃ 及 14℃～21℃ 等各种供回水温度，但需注意对应的供冷量及回风温度是否满足设计要求。

4.2.10　一体化蒸发冷却冷水机组的水冷系统

1. 工作原理

蒸发冷却工况焓湿示意如图 4-73 所示。

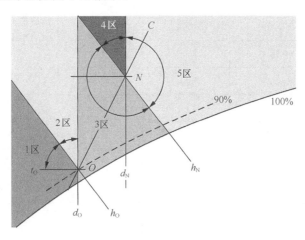

图4-73　蒸发冷却工况焓湿示意

根据空调技术手册，图 4-73 将夏季室外空气不同的状态点在焓湿图上划分了 5 个区域。其中，点 N、O 分别代表室内空气状态点和理想送风状态点。西北地区适合采用蒸发冷却空调地区的参数见表 4-13。在表 4-13 中，这些地区应优先使用一级或二级间接蒸发冷却（间接蒸发冷却器或表冷器＋间接蒸发冷却器）。

表4-13 西北地区适合采用蒸发冷却空调地区的参数

序号	城市	夏季室外空气计算参数				分区
		大气压 /Pa	干球温度 /℃	湿球温度 /℃	空气焓值 /（kJ/kg）	
1	乌鲁木齐	90700	34.1	18.5	56	2 区
2	西宁	77400	25.9	16.4	55.3	2 区
3	杜尚别	91000	34.3	19.4	59.1	
4	克拉玛依	95800	35.4	19.3	56.6	
5	阿尔泰	92500	30.6	18.7	55.8	
6	库车	88500	34.5	19	58.8	
7	兰州	84300	30.5	20.2	65.8	
8	呼和浩特	88900	29.9	20.8	65.1	
9	塔什干	93000	33.2	19.6	59	
10	石河子	95700	32.4	21.6	65.3	
11	伊宁	98400	32.4	21.4	65.7	4 区
12	博乐	94800	31.7	21	63.5	
13	昌吉	94400	32.7	20.9	63.2	
14	吐鲁番	99800	41.1	23.8	71.5	
15	鄯善	96100	37	21.3	63.7	
16	林芝	70533	22.5	15.3	55.4	1 区
17	日喀则	63867	22.6	12.3	48.5	

注：表格摘自《实用供热空调设计手册（第二版）》。

数据中心机房区为全年制冷，空调系统采用一体化蒸发冷却冷水机组。主机能效比高，运行稳定，夏季利用水汽化可带走机房的热量，由于水的汽化潜热大（2500kJ/kg），消耗水量较少，过渡季节可利用风和水双重作用带走机房的热量，消耗水量极少；冬季可采用风冷模式，不消耗水量，适用于水资源缺乏的地区。一体化蒸发冷却系统原理如图 4-74 所示。一体化蒸发冷却机组示例如图 4-75 所示。

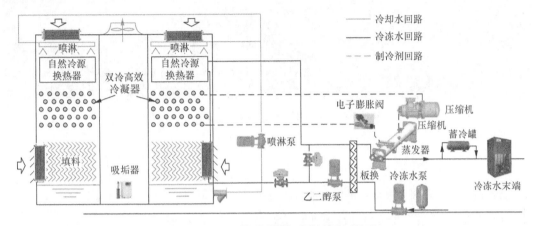

图4-74　一体化蒸发冷却系统原理

一体化蒸发冷却机组是将蒸发器、冷凝器、压缩机、自然冷源利用设施等集成于一体的高效模块化机组。对应室外的工况条件将制冷模式分成三段：机械制冷、联合制冷和自然制冷（不消耗水资源）。湿球温度 ≥ 16℃ 为机械制冷；湿球温度处于 10℃～16℃ 为联合供冷；湿球温度处于 -10℃ 以下进入风冷模式；湿球温度处于 -10℃～10℃ 进入干冷模式。针对传统的氟利昂直膨式系统，水对流换热、水汽化潜热（2500kJ/kg）换热（传统系统利用水对流换

图4-75　一体化蒸发冷却机组示例

热的比热是 4.2kJ/kg）等根据室内外工况条件的不同自动切换为不同的运行模式，达到系统的全年最优节能（改变只局限于某个设备的效率，而难以协调整体的传统系统节能）。同时将集成一体化的主设备放于屋面，可节省室内空间，提高装机效率。传统冷水系统由冷却塔、冷却水管路、水泵、阀门等组成，存在系统漏水、蒸发散热、飘逸水耗问题，并且水冷冷凝利用冷却水的温升带走热量，冷却水需求大；通常水耗为冷却水循环量的 1%～2%；而蒸发冷设备主要是利用水的蒸发潜热换热，换热量大，并且设置高效脱水器，水耗较传统冷水系统降低了 40% 左右。一体化蒸发冷却机组内部示意如图 4-76 所示。

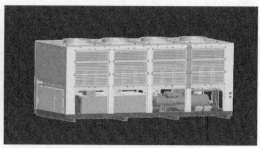

图4-76　一体化蒸发冷却机组内部示意

2. 节能减排效果

以呼和浩特某案例为模型，进行节能效果分析。

（1）方案一：一体化蒸发冷却冷水机组方案

根据冷负荷测算，某机房楼的总冷负荷为19621.2kW，配置2190kW智慧型高效集成冷冻站机组10台，其中，9台正常使用，1台备用，冷冻水供回水温度为15℃/21℃。设备配置见表4-14。运行策略见表4-15。

表4-14　设备配置

序号	设备名称	建设规格		
		参数	单位	数量
1	一体化蒸发冷却冷水机组	制冷量2190kW，含启动柜、控制柜等	台	9
2	冷冻水循环泵	流量为1050m³/h，扬程为40m，UPS保障，变频控制	台	4
3	微晶旁通水处理器		台	6
4	全自动加药装置	循环水量为2000～5000m³/h	套	1
5	定压补水装置	立式气压罐，φ600×1650，有效容积0.3m³，补水泵2台，单台流量G为2m³/h，扬程为40m（2台）	套	2
6	软化处理装置及水箱	有效容积为3.5m³	套	1
7	闭式蓄冷罐	蓄水容积为185m³	项	4
8	房间精密空调	显冷量≥120kW	台	99
9	列间精密空调	显冷量≥40kW	台	117
10	房间精密空调	显冷量≥80kW	台	16
11	热管背板	显冷量≥10kW	个	666

表4-15　运行策略

运行模式	湿球温度 /℃	制冷模式	供回水温度 /℃	运行时长 /h
模式一：机械制冷	≥ 16	压缩机运行	15/21	790
模式二：联合制冷	10～16	压缩机运行 + 水冷	15/21	1918
模式三：自然制冷	−10～10	干冷模式	15/21	6052
	≤ −10	风冷模式		

　　该方案机房楼的机架数为 3111 架，平均单机架功耗为 5.8kW，主设备功率为 18072kW，考虑其他建筑负荷、电力设备负荷、其他新风及照明等负荷，机房楼的冷负荷需求约为 19621.2kW。空调设备功耗统计见表 4-16。PUE 计算见表 4-17。

表4-16　空调设备功耗统计

序号	设备名称	耗电功率 /kW	运行数量 /个(台)	总功率 /kW	工况一：耗电功率 /kW	工况二：耗电功率 /kW	工况三：耗电功率 /kW
1	一体化蒸发冷却冷水机组	270	9	2428.3	2428.3	0	1214.15
2	冷冻水泵	131	3	393	393	393	393
3	冷冻水型机房专用空调 100kW	5	108	540	540	540	540
4	冷冻水型机房专用空调 40kW	2.2	96	211.2	211.2	211.2	211.2
5	冷冻水型机房专用空调 80kW	4.5	24	108	108	108	108
6	除湿机	2.4	60	144	144	144	144
7	热管背板	0.4	666	266.4	266.4	266.4	266.4
8	合计				4090.9	1662.6	2876.75

表4-17　PUE计算

运行工况	时长 /h	设备总功耗 /kW	空调总功耗 /kW	电源功耗 /kW	建筑照明等功耗 /kW	PUE	平均 PUE
工况一：机械制冷	790	18072	4090.90	1108	280	1.30	
工况二：自然制冷	6052	18072	1662.59	1108	280	1.17	1.196
工况三：联合制冷	1918	18072	2876.74	1108	280	1.24	

　　根据系统配置，结合当地的水费、电费等情况，对本方案空调系统的运行费用和空调系统的投资做出估算。运行费用估算见表 4-18。

表4-18 运行费用估算

类别	设备/工况	功率/kW	数量/台	时间/h	电量/(kW·h)	电量总计/(kW·h)	电价/元/(kW·h)	电费/万元	备注
电	机械制冷	270	9	790	1918358.79	9781289		254.31	考虑机组的实际运行工况
	部分负荷	134.91	9	1918	2328741.87				
	完全自然冷却	38.4	9	6052	2091571.2				水泵风机运行
	水泵功率	131.0	3	8760	3442616.92				
	冷冻水型机房专用空调100kW	5	108	8760	4730400	11121696	0.26	289.16	
	冷冻水型机房专用空调40kW	2.2	96	8760	1850112				
	冷冻水型机房专用空调80kW	4.5	24	8760	946080				
	除湿机	2.4	60	8760	1261440				
	热管背板	0.4	666	8760	2333664				
水	一体化蒸发冷却冷水机组	单台耗水量/m³	台	时间/h	水量/m³	水量/m³	水价/(元/m³)	水费/万元	
		3.82	9	3924	134907.12	134907.1	6	80.94	蒸发冷却制冷模式
运行费								624.41	

（2）方案二：水冷离心冷水机组＋开式冷却塔（带自然冷）方案

设备配置见表4-19。

表4-19 设备配置

设备名称	规格	单位	数量	备注
冷水主机	制冷量为4650kW，冷冻水供回水温度为15℃/21℃	台	5	
冷冻水泵	Q=800m³/h，H=45m	台	5	
冷却水泵	Q=1000m³/h，H=40m	台	5	
冷却塔	Q=1000m³/h	台	5	
闭式承压蓄冷罐	770m³	台	1	
水—水板式换热器	4650kW	台	5	
分水器		台	2	
集水器		台	2	

（续表）

设备名称	规格	单位	数量	备注
定压补水		项	1	
水处理设备		项	1	

为充分利用冬季以及过渡季节的室外冷源，系统将配置水—水板式换热器。在室外低温时段，全部或部分冷水机组将停止工作，由水—水板式换热器替代其进行制冷，热量通过冷却塔散出。运行策略见表4-20。空调设备功耗统计见表4-21。

表4-20　运行策略

运行模式	湿球温度 /℃	制冷模式	冷冻水供回水温度 /℃	冷却水供回水温度 /℃	运行时长 /h
模式一：机械制冷	≥ 11	冷水机组电制冷	15/21	32/37	2409
模式二：部分自然冷却	7 ～ 11	板换预冷 + 冷水机组电制冷	15/21	19.5	1068
模式三：完全自然冷却	≤ 7	冷却塔 + 板换	15/21	13.5/19.5	5283

表4-21　空调设备功耗统计

设备名称	耗电功率 /kW	运行数量 /个（台）	总功率 /kW	工况一：耗电功率 /kW	工况二：耗电功率 /kW	工况三：耗电功率 /kW
变频离心式冷水机组 4650kW	779	4	3116	3116	1558	0
冷冻水泵	110	4	440	440	440	440
冷却水泵	110	4	440	440	440	440
冷却塔	37.5	4	150	150	150	150
群控配电	100	1	100	100	100	100
其他	30	1	30	30	30	30
冷冻水型机房专用空调 100kW	5	81	405	405	405	405
热管背板	0.4	666	266.4	266.4	266.4	266.4
冷冻水型机房专用空调 80kW	4.5	27	121.5	121.5	121.5	121.5
列间空调	2.2	99	217.8	217.8	217.8	217.8
合计				5286.7	3728.7	2170.7

传统的水冷离心冷水机组 + 开式冷却塔（带自然冷）方案下机房楼的机架数 2817 架，平均

单机架功耗为5.8kW，主设备功率为16342kW，考虑其他建筑负荷、电力设备负荷、其他新风及照明等负荷，机房楼的冷负荷需求约为18546kW。PUE计算见表4-22。

表4-22　PUE计算

运行工况	时长/h	设备总功耗/kW	空调总功耗/kW	电源功耗/kW	建筑照明等功耗/kW	PUE	平均PUE
工况一	2409	16342	5286.70	1300	240	1.42	
工况二	1068	16342	3728.70	1300	240	1.32	1.291
工况三	5283	16342	2170.70	1300	240	1.23	
PUE因子		1.000	0.197	0.080	0.014686		

根据系统配置，结合当地的水费、电费等情况，对本方案空调系统的运行费用和空调系统的投资做出估算。运行费用估算见表4-23。

表4-23　运行费用估算

项目	单位	用量	单价/元	费用/万元
水	t	519084.1533	6	311.450492
电	kW·h	28185720	0.27	761.01444
合计				1072.464932

两个方案对比，选用一体化蒸发冷却冷水机组比传统系统多出294个机柜（一体化蒸发冷却冷水机组的机柜数为3111个，传统系统的机柜数为2817个，3111-2817=294），初投资略高于传统系统，但运营费用低于传统系统，PUE值降低且耗水量减少。

3. 适用场景和优势

① 该技术采用一体化结构，室外屋面安装，不需要单独的制冷站机房或设备用房，节省占地面积，增加机架数量，适用于各类小、中、大型数据中心。

② 主机能效比高，运行稳定，适用于高等级数据中心机房。

③ 运行维护简单，年运行费用低。

④ 防冻问题易解决。

⑤ 用水量少，适用于用水紧张的地区。

⑥ 通过运行维护可解决结构问题。

⑦ 整体一次性吊装，节省建设周期，适用于工期紧、需要模块化建设的数据中心。

需要说明的是，采用该技术的机组尺寸较大，单机架功耗大的超大规模数据中心（单层面积小，屋面受限）使用该技术会受到限制；另外，对于湿度较高的地区，蒸发冷却的优势不明显。

4. 实际使用案例分析及应用建议

该技术在甘肃省金昌市某数据中心项目得到了应用，共有 2246 个机架，平均单机架功耗为 3.5kW，已得到 Uptime TIII（国际正常运行时间协会）认证证书，正在申请建造认证。

金昌某数据中心示例一如图 4-77 所示。金昌某数据中心示例二如图 4-78 所示。

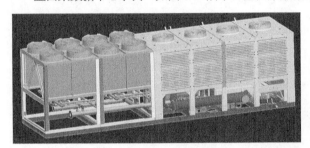

图4-77　金昌某数据中心示例一

（1）压缩机制冷

机房所有的热负荷由压缩机制冷系统负担。室外环境温度 >（冷冻水回水温度 −5℃）时，为压缩机制冷运行模式；比例三通水阀（一种阀门）旁通路全开，所有冷媒水不通过自然冷却盘管，只通过蒸发器；压缩机根据设定的出水温度和精度来加载和卸载。

（2）混合制冷

冷媒水从室外低温空气中获取部分冷量，压缩机无级调载确保总冷量。室外环境温度 ≤ 冷冻水回水温度（−5℃），且冷冻水出水温度 > 出

图4-78　金昌某数据中心示例二

水设定温度时，为（压缩机制冷 + 自然冷却）混合制冷模式；比例三通水阀旁通路全关，所有冷媒水先通过自然冷却盘管，再通过蒸发器；风机全速运行，确保最大限度地利用自然冷却冷量；压缩机根据设定的出水温度和精度来加载和卸载。

（3）自然冷却模式

压缩机停机，可以完全依靠新风获取冷量。室外环境温度≤（冷冻水回水温度−12℃），且冷冻水出水温度≤（出水设定温度）时，为自然冷却模式：制冷系统压缩机全关。

风机和三通阀根据设定的出水温度和精度来加载和卸载；当风机未处于最小风量运行状态（>30%）时，比例三通水阀旁通路全关，所有冷媒水先通过自然冷却盘管，再通过蒸发器。

当风机已处于最小风量运行状态（=30%）时，可采用三通阀旁通来调节自然冷却盘管供冷量，此时仅通过调节比例三通水阀旁通量即可调节水温。当出水温度降低时，开大旁通水流量。当出水温度升高时，减小旁通水流量。旁通阀的旁通水流量连续可调。一体化蒸发冷却冷水机组可根据不同工况智能控制运行逻辑。

4.2.11　区域能源综合利用

综合集成区域供暖、区域供冷、区域供电以及解决区域能源需求的能源系统称为区域能源。这种区域可以是行政划分的城市和城区，也可以是一个居住小区或一个建筑群，还可以是特定的开发区、园区等。能源系统可以是锅炉房供热系统、冷水机组系统、热电厂系统、冷热电联供系统、热泵供能系统等。所用的能源还可以是燃煤系统、燃油系统、燃气系统、可再生能源系统（太阳能热水系统、地源热泵系统、光伏发电系统、风力发电系统等）、生物质能系统等。

1. 工作原理

一切用于生产和生活的能源，在一个特指的区域内得到科学、合理、综合、集成的应用，完成能源生产、供应、输配、使用和排放全流程，称之为区域能源综合利用。区域能源综合利用可以分为合理用能、梯级用能、综合用能、集成用能。

（1）合理用能

合理用能是指高品位能源用在高品位处，低品位能源用在低品位处，不能高能低用。

能源是分品位的，不论是一次能源，还是二次能源（经一次能源转换产生的电、蒸汽、热水、冷水等）。能源依据它在自然界里的存量，它所产生能量的多少，它所产生能量的级别（温度），它所转换成其他能源形式的多少，它能被梯级利用的次数多少，它对自然环境所造成的影响，利用它所需的成本等，来区分高低品位。例如，天然气在某方面比煤炭的品位要高，因为天然气的开发成本较低，可梯级利用的次数多，产生的污染少等。再如，电能比 50℃ 热水的品位要高，因为电能可转换成许多其他形式的能源（光能、化学能、机械能、热能）等；而 50℃ 热水只能用于采暖空调或生活热水。

（2）梯级用能

自然界中存在很多能源，它们可以产生温度很高的二次能源，但在人们利用的初始阶段，二次能源被忽视了。例如，20 世纪 40 年代至 50 年代，在燃煤发电的能源系统中，燃煤的发电效率只有 30% ～ 35%，剩余能量被完全排放掉，燃煤在发电过程中只被利用了一次。后来人们发明了热电联产，将发完电的余热用来解决区域供热，燃煤的利用率提高到 70% ～ 80%，实现了燃煤的二次利用。燃煤一次用于高温段发电，再一次用于余热段供热，实现了梯级利用。

现代技术的发展，特别是热泵技术的应用，可以使高品位的能源梯级利用四次或更多次。例如，燃气蒸汽联合循环发电—冷热电联供—热泵区域能源系统。它先利用天然气在燃气轮机里燃烧高温烟气推动涡轮机发电，再将发完电的乏气（温度为 500℃ ～ 600℃）送入余热锅炉产生水蒸气，再送入蒸汽轮机发电，之后发完电的水蒸气换热制冷、供热，最后再用热泵将冷凝水热量用于采暖或生产生活热水。这是一个非常典型的梯级利用技术，这一技术现在已经在很多项目中应用，实现了能源的梯级利用。

（3）综合用能

由于节能减排形势紧迫，区域内各种能源需要综合利用，取长补短，共同达到保护环境、节约资源的目的。例如，以一次能源为主，可再生能源为辅的区域能源系统；或是以可再生能源为主，一次能源为辅的区域能源系统；冷热电三联供系统与热泵系统综合利用的区域能源系统等。

所有综合利用能源系统的目的都是以最小的能源消耗，最少的排放达到最佳的能源利用效果。例如，天然气锅炉一次燃烧采暖排放 NO_x 为几百到上千个 ppm，天然气冷热电三联供系统梯级利用排放 NO_x 为几个到几十个 ppm。

（4）集成用能

目前，要达到最佳的节能减排效果，仅单独采用一种设备，采用一个系统，采用一种技术是不能实现的。21 世纪的节能减排技术要求对各种设备、系统、技术进行综合、集成、互相补充、完善达到最优效果。例如，冷热电三联供系统与热泵系统集成，达到经济、节能、减排的理想效果。

2.节能减排效果及效益

由于节能减排形势的紧迫，原来的冷热分供，发展为冷热联供。特别是在黄河以南，长江流域，区域能源系统发展为冷热联供模式：夏季供冷——空调，冬季供热——采暖，使区域能源向综合方向发展。

近年来，由于热泵技术和冷热电三联供系统的应用，使能源的使用更加科学合理，逐步实现品位对应、温度对口、梯级利用，使更多低品位、低温的能源得到了充分利用。区域能源利用朝着集成方向发展。

3.适用场景

区域内有丰富的能源，包括一次性能源或可再生能源。无论利用哪一种能源，都存在怎么才能利用得更好，利用率最高，产生的危害最少，如何合理利用、科学利用的问题。如果要实现合理、科学利用能源，就需要综合考虑。

4.实际使用案例分析及应用建议

以甘肃省某生产场地区域能源综合利用工程为例。其地块概况为区域内规划建设省级仓储物流中心、数据机房楼以及辅助用房。其中，仓储物流中心为 $8970m^2$，辅助用房为 $3182m^2$，还有两栋 $9560m^2$ 数据机房楼单体。其中，数据机房楼分两期建设，本期建设一栋标准化机房楼单体。

当地气候：严寒地区，干燥少雨。

场地建筑特点：数据机房楼设备发热量大，一年四季需要制冷。辅助用房和仓储物流中心在冬季时需要供暖。

本项目在设计时充分考虑了生产场地的建筑特点，通过设计合理的水冷空调系统，既提高了机房楼空调系统的能效比，又降低了能源消耗，同时在冬季还可以将机房的热量收集供给辅助用房和仓储物流中心采暖，达到回收机房热量的目的，降低了采暖能耗与费用。另外，通信机房设备发热量大，冬季或过渡季节机房楼的多余热量还可以通过冷却塔直接或间接地排到室外，达到利用室外自然冷源的目的。热回收系统如图4-79所示。

另外，太阳能光伏发电有着清洁、无污染的优势，根据地域特点，可以考虑采用太阳能光伏发电解决部分非通信设备用电。

区域能源综合利用工程包含水冷空调系统、冷却塔供冷、机房热量回收、太阳能光伏发电系统，总投资约为 1828.44 万元；而常规系统包含风冷空调系统、市政热网采暖（含辅助用房夏季分体空调），总投资约为 1290.38 万元。区域能源综合利用工程总投资较常规系统高出约 538.06 万元。

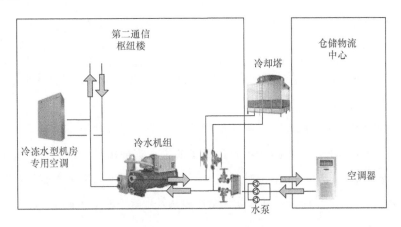

图4-79 热回收系统

区域能源综合利用工程的年运行费用为 293.55 万元，而常规系统年运行费用为 641 万元。因此，采用区域能源综合利用工程后，年节省运行费用达到 347.45 万元。区域能源综合利用工程与常规系统的经济性对比分析见表4-24。

表4-24 区域能源综合利用工程与常规系统的经济性对比分析

分类	项目	空调系统形式	投资 / 万元	年运行费用
数据机房	1	风冷系统	1001	607 万元
	2	水冷空调系统	1340.48	154 万元
	3	冷却塔供冷	48	140 万元
仓储物流中心 + 辅助用房	4	市政热网采暖（含辅助用房分体空调）	289.38	34 万元
	5	机房热回收供暖	251.76	6.3 万元
	6	太阳能光伏发电系统	188.20	节省 6.75 万元电费
常规系统	1+4	机房风冷空调、仓储物流中心和辅助用房市政热网采暖	1290.38	641 万元
区域能源综合利用工程	2+3+5+6	水冷空调系统、冷却塔供冷、机房热量回收、太阳能光伏发电系统	1828.44	293.55 万元

数聚未来：新一代绿色数据中心

综上所述，采用区域能源综合利用工程的经济性较好，增加的投资静态回收期约为 1.5～2 年。

4.2.12　水蓄冷技术

1. 工作原理

水蓄冷技术是利用水的显热储存能量（冷、热），在特定时间内自动释放冷量，以获取经济效益或满足某种使用需求。

立式蓄冷罐利用斜温层原理，采用分层式蓄冷技术，充分利用蓄水温差，输出稳定温度的空调用冷水。当放冷时，随着冷水不断从罐子的进水管抽出和热水不断从罐子的出水管流入，斜温层逐渐下降。反之，当蓄冷时，随着冷水不断从罐子的进水管流入和热水不断从罐子的出水管被抽出，斜温层稳步上升。立式蓄冷罐放冷 / 蓄冷如图 4-80 所示。

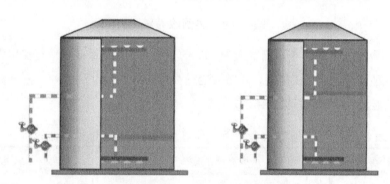

图4-80　立式蓄冷罐放冷/蓄冷

卧式蓄冷罐类似自然分层式储水法，在蓄冷罐内部安装一定数量的隔膜或隔板来实现冷热水分离。卧式蓄冷罐放冷如图 4-81 所示。卧式蓄冷罐蓄冷如图 4-82 所示。

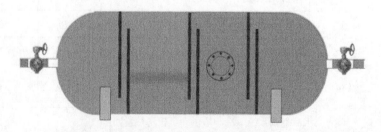

图4-81　卧式蓄冷罐放冷

-262-

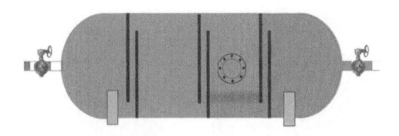

图4-82　卧式蓄冷罐蓄冷

2. 适用场景

（1）"移峰填谷"应用场景

采用电力需求侧管理的蓄能技术进行"移峰填谷"，是缓解能力建设和新增用电矛盾的有效解决途径之一。水蓄冷"移峰填谷"技术是在用电负荷低（低谷电价）时段，采用电制冷模式，将能量高效率储存于蓄冷罐。在用电负荷高（高峰电价）时段通过智能化控制系统再把储存的冷量高效率释放出来，以满足客户冷负荷的需求。近年来，为促进水蓄冷技术的快速发展，各地区相继出台了各种峰谷电价，在用户侧进行"移峰填谷"，可为客户节省 20% ～ 60% 的空调运行费用。因综合考虑某些因素，该场景目前在数据中心的应用较少。

（2）数据中心的"不间断应急供冷系统"应用场景

由于数据中心的服务器需要在特定的温湿度环境下才能安全运行，所以其制冷系统必须达到全年 365 天，每天 24 小时不间断地提供高品位冷源。但中央空调的冷水系统从重新启动到正常运行需要 10 ～ 15min，如果没有安全可靠的应急供冷系统，则会严重威胁服务器的正常运行，甚至会造成不可估量的损失。

当数据中心的供冷系统出现故障时，应急供冷系统可以为服务器提供不间断的高品位冷源。当数据中心原供冷系统恢复正常后，应急供冷系统自动退出，重新进入蓄冷模式。

3. 分类及应用建议

（1）闭式卧式承压蓄冷罐

闭式卧式承压蓄冷罐主要是由闭式罐体、布水装置、进出水管、排污管、钢制爬梯、检修人孔、排气阀、温度传感器、压力传感器和控制系统等组成。闭式卧式承压蓄冷罐示意如图 4-83 所示。

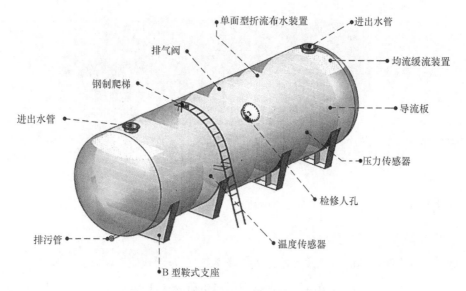

图4-83 闭式卧式承压蓄冷罐示意

闭式卧式承压蓄冷罐一般安装在高度受限的空间，例如，地下室、冷冻水空调机房、埋地安装等。

闭式卧式承压蓄冷罐根据系统压力选择设计压力，一般建议直径设计为2.5～4.0m，压力设计为1.0～1.6MPa，总长度不超过17m。

当闭式卧式承压蓄冷罐的长度超过5m时，需采用多次中间布水技术，布水器的设计需要根据实际运行工况的模拟结果进行调整，一般效率可达到80%～90%。

闭式卧式承压蓄冷罐的安装无须预埋地脚螺栓，支撑脚底部加橡胶垫或岩棉板后可直接安装于设备基础。其基础可采用条形基础或整体基础，基础荷载一般取设计重量的1.1倍。

闭式卧式承压蓄冷罐在非埋地时可采用橡塑棉或聚氨酯发泡保温，外饰面采用铝皮或PVC（聚氯乙烯）彩壳。在埋地时建议采用聚氨酯发泡保温和聚脲防水。

（2）闭式立式承压蓄冷罐

闭式立式承压蓄冷罐主要是由闭式罐体、布水器、进出水管、排污管、钢制护笼爬梯、检修人孔、检修平台、排气阀、温度传感器、压力传感器和控制系统等组成。闭式立式承压蓄冷罐示意如图4-84所示。

闭式立式承压蓄冷罐一般安装在高度允许的地下室、室外空地等。

　　闭式立式承压蓄冷罐根据系统压力选择设计压力，一般建议高径比小于 3.5:1，压力设计为 1.0 ～ 1.6MPa。

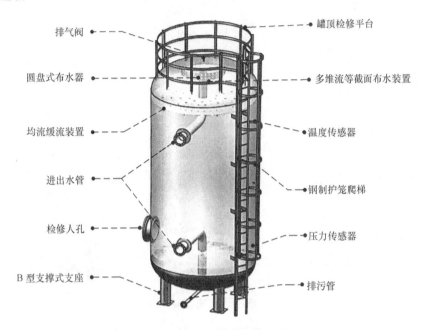

　　当闭式立式承压蓄冷罐的容积大于 30m³ 时，需采用多次中间布水技术，布水器的设计需根据实际运行工况的模拟结果进行调整，一般效率可达到 85% ～ 92%。

　　闭式立式承压蓄冷罐根据高度选用支撑脚或裙座固定，如果放置于室外空地，则须预埋地脚螺栓或钢板，其基础一般采用整体基础，基础荷载一般取设计重量的 1.1 倍。

　　室内闭式立式承压蓄冷罐可采用橡塑棉保温，室外闭式立式承压蓄冷罐建议采用聚氨酯发泡保温。

　　当蓄冷罐放置于室内时，外饰面可采用铝皮或 PVC 彩壳；当蓄冷罐放置于室外时，在考虑腐蚀及施工方便的情况下，外饰面一般采用镀锌彩钢瓦。

　　（3）开式蓄冷罐

　　开式蓄冷罐主要是由开式罐体、布水装置、进出水管、排污管、钢制盘梯、检修口、检修平台、呼吸阀、氮封装置、温度传感器、中心立管、补水管、溢流管、避雷针等组成。开式蓄冷罐示意如图 4-85 所示。

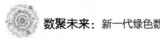

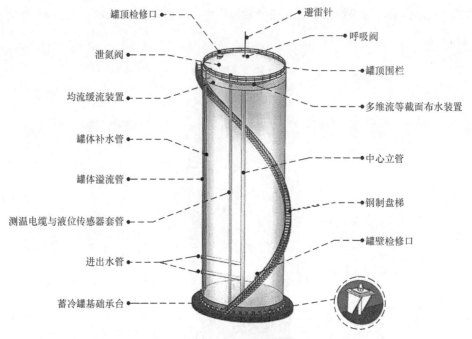

图4-85　开式蓄冷罐示意

开式蓄冷罐安装在室外，蓄冷罐的液位高度必须高于系统最高供冷点 1m，一般建议高径比为 5:1。

当开式蓄冷罐的容积大于 200m³ 时，需采用多次布水技术，布水器的设计需要根据实际运行工况的模拟结果进行调整，一般效率可达到 85% ～ 95%。

开式蓄冷罐的安装需预埋地脚螺栓，其基础一般采用整体基础，地脚螺栓需在基础浇筑前提前预埋，基础荷载一般取设计重量的 1.1 倍。

开式蓄冷罐建议采用聚氨酯发泡保温，寒冷地区还需配置电伴热装置及控制箱。

当室外蓄冷罐采用彩钢瓦作为外饰面时，为防止保温材料热胀冷缩或者室外大风导致外饰面脱落，在聚氨酯喷涂之前，需在罐体表面按照要求固定防冷桥木方，木方固定好之后，将扁铁沿着罐体缠绕一圈，木方作为支撑，在每个木方的部位均用自攻钉将扁铁和木块固定在一起。

（4）蓄冷水池

蓄冷水池主要是由钢筋混凝土水池、布水器、进出水管、排污管、检修孔、爬梯、测温电缆、溢流管、补水系统、液位监测系统、控制系统等组成。蓄冷水池示意如图 4-86 所示。

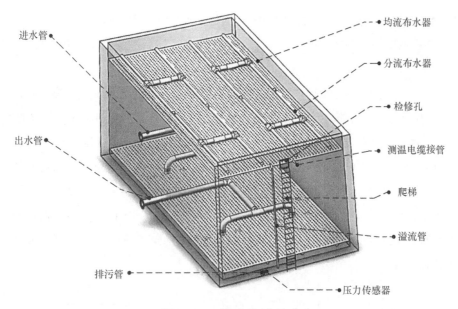

进水管

出水管

排污管

均流布水器

分流布水器

检修孔

测温电缆接管

爬梯

溢流管

压力传感器

图4-86 蓄冷水池示意

蓄冷水池一般为地下结构，可采用消防水池改造，也可随大楼一起在前期进行设计建设。

蓄冷水池须做好保温及防水处理。当水池靠近室外泥土侧时，保温厚度一般小于水池靠近空气侧的厚度。

蓄冷水池的高度一般建议不小于 7m，为保证蓄 / 放冷效率，水池的充水高度一般要保证在 5m以上。

蓄冷水池的各接管需采用套管形式，防止后期直接开孔造成漏水，蓄冷水池的预留孔以及结构预埋件位置需由蓄冷厂家深化设计后确定。

4.3 电源节能与创新

4.3.1 240V 直流供电系统

1. 工作原理

2007 年，240V 直流电源被"移植"至通信行业至今，240V 直流供电系统经产品标准化已在通信等行业得到了规模化应用，240V直流供电系统是近年来应用于通信、数据中心的一种新型不间断供电系统，是用电设备的供电方式之一，系统安全性高、可维护性好，并符合国家倡导的节能减排的产业政策。

目前，IT设备虽然采用交流供电，但是内部电源是一个可靠性很高的独立模块。其核心部分是DC/DC变换电路，只要DC/DC变换电路输入一个范围合适的直流电压，就能够满足IT设备工作。只要输入端没有工频变压器，输入直流不产生短路阻抗，也就没必要必须是交流输入，不用交流也就没有必要用UPS，因此UPS交流供电引起的不利影响也就随之消失了。如果输入直流合理，配上蓄电池，辅以远程监控，构成一个安全可靠的直流供电系统，就可以取代UPS交流供电系统。经实际计算得出，系统输出电压在204～288V，服务器的电源模块是可以安全工作的。在这样的背景下，240V直流供电系统就应运而生了。240V直流供电系统的工作原理如图4-87所示。

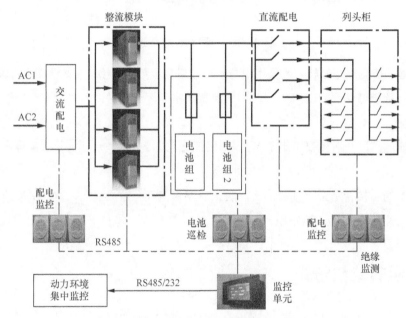

图4-87　240V直流供电系统的工作原理

2. 240V直流供电系统特点

（1）可靠性高

采用直流供电，蓄电池可以作为电源直接并联在负载端。当停电时，蓄电池的电能可以直接供给负载，确保供电的不间断。240V 直流供电系统不存在相位、相序、频率需同步的问题，系统结构简单，可靠性大大提高。

虽然交流 UPS 系统可以用提高冗余度的方式来提高安全系数，但是由于涉及同步问题，每个模块之间必须通过相互通信来保持同步，所以还存在并机板的单点故障问题。而直流模块并没有这些问题，即使脱离控制模块，只要保持输出电压稳定，也能并联输出电能。

（2）工作效率提高

直流电源模块的效率一般在 92% 以上，即使模块使用率在 40%，效率也可以达到 91%。

（3）扩容维护方便

直流供电系统采用模块化结构，支持热插拔方式，只要预留好机架位置，维护扩容是非常方便的。

（4）不存在"零地"电压等不明问题的干扰

因为直流供电系统是直流输入没有零线，所以不存在"零地"电压问题，避免了一些不明故障，维护部门也无须再费时费力地去解决"零地"电压的问题。

3. 节能减排效果及效益

以新建 30kW（40kVA）IT 设备为例，采用 UPS 系统和 240V 直流供电系统对比见表 4-25。

表4-25 采用UPS系统和240V直流供电系统对比

序号	项目	UPS 系统（双机并联冗余）/ 万元	240V 直流供电系统 / 万元	性能对比
1	主机	19.8	11.6	240V 直流供电系统比 UPS 系统直接成本投资节约 40.7%
2	输入交流控制	0.4（6 路）	0.1（1 路）	
3	输出并机控制	0.5	不需要	
4	电池控制装置	0.5	不需要	
5	蓄电池配置	5.6（2 小时）	3.8（2 小时）	
6	安装材料	0.3	0.1	
	直接成本合计	27.1	15.6	
7	变压器提供功率	20（100kVA）	10（50kVA）	240V直流供电系统比 UPS 系统间接成本投资节约 46.1%
8	发电机提供功率	9.6（80kW）	6（50kW）	
9	空调提供	1（5P）	0.5（2.5P）	
	间接成本合计	30.6	16.5	

（续表）

序号	项目	UPS 系统（双机并联冗余）/ 万元	240V 直流供电系统 / 万元	性能对比
	总投资（直接成本 + 间接成本）	57.7	32.1	240V直流供电系统比 UPS 系统总投资节约 43.3%
10	运营成本	240V 直流供电系统比 UPS 系统平均节电 30%		

4. 适用场景

① 新建 IDc.IT 主机类机房以及数据设备机房，建议优先考虑采用 240V 直流供电系统。

② 当原有机房内的通信系统扩容或设备更新时，对新扩容或更新的设备建议优先考虑采用 240V 直流供电系统。

③ 对核心网络、企业信息化平台、重要客户 IT 设备等仍采用 UPS 系统供电的，如果现有 UPS 系统存在使用年限长、负荷重、故障率高、供电可靠性差等问题，从保障通信安全、兼顾设备利旧的角度考虑，建议采用 240V 直流供电系统建立可靠的备份供电系统。

具体可采用的方法如下。

a. 按主、备用设备分系统供电。IT 类设备、数据通信系统主用设备由 240V 直流供电系统供电，备用设备由原 UPS 系统供电。

b. 按主、备用电源模块分系统供电。主用电源模块由 240V 直流供电系统供电，备用电源模块由原 UPS 系统供电。

c. UPS 供电系统的替换。对于 UPS 供电系统负荷白昼变化较大的场所，例如，号码百事通中心、城市营业厅等，从节能的角度应优先考虑由 240V 直流供电系统取代 UPS 系统供电。

5. 实际使用案例分析及应用建议

（1）应用案例一

某电信分公司 UPS 系统，采用两台并联冗余方式供电，负载是号码百事通机房 75 台计算机和 10000 号障碍受理中心 55 台计算机以及二层 12 台网络交换机。在改造前，UPS 系统供电，三相输入电流平均是 3×11A，每天耗电 190 度；在改造成 240V 直流供电系统供电后，高频开关电源三相输入电流平均是 3×5A，每天耗电 83 度。交流电源供电效率提高 60%，节约电能 61%。由于蓄电池组直接利用原 UPS 电池组改装，只须投入 4 万元直流电源的建设费用，一年可节省电费 3.4 万元，系统的可靠性也比原来大幅提高。

（2）应用案例二

某电信分公司因重要业务需要，新建 12 架 IT 设备，需要不间断电源 30kW。该项目配套新建了一个 30kW（40kVA）240V 直流供电系统，系统并联冗余，负荷均分，需投资 19.4 万元，而建设同档次的 UPS 系统，至少需投资 32.7 万元，240V 直流供电系统可节省投资 41%。

4.3.2　模块化 UPS 技术

1. 工作原理

模块化 UPS 主要分为分布式模块化 UPS 和"分布＋集中式"结构模块化 UPS。单个 UPS 模块整流电路均为高频绝缘栅双极型晶体管（Insulated Gate Bipolar Transistor，IGBT）整流电路。

（1）分布式模块化 UPS

分布式是早期模块化 UPS 经常使用的一种架构。此类模块化 UPS 等同于数台独立的 UPS 直接并联，其功率模块是利用小型 UPS 改造而成的，可自主独立工作，其特点如下。

① 除整流、逆变的控制之外，均流与逻辑切换也由内部控制单元控制。

② 内置容量与功率模块容量一致的静态旁路。在 UPS 处于旁路模式时，由每个模块内的静态旁路共同承担负载。分布式模块化 UPS 示意如图 4-88 所示。

（2）"分布＋集中式"结构的模块化 UPS

"分布＋集中式"结构的模块化 UPS 的全部功率模块均内置控制单元，用于控制本模块的整流器与逆变器，而将整个系统的均流与逻辑切换等功能从模块内部控制单元中提取出来，由一个集中的控制模块控制。为消除可能引入的单点故障，该控制模块及相应的通信总线均设置为"1+1"冗余。当一个控制单元出现故障时，整个 UPS 系统中的功率模块可由另一个处于热备状态的控制单元接管系统控制，保障系统不间断运行。同时，功率模块内不再内置单独的静态旁路，而由系统配置一个静态旁路模块，其容量即为系统容量。"分布＋集中式"结构的模块化 UPS 示意如图 4-89 所示。

（3）两类模块化 UPS 对比

分布式模块化 UPS 的优点：UPS 系统内每个控制单元都可以完成独立控制系统的工作，因此不存在这方面的单点故障。分布式模块化 UPS 的缺点：第一，因为主控模块既要处理本身的信号，又要协调各模块之间的信号，所以控制逻辑比较复杂，软件逻辑可靠性不高；第二，各主控模块出现故障后，会在剩余模块中竞争产生一个模块作为主控模块，该过程也容易发生竞争失败导致系统故障的情况。

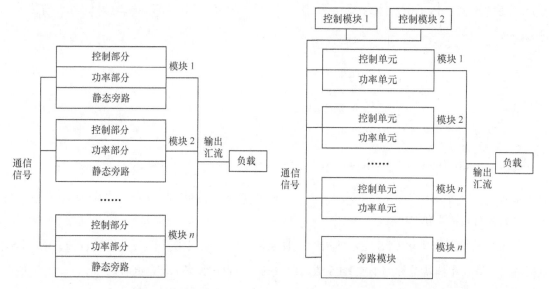

图4-88　分布式模块化UPS示意　　图4-89　"分布+集中式"结构的模块化UPS示意

"分布＋集中式"结构的模块化 UPS 的优点：采用独立的均流与逻辑控制单元，均流性更好，且控制逻辑层级清晰，各功率模块间不存在竞争关系，软件逻辑可靠性较高。为确保集中控制单元的可靠性，避免单点故障，采用该架构的 UPS 控制单元及通信线路均会做"1+1"备份。

综上所述，"分布＋集中式"结构的模块化 UPS 性能更优。

2. 节能减排效果

① 投资有效性：随需扩容，节省初期投资。

② 模块冗余高可靠性：避免出现重大断电事故。

③ 易维护性：在线热插拔，维护简单快速，无须转旁路。

④ 节能环保性：对电网污染小，高效率及模块休眠等技术可以减少能源浪费。

3. 适用场景

（1）数据中心

模块化 UPS 主要应用在互联网数据中心、第三方建设数据中心等要求灵活性、适应性较高的数据中心。模块化 UPS 可根据不同的业务需求灵活设置系统容量，随需扩容，节省初期投资。

（2）通信机房

2018 年以后，随着模块化 UPS 的大量推广，运营商通信机房建设的 UPS 系统多以模块化 UPS 为主，尤其适合初期需求容量小、对远期负荷规模较难预测的机房。

4. 实际使用案例分析及应用建议

以某地市级 IDC 机房模块化 UPS 应用为例，该项目涉及 1 层机房，配置了 1 套 14×30kVA 模块化 UPS 供电系统，与 1 套传统的 400kVA "1+1" 冗余 UPS 系统进行对比。模块化 UPS 与传统 UPS "1+1" 并联对比见表 4-26。

表4-26 模块化UPS与传统UPS "1+1" 并联对比

比较项目	模块化 UPS	传统 UPS "1+1" 并联
可靠性	高	中
扩容性	简便且零风险	困难且风险大
维修方式	自行模块热插拔	厂商技术支援
运行效率 /%	95	85
初期建设投资 / 万元	144.97	165.20
前期购置综合成本	低	高
后期运行综合成本	低	高

4.3.3 高频 UPS 系统

1. 工作原理

高频 UPS 系统的基本结构是由 "IGBT 高频整流 +DC/DC 电路 + 电池变换器 + 高频逆变器"

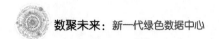

组成的。

IGBT 可以通过加在其门极的驱动来控制 IGBT 的开通和关断，IGBT 整流器的开关频率在几千 Hz 到几万 Hz。目前，其开关频率大多数设定在 20kHz 以下。

UPS 主回路结构采用 IGBT 高频整流加升压环节，将交流输入通过整流桥全波整流为直流后，采用 IGBT 元件组成的 DC/DC 电路直流升压到一个较高的恒定直流电压（与可控硅整流的效果相反，通过 IGBT 整流可以得到一个高于全波整流输出电压的恒定直流电），并将其作为直流母线，为电池充电电路及逆变输出部分提供电能。

高频 UPS 系统单独配置电池变换器。在市电正常时，电池变换器把汇流排电压降到电池组电压；在市电故障或超限时，电池变换器把电池组电压升到汇流排电压，以实现电池充放电管理。由于高频 UPS 系统的汇流排电压较高，逆变器输出相电压可直接达到 220V，所以逆变器后就不再配置升压变压器。

2. 节能减排效果及效益

采用高频脉冲宽度调制（Pulse Width Modulation，PWM）型 IGBT 整流器技术，对电网的适应能力很强，输入功率因数就可达到 0.99。

其优点如下。

① 输入电压范围 < ±25%。

② 输入功率因数为 0.99，较传统工频 UPS 提升了 10%。

③ 谐波分量 < 3% 绿色电源，无须再加谐波滤波器。

④ 功率密度较高，重量较轻，体积较小。

⑤ 噪声小，价格较低。

3. 适用场景

高频 UPS 系统已广泛应用于政府、企业和各行业的数据中心，其功率密度高、重量轻、体积小、运行效率高的优势已被广大用户注意到。

4. 实际使用案例分析

云南省某政企数据中心的首期项目位于昆明市呈贡新区。该项目规划包括主楼、云计算数据机房（4 栋）、动力中心（2 栋）。按照政府部门的要求，强调运行稳定性、系统可靠性、安全性的建设原则。该项目的各系统建设标准参考国家标准 A 级建设，UPS 系统选择采用高频 UPS 系统，认可高频 UPS 系统可靠性高、工作效率高等优势。

该项目 1 栋数据机房共有 4 层，各楼层分机房模块独立供电共配置 10 套 2*N* 高频 UPS 系统，为 1800 多架标准机柜提供可靠的供备电保障，并且配置 4 套单机 UPS 系统为末端空调、二次泵以及智能化等系统供电。

4.3.4 谐波整治

1. 工作原理

谐波被称为"电力系统污染"，它的存在降低了电压正弦波的质量，干扰了电网的正常运行。当电流流经负载时，与所加的电压不呈线性关系，形成非正弦电流，从而产生谐波。数据中心运行的主要设备是计算机服务器、网络设备、UPS、空调设备、制冷机组和其他用电设备，这些用电设备中的整流器、逆变器等元器件都是非线性负载，很容易产生谐波，将直接干扰、影响供电线路的电能质量。

谐波整治的基本工作原理是对补偿对象的电压以及电流进行检测，再由运算电路计算出所需补偿电流的控制量信号，接着通过一个补偿发生电路进行放大再反相处理，得到电网所需的补偿电流，补偿电流和负载电流大小相等且方向相反，抵消后得到不含谐波的正弦波电流。具体来说，在滤除负载谐波时，经过检测算法得到补偿电流的谐波电流，通过一个反相环节即可得到补偿电流的控制量信号，再根据补偿发生电路发出一个与负载电流中的谐波含量大小相等、方向相反的补偿电流，两者相互抵消，保证了电网电流中的基波成分，从而达到清洁电网谐波的目的。谐波整治工作原理如图 4-90 所示。

由于数据中心具有供电高可靠性的要求，所以数据中心需要使用大量 UPS 通信电源，同时为了降低电力使用效率，各种变频设备也大量应用于数据中心。这些带有电力电子元器件 UPS 和变频设备是数据中心谐波污染的主要

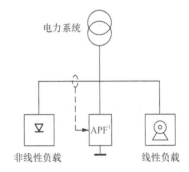

电力系统

非线性负载　　　线性负载

1. APF（Active Power Filter，有源电力滤波器）

图4-90　谐波整治工作原理

来源。

数据中心采用静止无功发生器（Static Var Generator，SVG）抑制谐波，通过检测电路中电网或者负载电流的谐波含量。补偿发生电路是根据检测的谐波电流信号计算实际产生的补偿电流，通过逆变器发出大小相等、方向相反的谐波电流。

在国家标准《电能质量公用电网谐波》（GB/T 14549）中规定相电压谐波限值：标称电压 0.38kV 电网中各奇次谐波电压含有率为 4%，各偶次谐波电压含有率为 2%，谐波总电压畸变率为 5%；标称电压 10kV 电网中各奇次谐波电压含有率为 3.2%，各偶次谐波电压含有率为 1.6%，谐波总电压畸变率为 4%。

《数据中心设计规范》（GB 50174）对电源质量给出了明确的要求，稳态电压偏移范围为 –10% ～ +7%；输入电压波形失真度 ≤ 5%（当电子信息设备正常工作时）。

《电能质量公用电网谐波》（GB/T 14549）规定的公用电网谐波电压（相电压）限值见表 4-27。注入公共连接点的谐波电流允许值见表 4-28。

表4-27 《电能质量公用电网谐波》（GB/T 14549）规定的
公用电网谐波电压（相电压）限值

电网标称电压 /kV	电压总谐波畸变率 /%	各次谐波电压含有率 /%	
		奇次	偶次
0.38	5.0	4.0	2.0
6	4.0	3.2	1.6
10			
35	3.0	2.4	1.2
66			
110	2.0	1.6	0.8

表4-28　注入公共连接点的谐波电流允许值

标准电压/kV	基准短路容量/MVA	谐波次数及谐波电流允许值/A																						
		2	3	4	5	6	7	8	9	10	11	12	13	14	15	16	17	18	19	20	21	22	23	24	25
0.38	10	78	62	39	62	26	44	19	21	16	28	13	24	11	12	9.7	18	8.6	16	7.8	8.9	7.1	14	6.5	12
6	100	43	34	21	34	14	24	11	11	8.5	16	7.1	13	6.1	6.8	5.3	10	4.7	9.0	4.3	4.9	3.9	7.4	3.6	6.8
10	100	26	20	13	20	8.5	15	6.4	6.8	5.1	9.3	4.3	7.9	3.7	4.1	3.2	6.0	2.8	5.4	2.6	2.9	2.3	4.5	2.1	4.1
35	250	15	12	7.7	12	5.1	8.8	3.8	4.1	3.1	5.6	2.6	4.7	2.2	2.5	1.9	3.6	1.7	3.2	1.5	1.8	1.4	2.7	1.3	2.5
66	500	16	13	8.1	13	5.4	9.3	4.1	4.3	3.3	5.9	2.7	5.0	2.3	2.6	2.0	3.8	1.8	3.4	1.6	1.9	1.5	2.8	1.4	2.6
110	750	12	9.6	6.0	9.6	4.0	6.8	3.0	3.2	2.4	4.3	2.0	3.7	1.7	1.9	1.5	2.8	1.3	2.5	1.2	1.4	1.1	2.1	1.0	1.9

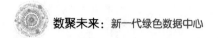

按上述有关标准，建议将数据中心电源系统的总电压谐波畸变率的限值定在 5%，如果限值超过 5% 应采取适当的治理措施，以保证数据中心智能化系统的安全运行。

数据中心的主要谐波源设备有以下几种。

① 照明系统中的荧光灯镇流器、节能灯等。

② UPS（不间断电源）、EPS（急电源）等。

③ 电梯、空调、水泵等动力设备中的软启动器、变频传动装置。

④ 其他有非线性负荷特性的电子控制设备等。

其中，照明灯具数量多、负荷特性相同，同类设备产生的谐波电流又相互叠加，例如，荧光灯、节能灯照明会产生 10% 以上的 3 次谐波电流。

UPS、EPS 等电源装置在充电时会产生 5 次、7 次谐波电流。

电梯、空调、水泵等设备因节能等需求而较多采用的软启动器、变频装置会产生大量 5 次、7 次谐波电流，使输入电流的波形畸变严重。虽然多数产品自身具有一定的谐波抑制功能，但因质量参差不齐，谐波含量一般在 10% ～ 40%。

2. 节能减排效果及效益

随着数据中心大量通信设备、存储设备、通信电源等数量繁多的非线性负荷设备的应用，给其供电系统带来了严重的谐波污染。通过谐波治理使数据中心供电的可靠性大大提高，可带来以下效益。

① 通过谐波治理，减少无功分量，减少用户变压器到负荷之间的视在功率（视在电流），减少用户在设备上的投入；同时提高企业设备的供电质量，节约电能，提高设备运行的可靠性。

② 谐波治理能够减少电网中无功容量的浪费，减少谐波对系统信号传输的影响，增加系统的可靠性。

③ 谐波治理可以减少谐波电流在输配电线路上产生的损耗，同时降低用电设备发热，减少绝缘老化，从而提高设备的使用寿命，减少设备的维护费用。

④ 谐波治理可以减少谐波对公共电网的污染，实现节能减排，保护环境。在数据中心通过谐波治理改善区域电网电质量，保证供电安全可靠。

3. 实际使用案例分析及应用建议

为了响应国家节能减排的号召，建设绿色数据中心迫在眉睫。现实中由于大量非线性负荷设备的应用，使数据中心的谐波畸变率超标。为抑制或消除谐波的危害，可采用一些基本的治理措施：当确定变压器的容量时，可预留部分谐波容量；为大的谐波源加装滤波器等。

以深圳市某数据中心为例，该数据中心规划的总建筑面积约为 55000m²，地上建筑面积为 50000m²。其中，IDC 机楼（包含灾备和移动业务平台场地）的面积为 30000m²；商业呼叫中心机楼面积为 20000m²；地下车库面积为 5000m²。工程申请总用电负荷为 12000kVA，建设一套 10kV 独立专线电源，每条专线认可容量为 6000kVA。

根据用户提供的负荷数据及接线方式，按照 A 级配置，需要利用系数法进行负荷计算，设定无功补偿后功率因数为 0.95，无功功率的同时系数取 0.95，有功功率的同时系数取 0.9，可以确定变压器容量为 12000kVA，设计负荷率约为 44.3%，共计 6 台 2000kVA 变压器。由 SVG 无功补偿容量计算公式可得到总的无功补偿量为 1063kVar。

数据中心谐波容量的大小在设计阶段无法精确测量，根据通信电源（UPS）和变频设备产品手册提供的单台谐波含量，以及《电能质量公用电网谐波》（GB/T 14549）规定的计算公式叠加计算各段母线的谐波电流，作为补偿谐波电流的依据，计算的谐波电流预留 20% 的冗余量后，可得到谐波的补偿容量为 532kVar。

4. 配电设备谐波防范

（1）变压器选择

当数据中心选用 SCB13 节能型变压器时，该变压器采用 D.ynl1 连接组别。如果数据中心按 A 级标准实施，在确定变压器容量时，应考虑谐波畸变引起的变压器发热及冗余配置要求，选择变压器负荷率为 50% 左右。变压器降容曲线如图 4-91 所示。

（2）配电设备选择

为降低谐波畸变引起的低压开关设备的发热和误动作，可按以下原则选择低压配电设备。例如，热磁型、电子型配电用断路器。热继电器应适当降容使用（在谐波畸变较严重的配电同路中可放大一级选择低压配电设备）。

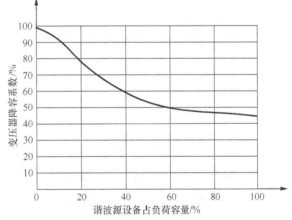

图4-91　变压器降容曲线

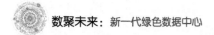

（3）电线、电缆选择

选择电线、电缆截面时应考虑谐波引起线缆的发热在三相四线制系统中，对于连接主要谐波源设备的配线应考虑谐波电流的集肤效应对配线的发热影响，以及 3 和 3 的倍数次谐波电流在中性线上的叠加。在选择线缆截面及中性线截面时应留有余量。当配电系统设有源滤波装置时，相应回路的中性线截面可不增大；当配电系统设无源滤波装置时，相应回路的中性线截面可与相线等截面；三相不平衡系统中的单相回路，其中性线截面应不小于相线截面。在三相平衡系统中，三相回路的 3 次谐波电流大于 10% 时，中性线截面不应小于相线截面。

（4）其他

应选用高质量、谐波畸变率小的软启动和变频传动装置，对容量大、谐波畸变率大的软启动器、变频传动装置，应就地加装有源或无源滤波装置。在设计过程中，应采取以下措施抑制谐波对电子设备的干扰。

① 为该类设备设计专用配电回路，尽可能避免干扰沿电源线路引入。

② 为易受干扰设备（例如数据机房设备）的专用配电干线设置滤波装置，消除或抑制谐波分量，达到净化电源的目的。

③ 使该类设备配线尽可能远离谐波严重的线路或采取屏蔽措施，以避免空间电磁干扰。

数据中心含有大量的信息技术设备，供电系统接地应采用 TN-S（低压配电）系统，应设置总等电位连接和局部等电位连接，宜在每层设置等电位连接网络。不同层的等电位连接网络之间应相互联通。同一建筑物内的保护性接地、功能性接地以及防雷接地应分别接至总接地端子并应共用接地极。

4.3.5　DPS 分散供电

1. 工作原理

分布式锂电电源系统（Distributed Power Supply，DPS）是一种高密度一体化电源设备，集成电源模块、锂电储能模块、检测模块、监控模块，为机架负载提供了一体化供电综合解决方案。DPS 的主要特点和工作原理如下。

（1）DPS 电源系统配置

DPS 分为交流型和直流型，每架 IT 机柜配置 1 台 DPS 设备（4 ～ 6U），可根据单机柜功耗和供电需求选择相应的 DPS 容量及类型。

（2）DPS 系统输入输出

DPS 是双路相互独立的输入输出系统，可实现两路市电输入输出。两套独立的电源系统可为双电源负载提供两路独立稳定的电力供给，每一路电力供给均可独立承担全部的负载容量。数据中心机房每列都设置列头柜，列头柜由两路市电供电，列头柜输出两路 220V 交流电至 IT 机柜内 DPS 设备的输入端。

（3）占地面积

DPS 设备（包含后备锂电池）安装在 IT 机柜内，无须单独设置电力电池室，减少了数据中心机房基础配套设施的占地面积。

（4）承重

DPS 设备的重量不超过 60kg，普通网络机房和机柜托架的承重能力都能满足其承重需求，可有效降低数据中心机房额外的土建承重需求及建设成本。

（5）负载分配

DPS 设备为单架机柜供电，不存在负载分配的问题。

（6）扩容性

DPS 设备的扩容性比较灵活，可根据远期 IT 设备的交、直流供电类型以及设备功耗直接进行扩容配置。

（7）维护性

DPS 设备具备在线更换功能，在保证负载设备供电不中断的情况下，可在短时间内完成单台设备的更换。

（8）IT 设备支持

DPS 设备为常规通用供电方式，支持所有厂家设备。

（9）集中监控

DPS 设备具备多种监控方式，可在设备层、上位机、异地终端形成多层面的立体监控系统，可通过 RJ45/RS485 等通信接口输出全部的监控数据，通过监控汇聚、传输网络，将监控信息在异地终端进行解析呈现，实现全部 DPS 设备的异地集中监控。机柜应用 DPS 示意如图 4-92

所示。

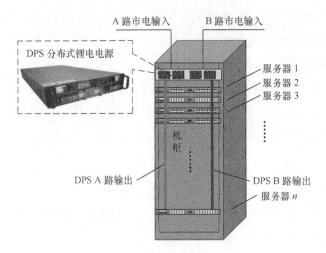

图4-92 机柜应用DPS示意

DPS 最大的特点是采用分散供电模式，其工作原理为：当市电正常时，采用市电直供模式；当市电出现故障时，DPS 自动切换为锂电池供电模式，从而保证设备的不间断供电。机柜应用 DPS 部署示意如图 4-93 所示。

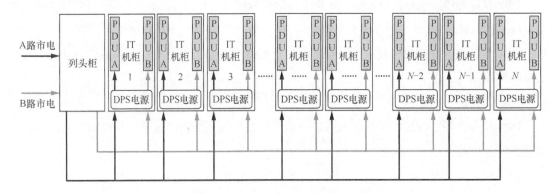

图4-93 机柜应用DPS部署示意

从列头柜输出的 A、B 两路市电同时输入 DPS，DPS 输出两路电源分别到 PDU A 和 PDU B。其中一路电源经过锂电池，在市电中断后通过逆变环节为 PDU 供电；另外一路电源为市电直供，DPS 仅做检测及管理，市电中断后该路电源所带的 PDU 供电中断。1 路市电 + 1 路 DPS 供电系统如图 4-94 所示。

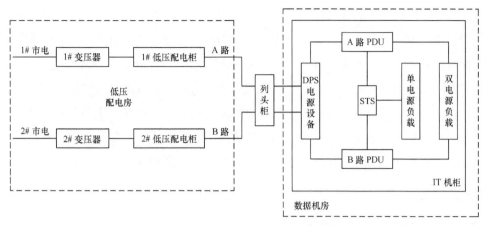

图4-94 1路市电+1路DPS供电系统

2. 节能减排效果及效益

（1）安全可靠

采用 DPS 分散供电，以每架 IT 机柜为供备电单元，将风险影响范围缩小至每架机柜，为数据中心机房的整体负载提供安全可靠的供电保障。

（2）高利用率

采用 DPS 分散供电，可有效利用数据中心的机房空间和承重条件。第一，DPS 部署不需要独立的电力电池室，机柜数量可增加 40% 以上；第二，DPS 设备重量与 IT 设备相当，承重仅需 6kN/m²，比传统 UPS 蓄电池组对机房承重的要求降低了 60% 以上。

（3）快速灵活

采用 DPS 分散供电，可按需快速部署分布式电源设备，全模块化设计，大量简化传统数据中心的规划设计；在同一数据中心内可兼容国家标准 A/B/C 级机房的建设标准；DPS 后备用铁锂电池可热插拔，IT 化维护；对于没有业务的 IT 机柜，DPS 可随时关机，随时启用。

（4）经济合理

采用 DPS 分散供电，可根据 IT 机柜数量、类型直接配置 DPS 设备，并可根据 IT 机柜的使用情况配置 DPS 设备数量，不需要一次性投资，以便提高资金的利用效率。

（5）节能环保

① 电源系统节能。DPS 采用的部署方式是分布在每个 IT 机柜内，为本机柜的负载提供供电，所以每台 DPS 的带载效率比较高；且 DPS 采用的是高效率供电模块，效率高达 94% 以上；同时，

配合能源管理系统可以实现机柜级的能源管理，可以有效提高整个数据中心机房的能效。

② 铁锂电池节能。DPS 设备采用铁锂电池作为储能电池，铁锂电池比传统铅酸蓄电池的转换效率高出近 15%，自放电率小于 2%，放电效率高达 95% 以上，寿命高达 10 年；同时，因为铁锂电池优秀的倍率放电能力和温度适应能力，所以在为数据中心机房 IT 机柜备电时，无须降容使用，免除了原有铅酸蓄电池超容量配置的要求，与转换效率和自放电率的优势相结合，进一步增加了铁锂电池的节能优势；且铁锂电池无须浮充，在电池平时充电方面，有明显差异，可节约充电能耗，有效降低整个数据中心机房的 PUE 值。

3. 适用场景

DPS 适用于以下几种场景的机房。

① 工期紧张，需要快速部署的机房。

② 电力室空间有限、承重不足的机房。

③ 改建、扩建的老旧机房。

④ 新建大型、中型数据中心的局部区域及小型、微型数据中心机房。

4. 实际使用案例分析及应用建议

案例 1：北京某政企数据中心

北京某政企数据中心项目共配置 128 台 DPS 设备，为机房内 128 架 20A 标准机柜提供可靠的供备电保障，DPS 设备内置磷酸铁锂电池组，可为 20A 标准机柜负载提供 20min 以上的备电保障。案例 1 项目现场实景如图 4-95 所示。

图4-95　案例1项目现场实景

案例 2：无锡某运营商数据中心

该运营商数据中心为独栋机楼，地上有 12 层，每层机房面积为 550m²，楼面承重为 5kN/m²，机楼为双路市电引入。

该项目采用模块化解决方案，每层部署 7 个微模块，共 232 个 IT 机柜，机柜高度为 48U，交付客户使用空间为 42U。目前该机楼已按需部署了两期，共安装 433 台 DPS 设备。

DPS 分布式部署的方式提升了机房空间利用率，单机柜占地面积约为 2.37m²；实现了机房快速部署，10 天完成了 232 台（个）设备安装调测；DPS 设备可安全稳定运行，截至 2020 年 4 月，已运行 5 年 10 个月。案例 2 项目现场实景如图 4-96 所示。

图4-96　案例2项目现场实景

4.3.6　巴拿马电源

1. 工作原理

巴拿马电源系统是阿里巴巴携同中达、中恒等公司依托先进的电力电子信息技术，实现阿里巴巴 IDC 基础架构研发部提出的"变压器与模块化整流器相融合"的电源解决方案，是专为解决互联网企业和通信运营商数据中心直流供电需求的最新一代直流电源产品。

巴拿马电源采用多绕组的移相变压器，减小了变压器副边绕组的短路电流，降低了其下游开关的短路电流容量，它结合整流模块单元，对传统供电架构的配电层级进行优化整合，缩短了传统供电中从变压器输出到 AC UPS 或 240V/336V HVDC 柜间的链路，简化了此链路中的多级配电。与传统供电系统架构相比，巴拿马电源供电链路中的开关器件大大减少，更加简洁高效、成本更低。巴拿马电源方案简化了传统 AC UPS 方案或 240V HVDC 供电方案中的配电环节。从传统供电方案到巴拿马供电方案如图 4-97 所示。

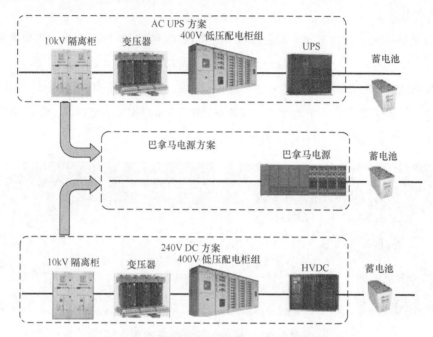

图4-97　从传统供电方案到巴拿马供电方案

巴拿马电源利用多脉冲移相变压器实现低电流谐波总畸变率（Total Harmonic Current Distortion，THDi）和高功率因数，从而去掉传统 AC UPS 或 240V/336V HVDC 系统中功率模块内部的功率因数校正环节。这使巴拿马电源模块仅负责调压，拓扑大大简化，模块效率可以达到峰值的 98.5%。在电路负载为 20% 时，巴拿马电源模块的效率高达 97.5% 以上，优势明显。巴拿马电源中 30kW 的功率模块和传统 240V HVDC 系统中 15kW 的模块体积相同。巴拿马电源原理如图 4-98 所示。

从整体结构来看，整个巴拿马电源由 10kV 中压柜（可选）、移相变压器柜、整流输出柜、交流分配柜（可选，当要求配置交流 380V 输出时提供该柜）组成。一般巴拿马电源的上游都配有 10kV 中置柜，巴拿马电源进线柜是为了方便运维而增加的，如果 10kV 中置柜与巴拿马电源在同一房间，那么中压柜可以省掉。巴拿马电源方案组成单元如图 4-99 所示。

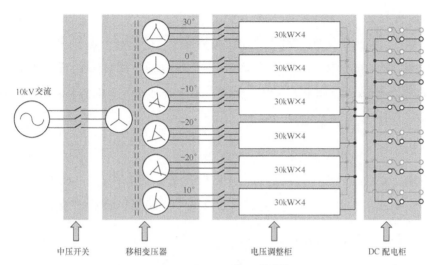

图4-98 巴拿马电源原理

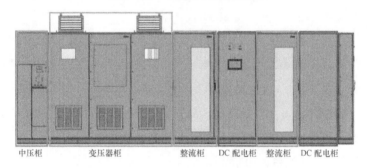

图4-99 巴拿马电源方案组成单元

2. 节能减排效果及效益

某公司分别采用 UPS、HVDC 和巴拿马电源做 2N 冗余供电配置。AC UPS、240V/336V HVDC 和巴拿马电源对比见表 4-29。

表4-29 AC UPS、240V/336V HVDC 和巴拿马电源对比

对比内容	AC UPS	240V/336V HVDC	巴拿马电源
冗余供电模式	主流：2N	主流："1 路市电 + 1 路 HVDC" 特别等级：2N HVDC	主流：2N DC；也可以采用 1 路市电 + 1 路 HVDC
可用性	结构复杂，可用性一般	结构简化，可用性高	环节简洁，可用性高
整个链路效率	93%	95%	97.5%
占地面积 （2.2MW IT）	310m²	300m²	110m²

在 2.2MW 的 IT 负荷下，如果采用 $2N$ 的 AC UPS 含输出输入旁路柜，则 10 年维保需要花费 450 万元，配套线缆、变压器及低压配电共需约 240 万元，总计 690 万元；如果采用 $2N$ 的 240V HVDC 系统，含输出输入配电柜，则 10 年维保需要花费 230 万元，配套线缆、低压配电和变压器约为 220 万元，总计 450 万元；如果采用 $2N$ 的巴拿马电源，则 10 年维保需要花费 260 万元，配套线缆大约为 20 万元，总计 280 万元。

3. 适用场景

巴拿马电源是 10kV 直接转换成 240V/336V 的不间断电源，适用于采用 10kV 柴油发电机组作为应急保障供电，并采用 240V/336V 电源系统作为 IT 设备不间断电源供电的数据中心。

4. 实际使用案例分析及应用建议

巴拿马电源的架构比传统的供电架构更加简洁，配电、功率变换环节少，中压、低压融为一体，占地面积大大减少。

以华东某机房为例，巴拿马电源设备占地面积与 240V HVDC 系统相比，由原来的约为 $300m^2$ 变为 $110m^2$，仅为原来占地面积的 36%。

巴拿马电源设备与传统 240V HVDC 系统相比，34 台设备、4 个供应商、36 个通信接口，变为 3 台设备、1 个供应商、3 个通信接口，具有设备减少且解耦、通信接口简洁等优势。采用巴拿马电源后，整个建设周期明显缩短，供电系统的部署约为 1 ～ 3 个月。传统 240V HVDC 系统与巴拿马电源布局对比如图 4-100 所示。

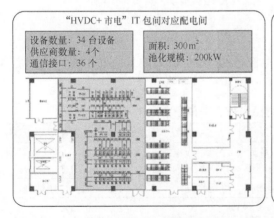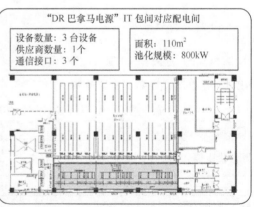

图4-100　传统240V HVDC系统与巴拿马电源布局对比

4.3.7　燃气轮机

1. 工作原理

燃气轮机由压气机、燃烧室和燃气涡轮等组成。

发动机：通常采用轮型燃气轮机，一般是航空发动机的转型（燃气轮机通常是由航空发动机衍生出来的，而后独立发展，主要用于电力、工业、舰船和国防陆用等领域作为动力装置），推荐采用柴油作为燃料。燃气轮机是以一种将气体或液体燃料（例如，天然气、燃油）燃烧产生的热能转化为机械能的旋转式叶轮动力装置。燃气轮机由空气压缩机、燃烧室和动力涡轮 3 个部分组成。

发电机：宜采用无刷励磁系统，也可选用其他的励磁方式。发电机应装配阻尼绕组和驱潮装置。

控制保护系统：采用数字控制器。

其他：包括隔音箱体和机舱通风系统、燃油系统、润滑油系统、进气系统、排气系统、电气系统。

机组工作时，空气经过燃气轮机的进气道进入压气机，气流通过压气机被逐级压缩，压缩后空气进入燃烧室，在火焰筒内与喷嘴喷出的雾化燃油混合燃烧，燃烧后的燃气进入涡轮，在流经涡轮时膨胀做功，驱动涡轮高速转动，并产生轴功率，带动压气机、燃机附件工作以及通过减速器、联轴器带动发电机转子转动，由发电机向外输出电功率。燃气轮机示意如图 4-101 所示。

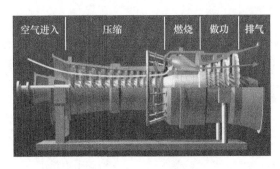

图4-101　燃气轮机示意

2. 节能减排效果及效益

与活塞式内燃机相比，燃气轮机的主要优点是小而轻。重型燃气轮机单位功率的质量一般为 2 ～ 5kg/kW，而航机一般低于 0.2kg/kW。燃气轮机占地面积小，当用于车、船等运输机械时，既可以节省空间，也可以装备功率更大的燃气轮机以提高车、船速度。另外，在振动特性上，燃气轮机的振幅小，约为柴油机的八分之一，动态荷重只有静荷重的 1.1 倍。由于燃气轮机工作时主要是高速旋转运动，所产生的噪声为高频，易于降噪，所以吸声外壳的结构简单，燃机尾气排出机房外经消声处理后，在隔声箱体 1m 处低于 85dB（A）。

燃气轮机的主要缺点是主机成本较高，效率不高，油耗较高（一般在 0.38 ～ 0.5kg/kW·h，而柴油发电机只有 0.24 ～ 0.32kg/kW·h）；排烟管道较粗，相应储油装置和储油空间要求也较大；燃气轮机在低负荷工况下运行效率较低，空载时的燃料消耗量高。另外，在高温地区，特别是历史气象资料显示最高温度高于 40℃的地区，以及严寒地区使用燃机时，还应综合考虑燃机的降容，并结合油机配置进行合理评估。

3. 适用场景

低压油机、中压油机和燃气轮机比较见表 4-30。

表4-30　低压油机、中压油机和燃气轮机比较

类型	优点	缺点	绿色节能方面	应用场景
低压柴油发电机	• 设备性能稳定，技术成熟 • 采购渠道广，客户接受度高 • 价格最低，经济效益明显 • 建设和维护方便	• 主流机型的最大容量为 2500kW，较燃气轮机容量、范围稍窄 • 受限于铜排载流量，无法实现多台大容量机组并机运行 • 使用大量低压电缆，线路损耗大	• 耗油率较燃气轮机低 • 投资少	适合中小型数据中心使用
中压柴油发电机	• 电压等级高，易实现多台大容量机组并机运行；使用高压电缆，线路损耗小 • 设备性能稳定，技术比较成熟 • 采购渠道相对较广，以国际/国内主流品牌为主 • 维护比较方便，人员需具备相关资质能力	• 主流机型的最大容量为 2500kW，较燃气轮机容量、范围稍窄 • 价格相较于低压柴油发电机略高 • 易受当地供电部门限制	• 抗谐波能力优于低压机组 • 线路上损耗小	• 适合超大型、大型数据中心使用 • 适用于变压器上楼层，距离油机房远的场景 • 适用于配置 10kV 冷水机组的数据中心

（续表）

类型	优点	缺点	绿色节能方面	应用场景
燃气轮机发电机	• 有较高的功率/重量比和功率/体积比，与同功率柴油发电机比较，体积小、重量轻 • 较柴油发电机润滑油消耗少 • 振幅小，动态荷重只有静态荷重的 1.1 倍 • 日常维护简单 • 工作可靠，使用寿命长 • 单机容量范围广，集中供电	• 价格较 10kV 中压柴油发电机高，同功率比较，约是高压油机的 1.5～2 倍 • 单位功率耗油率略大 • 进风进气量较柴油发电机大 • 空间布局较传统油机房面积大 • 采购渠道有限，大容量机组国外品牌优势明显 • 黑启动时需要另配发电机作为马达启动电源	• 润滑油消耗少，不需要冷却水 • 体积小、重量轻、振幅小、使用寿命长	• 适合超大型、大型数据中心使用 • 高压燃气轮机适用场景类似于 10kV 柴油发电机

4. 实际使用案例分析及应用建议

受造价因素限制，一般情况下数据中心独立使用燃气轮机的情况较少，通常会结合冷热电三联供（Combined Cooling Heating and Power，CCHP）系统考虑。冷热电三联供系统原理示意如图 4-102 所示。

CCHP 是指以天然气为主要燃料带动燃气

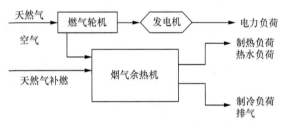

图4-102　冷热电三联供系统原理示意

轮机或内燃机等燃气发电设备运行，产生的电力满足用户的电力需求，系统排出的废热通过余热锅炉或者余热直燃机等余热回收利用设备向用户供热、供冷。经过能源的梯级利用可使能源利用效率从常规发电系统的 40% 提高到 80%，节省了大量的一次能源。

4.3.8　集装箱式发电机组

1. 工作原理

根据发电机组的安装环境，集装箱式发电机组可以分为以下几类。

多数发电机组安装在专门的发电机房内，包括基本型和防音型（静音型）移动式油机，也可以分为拖车型和车载机组。多种形式油机示例如图4-103所示。

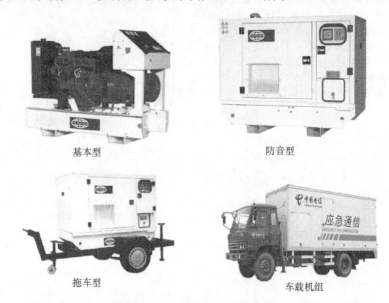

基本型　　　　　　　防音型

拖车型　　　　　　　车载机组

图4-103　多种形式油机示例

当场地空间有限，无法新建专用油机房，又需要固定式油机时，可以考虑采用集装箱式发电机组，也就是将发电机组整装在固定的金属箱体内，经过特殊设计和降噪处理的金属箱体替代了传统机房，在安装时免去了相应的土建工作，机组连同箱体运输到位后可快速投入使用。小容量油机可安装在改造后的标准集装箱内，大容量油机可以根据发电机组的使用要求确定箱体的外形尺寸，或可以做成由多个箱体组装的形式，运输时拆开，到使用现场再把多个箱体进行组装。如果油机是在高寒地带使用，可以做成保温型集装箱式发电机组。

集装箱式发电机组的优点如下。

① 尺寸灵活，标准尺寸有20×2.54cm和40×2.54cm两种规格，也可以根据不同的需求定制。

② 外形美观、结构紧凑、内部空间适中，便于操作和维护，利于移动和运输。

③ 静音型箱体内部设置有高性能阻燃型隔音材料和吸音材料。

④ 箱体内部可集成进排风和降噪、供电系统、供油系统等，满足生产和环保要求等。

室外集装架油机示例如图4-104所示。

图4-104　室外集装架油机示例

2. 适用场景及应用建议

目前集装箱式发电机组已被广泛应用于运营商和政企数据中心，为高可靠数据中心提供应急备用电源。

4.3.9　铁锂电池

1. 工作原理

（1）定义

电池是储存电能的一种设备，它将充电时得到的电能转化为化学能储蓄起来，又能及时将化学能转变为电能。

铁锂电池是锂电池家族中的一员，其正极材料主要为磷酸铁锂材料，与传统的铅酸蓄电池相比，锂离子电池在工作电压、能量密度、循环寿命等方面具有显著的优势。

（2）电池组成

锂离子电池内部主要由正极材料、负极材料、电解质及隔膜组成。

正极材料：多使用锂合金金属氧化物，主流产品为磷酸铁锂和三元锂（镍钴锰或镍钴铝）。

负极材料：多采用石墨。

（3）工作原理

以磷酸铁锂电池为例，工作原理如下。

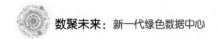

正极反应：放电时锂离子 Li$^+$ 通过隔膜从负极迁移进入，充电时正极中的锂离子 Li$^+$ 通过聚合物隔膜迁移出。

充电时：$LiFePO_4 \rightarrow Li_{1-x}FePO_4 + xLi^+ + xe^-$

放电时：$Li_{1-x}FePO_4 + xLi^+ + xe^- \rightarrow LiFePO_4$

负极反应：放电时锂离子 Li$^+$ 通过隔膜从负极迁移出，充电时锂离子 Li$^+$ 从正极迁移入负极。

充电时：$xLi^+ + xe^- + 6C \rightarrow Li_xC_6$

放电时：$Li_xC_6 \rightarrow xLi^+ + xe^- + 6C$

（4）锂电池种类

锂电池种类（一般按照正极材料分类）包括钴酸锂（$LiCoO_2$）、锰酸锂（Li_2MnO_4）、磷酸铁锂（$LiFeCoPO_4$/ LFP）、三元锂（NCM/NCA）。目前，三元锂电池多用于新能源电动汽车，磷酸铁锂（LFP）在新能源电动汽车、通信领域应用较多，目前在通信的铁塔、移动等中小型局站内得到大规模应用。

2. 节能减排效果及效益

（1）铁锂电池主要性能

目前，通信领域应用的磷酸铁锂电池的主要性能如下。

① 标称电压：单体 3.2V，电池组电压为 51.2V。

② 标称容量：10AH、50AH、60AH 等。

③ 内阻：$2 \sim 3m\Omega$。

④ 标准充电倍率：0.2C。

⑤ 最大持续放电电流：1C。

⑥ 循环寿命 ≥ 2000 次。

（2）磷酸铁锂电池与传统铅酸蓄电池节能对比

与传统铅酸蓄电池相比，磷酸铁锂电池具有以下显著的优点。

① 重量轻：重量约为同等容量铅酸蓄电池的 50%。

② 占地面积小：根据不同安装方式，占地面积一般为铅酸蓄电池的 30% ~ 50%。

③ 能够快速充电：可支持 1 ~ 2h 快速充满。

④ 高倍率放电、容量损失小：从 0.1C 电流到 2C 电流（C 为电池额定容量）放电，均能放出 95% 以上的额定容量。

⑤ 工作温度范围较宽：在环境温度 0℃～ 45℃内，使用性能基本稳定。

⑥ 循环寿命高：电池组循环寿命不小于 2000 次。

⑦ 绿色环保：在生产及使用过程中，不产生对自然环境构成危害的物质。

3. 适用场景

（1）光伏发电的储能设备

电压等级：12 ～ 96V。

电池组额定容量：50 ～ 300AH。

内置保护电路模块系统（Protection Circuit Module，PCM）具有短路、过充、过放、过流、高温等保护、均衡功能。

（2）通信局站的储能设备

① 通信基站。

a. 普通宏基站：通常配合组合式开关电源使用，电池组容量可配置 200 ～ 800AH。

b. 室外一体化机柜站：通常配合嵌入式开关电源使用，电池组容量可配置 100 ～ 500AH。

c. 拉远遥控射频单元（Remote Radio Unit，RRU）或其他一体化电源就地供电：通常配合嵌入式开关电源或 1 ～ 3kVA 小型 UPS 设备使用，电池组容量可配置 50 ～200AH。

② 应急通信。通常配合小型发电机、嵌入式开关电源使用，容量可配置 100 ～ 200AH。

（3）数据机房 UPS 的储能设备

① 小容量 UPS 的储能设备（60kVA 以下）。电压等级：110V、220V。电池组额定容量：50 ～ 300AH。

② 大容量 UPS（60 ～ 400kVA 以下）。电压等级：384V、480V。电池组额定容量：50 ～ 300AH。

4. 实际使用案例分析及应用建议

目前，铁锂电池主要应用在通信局站、光伏发电，还未能在数据中心得到大规模应用。

（1）数据中心铁锂电池应用挑战

在数据中心大量应用铁锂电池首先要解决可靠性及成本问题，其次要解决用户在应用铁锂电池时的其他问题。

· 问题 1：多柜并联的均流问题

在多柜并联放电时，因电芯内阻、容量等不一致、配电的差异等会导致柜间放电不均流，尤其是在短时大电流放电时，会造成电池柜逐个过流保护。

· 问题2：新旧电池柜混用的问题

铁锂电池在应用过程中无法避免新旧电池柜在线扩容问题，在电池部分失效的情况下或者在有因负载增大而扩容的需求时，都会产生新旧电池柜的并联使用。

若新旧电池柜混用，则会因为内阻、容量的不一致导致严重偏流，甚至单电池柜过流断开。

· 问题3：电芯串联均压问题

单组电池内电芯内阻容量不一致会导致电芯充电过压，使整个电池系统无法充满电。

（2）数据中心铁锂电池的实际应用

目前，铁锂电池尚未在数据中心大规模取代传统铅酸蓄电池，但已有铁锂电池被内嵌在分布式电源系统（Distributed Power System，DPS）并应用于中小型数据中心或大型数据中心局部区域的案例。铁锂电池作为一种性能优越的新型电池，它在数据中心领域的应用值得我们进一步积极探索。

4.3.10　LED 照明技术

1. 工作原理

LED 照明即是发光二极管照明，是一种半导体固体发光器件。它是利用固体半导体芯片作为发光材料，在半导体中通过载流子发生复合放出过剩能量而引起光子发射，直接发出红、黄、蓝、绿色的光，在此基础上，利用三基色原理，添加荧光粉，可以发出任意颜色的光。利用 LED 作为光源制造出来的照明器具就是 LED 灯具。

2. 节能减排效果及效益

LED 光源属于绿色光源，眩光小、没有辐射，使用过程中不放出有害物质。LED 光谱中没有紫外线和红外线，LED 可回收、不产生污染。

LED 光源的工作电压低，光效高；直流驱动，单管驱动电压为 1.5 ~ 3.5V，电流为 15 ~ 20mA，反应速度快，可高频操作；功耗低，在同样照明效果的情况下，耗电量是白炽灯泡的十分之一，荧光灯管的二分之一。

LED 的光源寿命长，可达 60000 ～ 100000 小时，比传统光源寿命长 10 倍以上。LED 的光源性能稳定，可以在 −30℃～ 50℃的环境下工作。

3. 适用场景

LED 光源适用于 LED 显示屏、电子产品背光源（例如手机）、车灯、室内灯具、室外景观灯具。LED 灯具因其节能高效已经在数据中心机房领域被大量应用。

4.3.11　独立市电取代油机

1. 规范初解

《数据中心设计规范》（GB 50174—2017）8.1.12 条规定，备用电源是保障 A 级数据中心正常运行的必要条件，独立于正常电源的发电机组或供电网络中独立于正常电源的专用馈电线路都可作为备用电源。但由于柴油发电机组在可操作性上优于其他备用电源，所以大部分数据中心采用柴油发电机组作为备用电源。由此可知，采用柴油发电机组或供电网络中独立于正常电源的专用馈电线路均可作为数据中心备用电源。

考虑到数据中心建筑功能的重要性，IT 设备、空调冷水机组及水泵、机房精密空调、消防设备、机房监控系统、照明（包括备用及应急照明）等均为一级负荷。其中，IT 设备、空调冷水机组及水泵、机房精密空调、机房监控系统等设备属于一级负荷中的特别重要负荷；货梯、检修插座等为二级负荷；其余用电设备为三级用电负荷。

对于 IT 设备、空调冷水机组及水泵等特别重要的一级负荷设备，除了应由双重电源供电之外，还应增设应急电源。应急电源可采用蓄电池、柴油发电机或有效的独立于正常电源的专用馈电线路。因为蓄电池提供的备用电源时间有限，所以除了对 IT 设备等重要负荷使用蓄电池来作为一定数据备份、设备故障初步处理的应急电源外，仍需为其提供柴油发电机组或有效的独立于正常电源的专用馈电线路作为应急电源。

2. 实际使用案例分析及应用建议

某电厂数据中心园区考虑在电厂内新建制冷站，由电厂冷热电三联供系统向数据中心提供冷源，因此制冷站单独供电。除制冷站外，IT 设备、空调等重要负荷设备由新建的 IT 负荷 110kV

变电所供电。

（1）IT 设备负荷采用厂用电替代柴油发电机组

某电厂数据中心园区规划了约 10000 个机架，单机架功耗为 6kW，IT 设备负荷为 60000kW。园区内新建一座 IT 设备负荷 110kV 变电所，向新建数据中心提供双重电源。新建 IT 设备负荷 110kV 变电所双重 110kV 工作电源分别引自邻近 A 变电所的 I 段、II 段 110kV 母线和 B 变电所的母线。

以下为数据中心两种备用电源方案的对比分析。

方案一：采用柴油发电机组作为备用电源，需要配置 44 台主用 1800kW 柴油发电机组。IT 负荷由两路市电供电，柴油发电机组作为备用电源。当一路市电发生故障时，由另外一路市电供电，过渡时间由 UPS 设备供电。如果两路市电均发生故障，则由柴油发电机组承载全部用电负荷，将市电恢复后由市电供电。

方案二：因电厂两台发电机输出电能分别由 A 变电所 I 段、II 段 110kV 母线并入市电网，A 变电所 I 段 110kV 母线（对应 1# 电厂发电机）向新建 IT 设备负荷 110kV 变电所提供一路工作电源，A 变电所 II 段 110kV 母线（对应 2# 电厂发电机）向新建 IT 设备负荷 110kV 变电所提供一路 110kV 备用电源。

最终 IT 设备负荷由两路市电提供双重工作电源，并由电厂一路专用馈电线路提供备用电源。当一路市电发生故障时，由另外一路市电供电，过渡时间由 UPS 设备供电。如果两路市电均发生故障，则由电厂备用电源承载全部用电负荷。如果市电恢复，则由市电供电。

（2）采用电厂厂用电制冷

某电厂数据中心园区制冷站内制冷负荷约为 16131kW，新增两台 110kV/10.5kV 主变压器，向新建集中制冷站提供双重电源，主变压器双重 110kV 工作电源分别引自电厂 110kV 正、副母线，正常运行时，电厂 110kV 正、副母线各自运行。

以下为制冷站两种备用电源方案的对比分析。

方案一：采用柴油发电机组作为备用电源，需要配置 10 台主用 1800kW 柴油发电机组。制冷负荷由电厂提供双重电源，柴油发电机组作为备用电源。当一路电厂电源发生故障时，由另外一路电厂电源供电，过渡时间由 UPS 设备供电。如果两路电厂电源均发生故障，则由柴油发电机组向全部制冷负荷供电。如果电厂电源恢复，则由电厂供电。

方案二：采用市电作为备用电源，由新建 IT 设备负荷 110kV 变电所 10.5kV 母线（110kV 电源引自 B 变电所的 10.5kV 母线，电厂电能未从 B 变电所并入电网）引一路电源，作为制冷负荷备用电源。

最终制冷负荷由电厂提供双重电源，一路市电备用。当一路电厂电源发生故障时，由另外一路电厂发电机组供电，过渡时间由 UPS 供电。如果两路电厂电源均发生故障，则由市电向全部制冷负荷供电。电厂电源恢复后由电厂电源供电。

3. 节能减排效果及效益

柴油发电机组做备用电源与电厂电源（市电）做备用电源在技术上均可行。柴油发电机备用电源系统由多台柴油发电机并机组成，数据中心可由多套并机系统提供备用电源，柴油发电机应分散安装，当单台柴油发电机故障时，对保障负荷的影响较小；采用一路电厂（市电）专用馈电线路做备用电源，如果备用电源系统集中，那么发生故障时对保障负荷的影响较大。采用电厂（市电）专用馈电线路做备用电源替代柴油发电机组可节省投资及成本，经初步测算，可节约投资 8.68%，降低成本 5.5%。

通过厂用电供冷源，冷源年用电量约为 8773 万千瓦时，每千瓦时电节约 0.128 元，一年可节约电费约为 1122.9 万元，占电费总成本的 3.96%。

从投资和收益的角度分析，内部收益率（Internal Rate of Return，IRR）指标如下。通过替代柴油发电机组以及厂用电制冷，IRR 可以从 13.21% 提升到 18.71%。

4. 适用场景

数据中心可根据自身定位进行规划，在对技术和经济性方案进行充分比较后，针对客户需求选择是否配置柴油发电机组作为备用电源。在满足不同客户业务需求的前提下，可采用部分数据中心负荷设备选用柴油发电机组作为备用电源，部分数据中心负荷设备选用专用馈电线路作为备用电源。

4.3.12 市电直供技术

1. 工作原理

数据中心的传统供电模式为市电与柴油发电机电源切换，通过各级配电和不间断电源系统为 IT 等设备供电。不间断电源系统通常采用 "N+1" 或者 "2N" 的模式。市电直供模式是一路市电经过不间断电源系统（UPS 或 HVDC）给 IT 设备供电，另一路市电不经过任何换流设备直接给 IT 设备供电,此模式可降低投资及供电损耗、提高运行效率,已得到一些互联网公司的认可,并应用于数据中心。但由于 UPS、HVDC 及各类 IT 设备均具有非线性特征,在输入端会产生大量的无功及谐波,对电网造成污染,降低系统电能质量,对数据中心所有设备的安全运行构成一定的威胁。

当数据中心大规模采用市电直供模式为 IT 设备供电时,在市电直供回路,可能会产生大量的容性无功或者谐波电流。当市电正常供电时,大量谐波电流注入电网,会造成变压器、断路器及电缆等设备温度升高,加快设备绝缘老化,缩短使用寿命。谐波还会引起并联或串联谐振,造成电容器等设备烧毁,以及谐波干扰也会导致二次控制误动作等。同时,容性无功功率的影响会使系统功率因数减小,导致电力罚款。当市电发生故障时,柴油发电机组将直接为 IT 设备供电,大量的容性无功会直接导致发电机组电压调节器关闭,机组输出电压会失去控制并不断上升,从而导致控制电路检测到输出电压过高而立刻关机。柴油发电机组宕机会给数据中心造成不可挽回的巨大损失。

通过分析,市电直供模式在运行过程中会出现较大容量的容性无功及谐波电流。针对市电直供模式,可从以下 3 个方面改善系统电能质量。

① 优化 IT 设备双路电源供应器(Power Supply Unit,PSU)供电模式。

② 严格执行 IT 设备的选型标准。

③ 采用静止无功发生器(Static Var Generator,SVG)+ 有源电力滤波器(Active Power Filter,APF)混合滤波补偿方案。

下面以某数据中心为例,介绍市电直供模式的具体运用,探索使该模式更加安全有效地推广落地的方式。

2. 实际使用案例分析及应用建议

（1）市电直供模式的电能质量问题

在某数据中心采用市电直供模式为 IT 设备供电,方案可分为以下两种。

方案一:市电 + 高频 UPS,IT 设备采用双路供电模式,一路输入电源为 220V 交流市电,另一路输入电源为交流高频 UPS 电源。

方案二:市电 +240V 直流电源,IT 设备采用双路供电模式,一路输入电源为 220V 交流市电,另一路输入电源为 240V 直流电源。

两种供电方案在正常工作情况下每路都要承担 50% 负载,当市电中断后,高频 UPS 电源系统和 240V 直流电源系统将承担 100% 负载。

两种方案在设备正常运行下监测的各类参数见表 4-31。

表4-31　两种方案在设备正常运行下监测的各类参数

	名称	输出功率 / kW	服务器负载率	效率	电源负载率	功率因数	THDu	THDi
方案一	市电直供回路	5.1	66%	98.6%	36%	0.92（超前）	3.7%	31%
	高频 UPS 供电回路	4.1	66%	86.8%	2%	0.95（超前）	1.2%	9%
方案二	市电直供回路	6.2	44%	98.8%	22%	0.82（超前）	3.6%	55%
	240V直流供电回路	5.97	44%	87.5%	6%	0.9（超前）	1%	8%

统计参数数据总结如下。

市电直供回路、UPS 供电回路、240V 直流供电回路功率因数超前，呈现容性特征。

市电直供回路功率因数较低，电流谐波含量较高。

（2）系统电能质量优化方案

通过以上分析，针对市电直供模式，得出以下几项改善系统电能质量的措施。

措施一：优化 IT 设备双路 PSU 供电模式

从前面的分析可知，当 IT 设备的 PSU 负载率低时，功率因数较低，且呈容性。目前数据中心大多采用双路 PSU 电源 "1+1" 均分模式为 IT 设备供电，即在市电正常时两路 PSU 均带载 50%。在建设初期，IT 设备并不是满载运行，这进一步降低了 PSU 的负载率，使系统中输入功率因数较低。因此建议可将双路 PSU 的供电模式改为主备模式，即在市电正常时，让市电直供回路的 PSU 100% 带载；当市电发生故障时，切换到由高频 UPS 或 240V 直流供电系统供电的 PSU 100% 带载。这样就使两个 PSU 都尽可能在最大负载率下工作，提高了系统的功率因数。另外，在市电 +240V 混合供电系统中，要求直流 PSU 与交流 PSU 能实现并联工作。

措施二：严格 IT 设备的选型标准

IT 设备 PSU 单元的容性无功功率是由功率因数校正（Power Factor Correction，PFC）电路中滤波电容引起的，因此，PSU 容量及电容器的大小直接决定了容性无功的绝对值大小。除此之外，不同品牌、不同类型 IT 设备容性无功功率大小差别也很大。为了减少系统的容性无功功率，提高功率因数，在数据中心选择 IT 设备 PSU 单元时，要根据容量严格控制滤波电容的大小，一般建议选用不大于 5μF/kW 电容的 PSU 电源。

措施三：采用 SVG+APF 混合滤波补偿方案

对于无功功率和谐波，大多数数据中心采用在变压器二次侧母线上并联电容 + 电抗的方式补偿，该方案只能补偿感性无功和消除部分次谐波。对于市电 / 不间断电源混合供电系统而言起不到完全补偿和滤波的作用。针对该混合供电系统可采用 SVG+APF 混合滤波补偿方案。其中，SVG 是一种既能补偿感性也能补偿容性的双向无功补偿装置，而 APF 是一种能根据负载所产生的谐波电流主动向电网注入补偿谐波电流的消除谐波的装置。在市电 / 不间断电源混合供电系统中，IT 设备数量较多并且布置比较分散，因此建议采用 SVG 分散补偿 +APF 分散消除谐波的系统结构。SVG 和 APF 并联安装在混合供电专用配电柜母线上，对配电柜后端的负载进行双向的动态无功功率补偿及谐波治理，确保容性无功功率及谐波电流在注入电网系统之前被及时地补偿及消除。考虑到补偿装置的可扩容性及经济性，SVG 与 APF 均采用模块化方式。

3. 节能减排效果及效益

总结大量项目后得知，供配电系统约占整个数据中心建设总投资的 45%～ 55%，因此在确保安全、可靠的前提下，深入思考改革方案，降低建设、运营成本是业内关注的焦点。

根据以往项目投资对比可知，一路市电 + 一路 240V 直流供电系统比 UPS 2N 交流供电系统节约投资约为 46%，节约面积约为 53%，节约电费约为 70%；240V 直流供电系统比 UPS 交流供电系统可节约投资约为 15%。

4. 适用场景

市电直供模式可应用于已建及新建 IT 设备供电场景。

（1）市电直供模式为已建 IT 设备供电时，机房中大都为早期 IT 设备，其 PSU 单元不含 PFC 功能，而 PSU 改造成本高、技术难度大，因此建议在改造市电直供模式时，可根据实际检测出的 IT 设备输入端容性无功及谐波电流含量，在混合供电专用配电柜中加装 SVG+APF 模块，确保改造后的电网系统具有较高的功率因数及少量谐波。

（2）市电直供模式为新建 IT 设备供电时，在选择 IT 设备 PSU 单元上有严格的要求，要确保 PSU 单元具备 PFC 功能，降低设备每千瓦的电容含量；同时要具备两个 PSU 单元供电比例可调整的功能，实现主备供电模式，使 PSU 单元始终保持在较高负载率的工作状态下；保证 IT 设备 PSU 单元具有良好的指标参数，将容性无功及谐波电流消除在源头，保证电能质量。

4.4　网络节能与创新

4.4.1　云计算技术

1. 技术原理

云计算的基本原理是使计算分布在大量的分布式计算机上，而非本地计算机或远程服务器，使企业可以将资源切换到需要的应用上，并可根据需求访问计算机和存储系统。随着云计算技术的飞速发展，未来只需要一台笔记本或者一部手机，就可以通过网络服务来实现用户的需求，甚至包括完成超级计算的任务，因此云计算的真正拥有者是最终用户。

云计算中最核心、最典型的技术就是虚拟化技术。虚拟化技术的优势具体体现在以下几个方面。

第一，利用虚拟化技术遏制服务器数量的增长，简化配置过程。

服务器虚拟化技术可以将多个系统整合到一台硬件服务器上。底层硬件资源的整合可以在减缓物理服务器数量增长的同时，仍然保持"一个应用程序，一台服务器"的状况。从而保证使用较少的硬件来支持整个业务，进而降低硬件设备成本，降低服务器供电和冷却所需的电力消耗，减少服务器所需的机架空间。

虚拟化技术不仅简化和加速了安装配置过程，而且可将增加工作所需的计算资源与硬件的购置进行分离，缩短业务的部署周期。如果特定的业务流程需要更多的处理能力，除了虚拟化环境，添加所需处理能力的需求也可以自助实现，以形成更动态的资源分配。

传统业务在开通流程中，需要用几周甚至几个月的时间来手动获取和配置物理服务器，而在云资源环境下，通过特定的虚拟化平台管理工具，可以在几分钟内决定哪台服务器最适合进行虚拟化，并将其转换为虚拟机，提供合适的业务。虚拟化技术不仅增加了服务器基础架构的灵活性和安全性，同时也通过降低对服务器数量的需求，节省时间、降低成本。

第二，集中化的基于策略的管理。

将整个计算基础架构进行虚拟化，在获得更好的灵活性的同时，可以节约大量的时间和成本。为了减少重复的管理资源、互相冲突的管理流程，尽量使用同一种管理工具进行虚拟的资源管理，进而减少 IT 基础架构的复杂性。针对虚拟的或物理的资产，集中的、基于策略的管理可以实现端到端虚拟化技术的优势。IT 管理员可从中心位置处理企业级的安装配置和变动管理，进而大幅度减少管理基础架构所需的资源和时间，满足用户面对业务需求时的实时响应要求。

第三，业务连续性和灾难恢复方面的易用性。

划分负载可以防止一个应用程序影响其他程序的性能或导致系统崩溃，即使不稳定的遗留应用程序也可以在安全的、被隔离的环境中运行。

由于虚拟机具有与硬件无关的特点，所以它可以在任何硬件上运行，而无须在每次运行时都在相同的硬件环境，从而提高了发生故障后恢复的可靠性。

全面的虚拟化策略可以让 IT 管理员维护随时可用的容错规划，在发生故障时保证业务的连续性。将操作系统和应用程序实例转换为数据文件，可以帮助实现数据的自动化和流线化的备份、复制以及供应更稳健的业务连续性，同时能够加快发生故障或自然灾难后的数据恢复速度。基于虚拟化技术的故障恢复系统不需要维护完全一样的硬件，在降低硬件维护复杂性的同时可通过虚拟化技术实现故障恢复的流程自动化。

第四，快速应对业务需求的变化。

虚拟化技术是动态资源分配的关键因素，使用该技术可以前瞻性地响应业务变动，并快速有效地抓住业务发展机遇。在虚拟化环境中，每个虚拟化系统在逻辑上都是被隔离的，并且彼此相互独立，从而实现更好的灵活性和简化的变动管理。在虚拟数据中心，服务器资源、计算资源、存储资源可以自动增加或减少以满足业务需求，满足用户针对业务需求的按需使用、动态获得。在完全动态化的基础架构中，IT 管理工作是完全自动化的，而且资源可以自动供应。

目前，与 IaaS 相关的虚拟化技术主要包括服务器虚拟化、存储虚拟化和网络虚拟化。

（1）服务器虚拟化

服务器虚拟化也称系统虚拟化，它把一台物理计算机虚拟化成一台或多台虚拟计算机，各虚拟机之间通过虚拟机监控器（Virtual Machine Monitor，VMM）的虚拟化层共享 CPU、网络、内存、硬盘等物理资源。其中，每台虚拟机都有独立的运行环境。

虚拟机可以视作对物理机的一种高效隔离复制，要求同质、高效和资源受控。同质说明虚拟机的运行环境与物理机的环境本质上是相同的；高效是指虚拟机中运行的软件需要有接近在物理机上运行具备的性能；资源受控是指 VMM 对系统资源具有完全的控制能力和管理权限。一般来说，虚拟环境由 3 个部分组成：硬件、虚拟化层 VMM 和虚拟机，而 VMM 取代了操作系统的位置，管理真实的硬件。

服务器虚拟化的体系架构如图 4-105 所示。

服务器的虚拟化主要包括处理器（CPU）虚拟化、内存虚拟化和输入输出（Input/Output，I/O）虚拟化 3 个部分，部分虚拟化产品还提供中断虚拟化和时钟虚拟化。

① CPU 虚拟化是指将单个物理 CPU 虚拟成多个虚拟 CPU 供虚拟机使用。虚拟 CPU 分时复用物理 CPU，虚拟机管理器负责为虚拟 CPU 分配时间片，并同时对虚拟 CPU 的状态进行管理。CPU 虚拟化是 VMM 中最核心的部分。

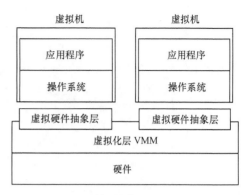

图4-105　服务器虚拟化的体系架构

② 内存虚拟化是指 VMM 通过维护物理机内存和虚拟机"物理内存"的映射关系，为虚拟机分配物理机的内存，在虚拟机看到的内存是一串从地址 0 开始的连续的物理地址。内存虚拟化通过引入客户机物理地址空间实现多客户机对物理内存的共享，影子页表是常用的内存虚拟化技术之一。

③ I/O 虚拟化是通过截获 Guest OS 对 I/O 设备的访问请求，用软件模拟真实的硬件，复用有限的外设资源。I/O 虚拟化通常只模拟目标设备的软件接口而不关心硬件的具体实现，可采用全虚拟化、半虚拟化和软件模拟 3 种方式。

（2）存储虚拟化

存储虚拟化是一种将存储系统的内部功能从应用、主机或者网络资源中抽象、隐藏或者隔离的技术，其目的是进行与应用和网络无关的存储或数据管理。存储虚拟化为底层存储资源的复杂功能访问提供了简单、一致的接口，使用户不必关心底层系统具体的实现过程。

存储虚拟化通过在物理存储系统和服务器之间增加一个虚拟层，使物理存储虚拟化成逻辑存储，使用者只用访问逻辑存储，就能实现对分散的、不同品牌、不同级别的存储系统的整合，简化了对存储的管理。虚拟化存储的体系架构如图 4-106 所示。通过整合不同的存储系统，虚拟化存储具有以下优点。

① 向用户屏蔽了存储设备的物理差异。

② 能够有效提高存储容量的利用率。

③ 能够根据性能差别对存储资源进行区分和利用。

④ 实现了数据在网络上共享的一致性。

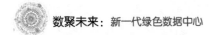

⑤ 简化管理、降低使用成本。

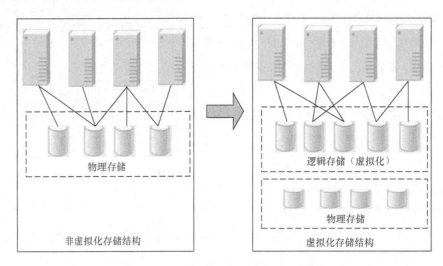

图4-106　虚拟化存储的体系架构

目前，业界尚未形成统一的虚拟化标准，各存储厂商一般根据自己所掌握的核心技术来提供虚拟存储解决方案。从系统角度来看，有3种实现虚拟存储的方法，分别是主机级虚拟存储、设备级虚拟存储和网络级虚拟存储。这3种虚拟存储技术可以单独使用，也可以在同一存储系统中配合使用。

① 主机级虚拟存储主要通过软件实现，不需要额外的硬件支持。它把外部设备转化成连续的逻辑存储区间，用户可通过虚拟管理软件对它们进行管理，以逻辑卷的形式使用。

② 设备级虚拟存储包含两个方面：一是对存储设备物理特性的仿真；二是对虚拟存储设备的实现。设备级虚拟存储技术将虚拟化管理软件嵌入在硬件中实现，可以提高虚拟化处理和虚拟设备 I/O 的效率，性能和可靠性较高，管理方便，但成本高。

③ 网络级虚拟存储是基于网络实现的，通过在主机、交换机或路由器上执行虚拟化模块，将网络中的存储资源集中起来进行管理。网络存储是对逻辑存储的最佳实现，网络级虚拟存储是基于网络实现的，通过在主机、交换机或路由器上执行虚拟化模块，将网络中的存储资源集中起来进行管理。

（3）网络虚拟化

网络虚拟化是指将多个硬件或软件网络资源以及相关的网络功能集成到一个可用软件中进行统一管控的过程，并且相对于网络应用而言，该网络环境的实现方式是透明的。

网络虚拟化有两种不同的应用形式，即纵向网络分割和横向节点整合。纵向网络分割实现对物理网络的逻辑划分，可以虚拟化出多个网络。当多种应用承载在一张物理网络上时，通过网络虚拟化分割功能，可以将不同的应用相互隔离，使不同用户在同一网络上互不干扰地访问各自不同的应用。对于多个网络节点共同承载上层应用的情况，横向整合网络节点并虚拟化出一台逻辑设备，可以提升数据中心网络的可用性及节点性能，简化网络架构。

纵向分割在交换网络中可以通过虚拟局域网（Virtual Local Area Network，VLAN）技术来区分不同业务网段，在路由环境下可以综合使用 VLAN、多协议标签交换虚拟专用网（Multi-Protocol Label Switching-Virtual Private Network，MPLS-VPN）、多路虚拟路由转发（Multi-Virtual Routing Forwarding，Multi-VRF）等技术实现对网络访问的隔离。在数据中心内部，不同逻辑网络对安全策略有着各自独立的要求，可以通过虚拟化技术将一台安全设备分割成若干个逻辑安全设备，供各逻辑网络使用。

横向整合主要用于简化数据中心的网络资源管理和使用，它通过网络虚拟化技术，将多台设备连接起来，整合成一个联合设备，并把这些设备当作单一设备进行管理和使用。通过虚拟化整合后的设备组成了单一逻辑单元，在网络中表现为一个网元节点，这在简化管理、配置、可跨设备链路聚合的同时，简化了网络架构，进一步增加了冗余的可靠性。

网络虚拟化技术为数据中心建设提供了一个新标准，定义了新一代网络架构。它能够简化数据中心的运营管理，提高运营效率，实现数据中心的整体无环设计（无环设计是指跨设备的链路聚合创建了简单的无环路拓扑结构，不再依靠生成树协议），提高网络的可靠性和安全性。端到端的网络虚拟化通过基于虚拟化技术的二层网络，能够实现跨数据中心的互联，有助于保证上层业务的连续性。

2. 节能减排效果及效益

（1）服务器虚拟化节能技术

① 服务器虚拟化技术背景和优势。当前，云计算技术已经发展到一定的阶段，国内外各大企业包括电信运营商、设备商也在研究和使用云计算技术来解决当前遇到的问题，并取得了一定的成效。国内方面，各大运营商逐步开展了云计算方面的相关尝试。

随着业务系统越来越庞大，业务系统呈"烟囱状"、部分业务能力重复建设、不同业务网络的业务认证及密码管理体系不同、门户/客户端复杂，资源利用率不高等问题逐渐显现，增加

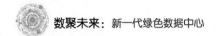

了系统管理和维护的复杂度，对企业的运营效率影响较大。

利用云计算技术，根据业务网络的总体架构和重点发展方向，归并整合了同类业务能力资源，进一步加强了业务平台的统筹规划，同时也节省了机房空间，减少了重复投资，降低了能耗。

采用云计算技术能够有效利用资源、节能减排、降本增效，实现企业效益与社会效益的同步提升。从应用上看，大的数据中心对节能技术和机房整体冷却技术的需求比较迫切。对服务器系统从整体结构上进行虚拟化平台的构建，同时利用电源管理解决方案、系统动态任务调度技术，通过管理软件动态调整和迁移任务，将闲置的服务器自动关闭或降频。

服务器虚拟化技术能够实现在一台物理机上创建多个虚拟机，可以将服务器的利用率从原来的 35% ～ 50% 提高到 70% ～ 80%，有效降低了服务器的数量，从而降低基础设施的部署成本，达到节省能源的目的。在条件允许的情况下，企业可对软件的应用逻辑进行优化，降低或减少不必要的计算能力消耗，从而进一步降低 CPU、内存利用率，减少物理设备的发热量。

② 节能贡献。

首先，服务器虚拟化通过资源动态分配减少了对服务器数量的需求。服务器虚拟化技术可将多个系统整合到一台硬件服务器上，可以在减缓物理服务器数量增长的同时，仍旧保持"一个应用程序，一台服务器"的状况。当物理设备开机运行后，其 CPU、内存等系统资源是固定不变的，但虚拟机的资源却可以根据需要动态调整。通过动态分配资源的方式可以极大地提高设备利用率，在业务系统上线前预先进行有效的方案设计，尽量减少对服务器数量的需求，从而降低大量服务器对电能的消耗。

其次，企业可以根据工作负荷情况动态转移或关停部分服务器。在虚拟机中运行的应用，可以在几乎不需要中断的情况下，从一个物理设备迁移到另外一个物理设备中。在适当的情况下，虚拟化技术的这一优势可以将利用率很低的服务器中的虚拟机集中到少数几台服务器上，并关闭其他服务器，以达到节省电能消耗的目的。

最后，减少其他能耗。IT 系统在节电方面的贡献，不仅体现在减少或者关停服务器方面，而且随着服务器数量减少，占用的空间减少，设备散发的热量也随之减少，对数据中心空调冷却设备的压力相应降低，消耗在供电、空调冷却等方面的电能也将减少，从总体上减少了数据中心的电能需求。

随着服务器虚拟化技术的日渐成熟，服务器虚拟化技术在提高 IT 设备利用率、加强业务灵活性以及改善设备管理等方面也具有明显的优势。

③ 适用场景。结合目前国内 IT 支撑系统的现状，可以在以下几类应用场景中使用服务器虚拟化技术。

a. 资源利用率较低。为了应对将来的业务发展，延长设备的生命周期，许多服务器采用了较高的配置，但在现阶段利用率很低，例如，某些新的数据业务平台，业务发展没有达到预期规划的水平，设备长时间处于低利用状态。另外一类系统则是程序资源利用率周期性变化的状态，且峰值相互错开，例如，营业系统在白天比较繁忙，而账务系统在夜间比较繁忙。

对于这类利用率或者部分时间利用率较低的系统，建议采用虚拟化技术进行整合，提高设备利用率以减少所需服务器的数量。

b. 资源配置要求快速灵活。当 IT 系统需要快速搭建开发、测试环境，或者为业务快速分配资源时，如果仍然采用新的服务器并进行安装部署，将影响资源配置效率。如果采用新增一台虚拟机的方式，就可以对业务提供快速、灵活的支持，同时根据资源的分配和使用情况，必要时可对部分虚拟机进行在线迁移、暂停或关闭，回收资源加以重新利用。

c. 需要大批量部署应用。对于在企业内部需要进行大量分发和部署的应用系统，例如营业厅、客服等系统的前端应用，采用虚拟化技术与远程桌面相结合的方式，可以避免应用系统安装、升级过程中的大量重复部署工作，能够有效提高运维效率。

d. 系统高可用性保障。为了提高业务的可用性，IT 系统中通常采用双机热备或者建设同等规模的容灾系统，这些备份和容灾设备在系统正常工作时完全闲置，对资源是很大的浪费。虚拟化技术可以在一台物理设备中实现对多个系统的热备或者容灾。一旦系统出现故障，可以立即启动对应的虚拟机或者给备份系统增加资源分配，从而保证快速无误地完成故障切换操作。

（2）存储虚拟化节能技术

云计算技术的应用提高了硬件资源的利用率，减少了硬件资源的数量，为节能减排效果做出了巨大的贡献。

在业务应用中，某些支撑系统的存储设备利用率低，而某些支撑系统却需要不断增加新的存储资源，设备利用率不均匀的现象使闲置资源得不到充分利用，反而增加了电能消耗。

存储虚拟化的节能效果体现在以下几个方面。

① 提高存储密度：在线设备的资源得到了充分利用，避免利用率不高的设备在线消耗能源。

② 高低端设备按需配置：在虚拟存储系统中，可以实现产品的阶梯状配置。对性能要求较高的设备配置高端存储，对等级低的业务系统配置中低端存储，减少高端存储对能耗的需求。

③ 节省了需要配备的存储资源：由于存储设备本身有风冷设备，所以也就节约了能耗。

④ 提高利用率，降低设备采购数量：提高了设备的整体利用率，降低了不合理的设备采购需求，减少了机房占用面积，从而减少了机房整体冷却所需的能耗。

虚拟存储对节能的效益虽然不是立竿见影，但是从长远角度来看，随着存储区域网络（Storage Area Network，SAN）规模的不断扩大，虚拟存储将从减少机房占地面积、节约机房冷却能耗、减少不合理的设备采购需求等方面，对机房节能产生较好的效果。

存储虚拟化是建设绿色数据资源中心的一项关键技术。虚拟化技术可以利用不同设备的容量来建立一个虚拟化存储容量池，解决各个设备的数据存储共享问题。

存储虚拟化管理通过减少端口数量、自动精简配置和删除重复数据等方式降低了数据中心存储系统的投资成本。

3. 适用场景

云计算中虚拟化技术的应用场景非常广泛，包括 IDC 云、企业云、云存储系统、虚拟桌面云、开发测试云、游戏云等。借助云计算的虚拟化技术，在搭建公有云、私有云和混合云、测试和开发、大数据和分析、文件存储、故障恢复、备份等方面，都可以提高 IT 设备基础结构的灵活性和弹性，优化资源利用，降低成本及能耗，从而提高其市场竞争力。

4. 实际使用案例分析或应用建议

下面将以桌面虚拟化技术的应用为例，分析其节能降耗的效果。

传统的终端部署模式存在以下问题。

① 个人计算机硬件种类繁多，集中式个人计算机管理很难实现。

② 用户修改桌面环境的需求不同，个人计算机桌面标准化很难实现。

③ 个人计算机管理工作包括部署软件、更新和修补程序。由于这些工作需要对多种个人计算机配置的部署进行测试和验证，所以要耗费大量人力，同时由于这些工作的标准化程度不高，支持人员需要经常到现场去解决问题，这进一步增加了支持成本。

④ 个人计算机上的数据不能及时备份，面临丢失的风险。

⑤ 传统终端相较于"瘦客户端"（Thin Client）耗电量大。

桌面云是云计算的一种应用形态，云计算是一种互联网上的资源利用新方式，可以为大众用户依托互联网上异构、自治的服务进行按需即取的计算，云计算的资源是动态易扩展且虚拟化的, 可通过互联网提供。桌面云是合乎上述云计算定义的一种云, 它具备云计算的三大特征: 对用户呈现为桌面服务; 资源可弹性管理; 通过网络提供, 是一种云化服务。用户只要一个 "瘦客户端" 设备, 或者其他任何可以连接网络的设备, 通过专用程序或者浏览器, 就可以访问驻留在服务器端的个人桌面以及各种应用。

桌面云是将个人计算机桌面环境通过云计算模式从物理机器中分离出来, 成为一种可以对外提供桌面的服务。个人计算机桌面环境所需的计算、存储资源集中在中央服务器上, 可以取代客户端的本地计算、存储资源; 中央服务器的计算、存储资源同时也是共享的、可伸缩的, 使不同个人计算机桌面环境资源可以按需分配、交付, 达到提升资源利用率、降低整体拥有成本的目的。桌面云服务示意如图 4-107 所示。

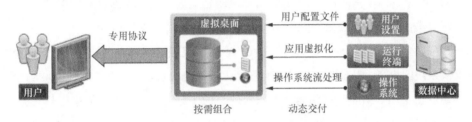

图4-107 桌面云服务示意

虚拟桌面是典型的云计算应用, 它能够在云中为用户提供远程的计算机桌面服务。虚拟桌面技术先通过在数据中心服务器上运行用户所需的操作系统和应用软件, 然后采用桌面显示协议将操作系统桌面视图以图像的方式传送到用户端设备上。同时, 服务器将对用户端的输入进行处理, 并随时更新桌面视图的内容。桌面虚拟化架构如图 4-108 所示。

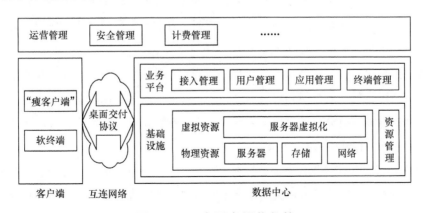

图4-108 桌面虚拟化架构

从本质上看，虚拟桌面是一种将计算机用户使用的个人计算机桌面与物理计算机相隔离的技术，是一种基于网络的客户端－服务器（Client-Server）计算模式。在该模式下，物理存在的计算机桌面由远程服务器提供而并非本地的计算机，所有程序的执行和数据的保存都在服务器中完成，用户可以通过网络访问虚拟桌面并获得与使用本地计算机桌面相近的体验。

（1）虚拟桌面技术的优势

采用虚拟桌面技术实现了资源和业务的纵向集中以及接入方式的横向扩展，更具体的优势体现在以下几个方面。

① 总体拥有成本低。桌面云使用了大量的"瘦客户端"、低功耗计算、存储资源，该建设模式改变了现有的建设、维护、运营模式，使配套的电源、制冷系统建设成本降低，并节省了大量的运营和维护成本，极大地降低了桌面系统的总体拥有成本。据权威机构测算，相对于传统个人计算机桌面系统，桌面云的 5 年总体拥有成本可降低 40% 左右。

另外，"瘦客户端"由于不使用硬盘、风扇等机械装置，其生命周期可达 8 ～ 10 年，能有效降低终端系统的投资。从能耗角度看，传统个人计算机的功率一般为 150 ～ 300W，而"瘦客户端"功率低于 20W，耗电量接近传统个人计算机的十分之一，虽然计算中心相关服务器系统会占用一定的耗电量，但从长远角度来看，随着"瘦客户端"分布数目增多，节电效果将更明显。

② 信息安全。所有数据和计算都发生在中心机房里，用户通过网络获取的只是图像信息，机密数据和信息不能通过网络下载、存储，极大地提高了信息的安全性。

③ 易于管理，资源按需分配。所有桌面的管理和配置都集中在中心机房，管理员可对所有桌面和应用进行统一配置和管理，例如系统升级、应用安装等，避免由于传统桌面分布造成的管理困难和高昂的维护成本。由于不同的桌面环境对资源的要求不同，桌面云后台系统可以根据用户需求对资源进行合理的计算和存储资源调配，有利于资源的集约化使用，达到资源的弹性管理，提高资源的利用率，达到节能减排的目的。

④ 灵活接入。用户对计算机桌面的访问不再限定在特定设备、特定地点和特定时间，而是可以从任何网络可达的地方访问其应用和桌面，具有很强的移动性。作为云计算的一种服务方式，由于所有的计算都被放在了后台服务器上，所以对终端设备的要求降低，除传统的台式计算机、笔记本之外，智能手机等设备都是可用设备。

⑤ 可靠稳定性。传统计算机桌面分散在各个地方，且不具备服务器级别的冗余备份，一旦停电事故、系数错误就可能导致传统桌面崩溃。虚拟桌面核心数据集中在中心机房，并且考虑了冗余备份，故障率更低，稳定性更高。

（2）桌面虚拟化节能降耗策略

采用虚拟桌面方案后，前台设备将统一采用"瘦客户端"方式，最大化地减少桌面设备对业务系统的影响。通常情况下，一个"瘦客户端"可以用到 15 年以上，并且不需要考虑终端设备的更新换代问题。与传统个人计算机相比，一台"瘦客户端"设备极大地提高了基础资源的利用率，降低了终端设备的部署成本。

在能耗方面，经过测算，一般的虚拟桌面系统将比传统的个人计算机桌面系统节电 50% 以上，而且客户端设备数量越多效果越明显。例如，一台"瘦客户端"设备只消耗 12W 左右的电量，而一台个人计算机却消耗将近 250W 的电量。在虚拟化平台上，高度的部署密度使一台服务器可以同时支持数十个虚拟机运行，同时高密度也提高了服务器自身电能的利用率。虚拟桌面节能对比见表 4-32。

表4-32　虚拟桌面节能对比

	数量 / 台	单台功率 /W	工作时间 /h	工作时间效率 /%	每天功率合计 /kW
"瘦客户端"	180	12	24	100	51.84
服务器	5	528	24	100	63.36
存储	1	400	24	100	9.6
个人计算机	180	250	24	100	1080

桌面虚拟化技术不仅提高了资源的集约化使用，而且同时在终端用户方面极大地节省了电能消耗，每年还可以节省大量的对基础设备的投资，在降低投资成本的同时，还可以获得更好的经济效益。

4.4.2　物联网技术

1. 技术原理

物联网（IoT）是指通过各种信息传感器、射频识别技术、全球定位系统、红外感应器、激光扫描器等装置与技术，按照相关的协议，实时采集所需要监控、连接、互动的物体或过程，采集其声、光、热、电、力学、化学、生物、位置等各种需要的信息，通过有线或无线的网络接入，实现物与物、人与物的泛在连接，实现对物品和过程的智能化识别、定位、跟踪、监控和管理。物联网以网络为信息的载体，使人与物、物与物之间能够进行数据的交流和传输，也就是所谓的万物互联。物联网的本质是在互联网的基础上延伸和扩展的网络，它的核心和基础仍然是互联网，只不过其用户端延伸和扩展到物与物或物与人之间进行信息的交换和通信。物联网的架构如图4-109所示。物联网的架构分为感知层、网络层、平台层和应用层。

图4-109　物联网的架构

感知层是物联网的核心，主要负责关键的信息采集。感知层是物联网的底层，通过各种传感网络获取信息。传感设备包括射频识别技术（Radio Frequency Identification，RFID）标签和读写器、二维码标签、温度传感器、湿度传感器、摄像头、GPS等感知终端。感知层相当于人的眼耳鼻喉和皮肤等神经末梢，可用于识别物体，采集信息。数据采集后被接入网关，形成传感网络。感知层所需的主要技术包括RFID、传感与控制、短距离无线通信等，从而实现对"物"的认识与感知。

网络层由各种私有网络、互联网、有线和无线通信网、网络管理系统等组成，类似人的中枢神经，用于传递感知层获取的信息。网络层主要完成接入和传输的功能。

平台层主要是云服务平台（Platform as a Service，PaaS），负责数据及信息等集中处理和计算。

应用层是物联网和用户（包括人、组织和其他系统）的接口，它与行业需求相结合，实现物联网的智能应用。应用层主要用于解决信息处理和人机交互界面，通过分析处理感知数据，为用户提供相应的服务，针对不同的应用，可提供更加准确和精细的智能化信息服务。应用层是物联网发展的重点目标。物联网的应用层可分为控制型、查询型、管理型、扫描型等，可通过现有的手机、电脑等终端实现广泛的智能化应用解决方案。

物联网的 3 个关键技术为传感器技术、RFID 标签技术、嵌入式系统技术。

传感器技术是将传输线上的模拟信号转化为可由计算机处理的数字信号。

RFID 标签技术是通过射频无线信号自动识别目标对象,由读写器与标签之间进行数据通信,并获取相关数据。它是一种非接触式自动识别技术。

嵌入式系统技术是集计算机软件、计算机硬件、传感器技术、集成电路技术和电子应用技术为一体的复杂技术。

2. 节能减排效果及效益

物联网是一个庞大的信息系统,其产业链涉及各行各业。物联网的节能措施可以从以下两个方面分析。

（1）采用高效低耗设备

因为物联网设备要"一直在线",随时等待用户命令并且执行指令,所以要一直处于通电状态,这样往往需要消耗大量能源。因此,厂家在产品研发方面,需要考虑高效低耗,使物联网设备在使用过程中节省能源消耗。产品将向着尺寸更小、运行速度更快、功能更敏捷的方向演进。

（2）通过智能管理平台降低电力消耗

通过在用电设备中安装各种传感器,可综合掌握设备所处的运行状态,有针对性地对设备运行进行调控,达到减少能源消耗的目的。

采用物联网技术,以无线或 IP 网络的方式对数据中心的能耗情况进行采集,依据机房的节能策略对机房的能耗情况进行评估。在采集机房相关数据的基础上,全面掌握机房各设备的耗能情况,以及与耗能相关的诸如温湿度的数据情况,建立绿色数据中心的节能评估系统。同时,根据节能的评估结果,采用不同于传统机房整体环境能耗的控制技术,根据能耗热点的不同实现 IT 微环境降耗的精准控制。实践证明,物联网的传感技术和智能技术的应用大大减少了电能消耗。

物联网为产品信息共享提供了一个高效、快捷的网络平台,实现对万物的高效、节能、安全、环保的"管、控、营"一体化。

3. 适用场景

物联网用途广泛,可应用于多个领域,例如无线服务类(车载 Wi-Fi、自助售货机、公网对讲)、监控及感知类（家居服务、可穿戴设备、智能抄表、智慧城市／农业、远程医疗服务、智能广告）、其他类（货物跟踪管理等）。同时，物联网还可以应用于数据中心基础设施的管理系统、数字化管理、精细化运营、提高资源利用率、支撑业务决策。通过能效管理、资产管理、容量管理使整个数据中心运行更加节能高效。

物联网使用场景主要体现在采集、传输、计算、展示 4 个步骤。物联网终端采集数据，将数据传送给服务器，服务器存储和处理数据，并将数据传递给用户。物联网的应用都是基于正向数据采集和反向指令控制实现的。

4. 实际使用案例分析或应用建议

以物联网在数据中心基础设施管理系统（Data Center Infrastructure Management，DCIM）中的应用为例，DCIM 平台使数据中心基础设施管理达到的主要目标如下。

① 提高资产和基础设施的利用率。

② 综合降低能源消耗和运维成本。

③ 流程化管理满足规定的服务水平。

④ 实时自动提供管理决策信息。

⑤ 提高数据中心的效率和效益。

（1）资产管理

在资产管理方面，针对设施、设备进行分类、标识、建库、定位、跟踪、统计、分析、部署、变更。在容量管理方面，针对机房空间、机柜、电力、冷却、网络、荷载等进行标识、规划、存量、统计、分析、预测、模拟、部署、变更。在能源管理方面，针对水、电、气等进行设定、优化、分析、模拟、调节、计量等。

以 RFID 技术为基础的资产管理系统，通过 RFID 的方式定位 IT 设备的物理位置，为设备的识别、定位、追踪、盘点等功能提供依据。它能灵活设置能耗测量点，精细到机架／服务器级的能耗分析，识别节能改进目标。基于 RFID 技术的资产管理系统如图 4-110 所示。

（2）容量管理

容量管理是对数据中心的电源、制冷、空间、机柜、接线、承重和网络等项目的容量状况通过各种图形仪表展示出来，并可以根据资产管理系统内的变更情况自动更新，快速查看数据中心使用了多少容量、还有多少可用容量，进而实现更好的容量规划。容量管理示意如图 4-111 所示。

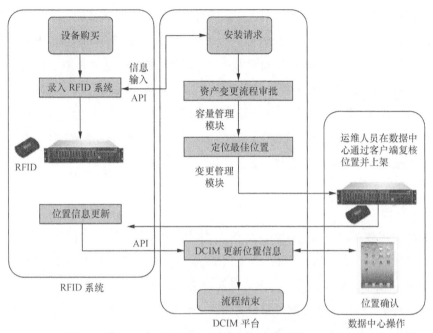

图4-110 基于RFID技术的资产管理系统

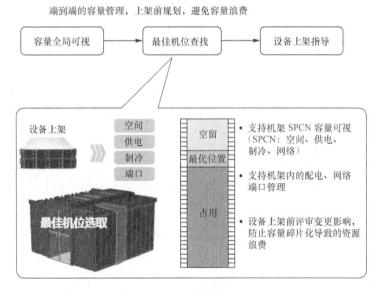

图4-111 容量管理示意

DCIM 系统应具备 IT 设备数据库管理功能，内容包括设备品牌、型号、尺寸、功耗、接口等主要信息，根据用户可定义部署原则进行系统自动部署，降低部署规划的工作负担，实现智能搜索、放置和预留。该功能可以在数据中心找到最适合安装待添加设备的机柜。按照厂家、机型或其他条件搜索，可以快速地找到可用空间、电源、网络连接及预留空间。这种方式简化了变更管理，同时针对未来 IT 设备的供应进行规划。DCIM 系统必须根据 IT 设备参数估算每机架的功率和热负荷进行部署规划。具体部署规划中需要配置足够的电源，并留有足够的余量，既要避免因配置容量不足而影响设备正常运行，又要避免因留有的余量过大而导致能效降低。在设计和建设高密度计算数据中心时，必须评估各种设备的电源需求与热负荷，进行合理的机架配置。

（3）能效管理

提高能源使用效率的方法有很多，例如，关闭空闲设备，构筑虚拟化，合并计算，使用或者启用 CPU 能源管理功能，利用高效率的 IT 设备供电装置，使用高效率的不间断供电装置，评估数据中心的利用率和效率，优化降低数据中心的能源需求等。

能效管理系统能够实时地查询到基于端口、IT 设备、部门、用户、机柜、区域、楼层、数据中心等多层次的能源消耗数据，为进一步统计分析和能源调配提供基础和依据。根据采集的数据，可以计算生成能耗的成本，电费报告可按数据中心、业务部门、业务或应用出具。

根据采集的数据绘制出数据中心的能耗图，并精确定义实际的能耗基线图，为数据中心的扩容提供精准的容量规划；通过设备级在线的数据采集，能够计算出精准的 PUE 值和碳排放量，助力节能减排。

通过能源管理统计数据生成的各种报告可以了解现有能源消耗的分布情况、使用特点、计算能源消耗的未来发展趋势，为安全用电、调配能源分布进行电力容量规划提供重要的参考。

通过对设备用电及环境温湿度数据分析诊断，采用调整机房布局，动态优化送风、除湿和制冷，调整三相平衡，根据业务需求制订开关机等措施，降低能耗。

能耗监测与分析能够有效判定数据中心分布的低负载服务器，以及群组级别服务器控制带来的能耗降低。一个数据中心"僵尸服务器"的占比通常高达 15% 左右。利用服务器能耗分析，可以很容易确定长期低负载服务器的信息，从而将这些服务器更加合理有效地加以利用。基于智能平台管理接口（Intelligent Platform Management Interface，IPMI）协议实现的群组级别的自动开关机能力，可以将没有业务的部分服务器一次性统一关机以节省电能，最大限度地降低能耗水平，降低能耗成本。

4.4.3 软件定义网络技术

1.技术原理

软件定义网络（Software Defined Network，SDN）是将网络的控制平面与数据转发平面进行分离，采用集中控制替代原有的分布式控制，并通过开放和可编程接口实现"软件定义"的网络架构。SDN 是 IT 化网络，是"软件主导一切"、从 IT 产业向网络领域延伸的重要体现，具有开放的生态链，其核心是网络的"软件化"，基于软件实现网络的敏捷、开放和智能。

业界将 SDN 归纳为一种新的方法论或者架构。

① SDN 实现了控制与转发解耦，这是网络实现能力开放的架构基础。

② SDN 注重于集中化控制，集中的控制器对网络资源和状态有更加广泛的了解，可以更加有效地调度资源来满足客户的需求。

③ SDN 利用可编程接口，允许外部系统控制网络的配置、业务部署、运维以及转发行为。

SDN 关键特征包括转控分离、集中控制、优化全局效率；开放接口、加快业务上线；网络抽象、屏蔽底层差异。软件定义网络体系架构示意如图 4-112 所示。

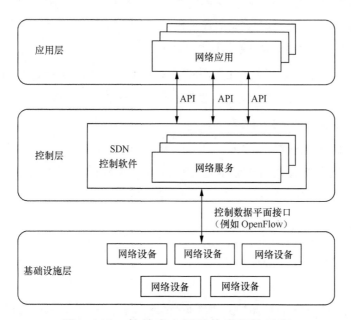

图4-112　软件定义网络体系架构示意

SDN 整体架构分为应用层、控制层、基础设施层。

① 应用层包括各种不同的业务和应用，以及对应用的编排。

② 控制层主要负责处理数据平面资源，维护网络拓扑、状态信息等。

③ 基础设施层负责基于流表的数据处理、转发和状态收集。

随着 SDN 技术逐渐应用到现网之中，管理功能依然是必需的，主要实现对上述 3 个层面的配置以及安全管理，包括在数据平面实现对网元层设备的初始配置；在控制平面实现对 SDN 应用程序控制范围的策略配置以及系统的性能监控；在应用平面实现服务等级协议（Service Level Agreement，SLA）的相关配置。

SDN 的核心重点是将实体设备作为基础资源，抽象出网络操作系统（Network Operating System，NOS）、隐藏底层物理细节并向上层提供统一的管理和编程接口，以 NOS 为平台开发的应用程序可以实现基于软件定义网络技术的拓扑、资源分配、处理机制等。

SDN 技术重点在于南 / 北向接口标准化，目前，在结合业务场景实现跨厂家的互通，相应接口和系统的性能和可靠性等方面仍存在问题。根据技术和产业链的成熟程度，运营商逐步考虑在 IP 骨干网、IDC 网络等数据网中应用 SDN，并逐步扩大到其他 IP 网和传输、接入等其他专业网络，因此亟须在 SDN 接口的标准上形成统一。SDN 的发展壮大可能带来网络产业格局的重大调整，传统通信设备企业将会面临巨大挑战，IT 和软件企业将迎来新的市场机遇。

对于网络重构而言，SDN 的核心价值在于将传统分散的网络智能统一起来。传统网络基于分散的单一化控制和转发，网络管理主要面向配置管理，业务能力有限。而 SDN 技术将主要用于网络配置的网络管理能力转换为智能调度和网络能力封装，不仅改善了自身资源的管控，还能真正实现对上层业务应用的按需适配。

随着 SDN 标准的逐步完善，以及软件自主开发能力的增强，后续运营商还要考虑打通跨厂家、跨专业的控制层，做到 SDN 端到端的网络能力调度和业务编排。从长远来看，还会在 SDN 网络中应用大数据分析和人工智能技术，最终实现网络智能化。

2. SDN 架构解读

SDN 体系架构如图 4-113 所示。

（1）应用平面

该层主要对应的是网络功能应用，通过北向接口与控制层通信，实现对网络数据平面设备的配置、管理和控制。该层也可能包括一些服务，例如负载均衡、安全、网络监控等，这些服务都是通过应用程序实现的。它可以与控制器在同一台服务器上运行，也可以在其他服务器上运行。该层的应用和服务往往通过 SDN 控制器实现自动化。

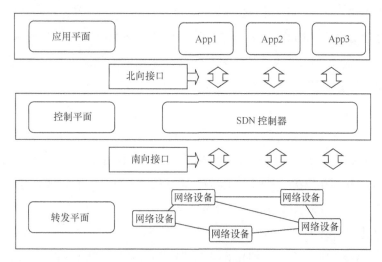

图4-113　SDN体系架构

（2）北向接口

北向接口是指控制平面和应用平面之间的接口。在 SDN 的理念中，人们希望控制器可以控制最终的应用程序，只有这样才能针对应用的使用情况，合理地调度网络、服务器、存储等资源，以适应应用的变化。北向接口可以将数据平面资源和状态信息抽象成统一的开放编程接口。北向接口尚未标准化，虽然转发平面容易抽象出通用接口，但是应用的变数较大。当前，RESTful 是网络用户容易接受的方式，成为北向接口的主流技术。

（3）控制平面

该层主要是指 SDN 控制器。SDN 控制器也被称作网络操作系统。控制平面内的 SDN 控制器可能有一个，也可能有多个；可能是一个厂家的控制器，也可能是多个厂家的控制器协同工作。一个控制器可以控制多台设备，甚至可以控制其他厂家的控制器；而一个设备也可能被多个控制器同时控制。一个控制器可以是一台专门的物理设备，可以运行在专门的一台或多台成集群工作的物理服务器上，也可以通过虚拟机的方式部署在虚拟化环境中。

（4）南向接口

南向接口是负责控制器与网络设备通信的接口，也就是控制平面和转发平面之间的接口。在 SDN 的理念中，人们希望南向接口标准化，只有这样，SDN 技术才能摆脱硬件的束缚，否

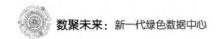

则它只能是特定的软件用于特定的硬件上。

（5）转发平面

该层主要是网络设备，可以将这一层理解为基础设施层。这些在转发平面上工作的网络设备可以是路由器、物理交换机，也可以是虚拟交换机。所有的转发表项都在网络设备中，用户数据报文在这里被处理和转发。网络设备通过南向接口接收控制层发来的指令，产生转发表项，并可以通过南向接口主动将一些实时事件上报给控制平面。

（6）SDN 控制器

控制器是 SDN 网络的逻辑控制中心，它通过北向接口与应用连接，通过南向接口与网络设备连接，提供网络指令。在 SDN 形式中，控制器具备所有智能行为，交换机只是由控制器管理的不会发号施令的标准化设备。SDN 控制器是 SDN 的"大脑"，负责对底层转发设备的集中统一控制，同时向上层业务提供网络能力调用的接口。

从技术实现上看，SDN 控制器实现的主要功能如下。

① 实时采集设备关键信息与网络拓扑以及状态变化情况、网络各链路使用状态；对应用提供业务支撑、提供网络拓扑、实时流量分析、关键业务动态部署等功能。

② 基于全局网络和流量视图，面向关键业务进行端到端路径的集中计算，实现业务流实时调度以及业务的快速部署和设备配置。

③ 进行可靠性和安全性管理，实现在故障情况下快速恢复、关键功能在线部署、升级。对控制器北向接口开放功能的访问进行严格授权、认证及计费，保证每次访问的可追溯性。加密控制器与设备之间的通信通道，防止对控制器的非法访问和数据篡改。

④ 同步集群内状态和持久化管理数据库，实现控制器集群内多服务器间的状态数据实时同步，保证相关配置数据、策略数据在设备意外冷启动后快速恢复。多控制器之间具备协同、主备切换等功能，以避免 SDN 集中控制导致的性能和安全瓶颈问题。

3. 节能减排效果及效益

SDN 实现了控制功能与数据平面的分离和网络可编程，进而为更集中化、精细化的控制奠定了基础。SDN 相对于传统网络具有以下优势。

① 将网络协议集中处理，有利于提高复杂协议的运算效率和收敛速度。

② 控制的集中化有利于从更宏观的角度调配传输带宽等网络资源，提高资源的利用效率。

③ 简化了运维管理的工作量，提高运维效率，大幅节约运维费用。

④ 通过 SDN 可编程性，工程师可以在一个底层物理基础设施上加载多个虚拟网络，然后使用 SDN 控制器分别保证每个网段的质量服务（Quality of Service，QoS），从而增强差异化服务的程度和灵活性。

⑤ 业务定制的软件化有利于新业务的测试和快速部署。

⑥ 控制与转发分离，实施控制策略软件化，有利于网络的智能化、自动化和硬件的标准化。

SDN 将网络的智能从硬件转移到软件，用户不需要更新已有的硬件设备就可以为网络增加新的功能。这简化和整合了控制功能，不仅让网络硬件设备更可靠，还有助于降低设备购买和运营成本。控制平面和数据平面分离之后，厂商可以单独开发控制平面，并且可以与专用集成电路（Application Specific Integrated Circuit，ASIC）、商业芯片或者服务器技术集成。由于 SDN 具有上述特点，所以 SDN 的发展壮大可能会带来网络产业格局的重大调整，传统通信设备企业将面临巨大的挑战，IT 和软件企业将迎来新的市场机遇。同时，由于网络流量与具体应用衔接得更紧密，所以网络管理的主动权存在从传统运营商向互联网企业转移的可能。

网络作为运营商最重要的核心资源，决定了运营商的竞争力和发展潜力。网络架构的重构已经成为全球电信网络技术创新的大潮流，也是网络转型的突破口。SDN 提供了一种目前最开放、最灵活和可持续演进的新架构，是网络架构重构的主要技术路径，SDN 驱动的网络架构重构的根本是使传统垂直架构向水平架构演进。

数据中心利用 SDN 技术，根据业务网络的总体架构和重点发展方向，也可以灵活调度同类业务能力资源，进一步加强业务平台的统筹规划，有效节省业务平台设备的数量，降低能耗。数据中心硬件数量的减少，相应地降低了设备用电及辅助用电，例如照明和制冷等，设备每节省 1W 电能，可使系统节省 2.84W 电能。

4. 适用场景

SDN 技术可应用于数据中心承载网、广域网、城域网、传送网、接入网等。本节主要介绍 SDN 技术在云数据中心的应用。

（1）云数据中心面临的问题

计算和存储虚拟化技术经过几年的发展，已经基本能够满足用户的需求，而随着云计算 IDC 的规模扩大，以及用户个性化需求的日趋强烈，网络已经成为制约云计算 IDC 发展的最大瓶颈，主要体现在以下几个方面。

① 虚拟化环境下网络配置的复杂度极大提升。IDC 内部设备众多，特别是在计算资源虚拟化后，虚拟机的数量更是增长了数十倍，且各类业务特性各异，导致网络配置的复杂度大大增加，基于传统点到点手动配置的模式，难以满足业务快速上线的要求。

② 虚拟化环境下无法有效进行拓扑展现。现有的网络管理系统均是基于传统网络环境的，在虚拟化环境下，由于虚拟机与网络设备端口并不是一一对应的，因此无法很好地呈现业务系统与网络资源之间的对应关系，导致运维复杂，极易出现问题。

③ 无法很好地实现多租户网络隔离。在云计算环境下，各业务系统共用同一套核心的交换机、路由器、防火墙、负载均衡器等设备。目前的传统网络技术很难实现多个系统之间的有效隔离，很难在既满足云 IDC 系统对 IP 地址、VLAN、安全等网络策略进行统一规划的前提下，又能很好地支撑各系统的个性化要求。

④ 无法实现动态资源调整。不同业务系统的流量、安全策略等均有所不同，传统的网络技术无法动态地感知各业务属性，从而灵活地进行适应性的资源调整，容易造成资源的浪费或过载。

（2）基于 SDN 的解决方案

目前，基于 SDN 的 IDC 网络解决方案主要有以下 3 种。

① 基于专用接口。它主要是由一些网络设备厂家主导的方案，SDN 控制器与网络设备之间通过私有协议进行通信，实现网络配置的统一管理和下发。该方案需要对现有网络设备进行软件升级改造，较易实现，但该方案的缺点也很明显，即接口标准不统一，导致不同厂家之间的接口无法互通，SDN 控制器适配多种设备难度很大。

② 基于开放协议。此方案与上一个方案大致相同，只是将厂家的私有协议换成基于开放网络基金会（Open Networking Foundation，ONF）主导的 OpenFlow 等标准开放协议。该方案的缺点是 OpenFlow 标准的产业化成熟度不高，目前不同的标准化组织之间还存在激烈的竞争，标准无法统一，另外需要对现有的网络设备进行大规模的升级与替换，无法很好地实现业务的平滑升级与过渡。

③ 基于叠加（Overlay）。上述两个方案的问题都是需要对现有的硬件设备进行全面的升级或替换，一方面造成前期投资的浪费，另一方面也容易造成业务的中断。因此，我们主要推荐采用基于叠加的 SDN 解决方案。基于叠加的 SDN 解决方案如图 4-114 所示。

此方案的特点是以现有的 IP 网络为基础，在其中建立叠加层，全面屏蔽底层物理网络设备，所有的网络能力均以网络功能虚拟化（Network Functions Visualization，NFV）倡导的软件虚拟化方式提供。

　　此方案的优势是不依赖于底层网络设备，可灵活地实现业务系统的安全、流量、性能等策略，实现多租户模式，基于可编程能力实现网络自动配置。此方案的缺点是在一定程度上增加了网络架构的复杂度，且与传统的专用网络设备相比，通用服务器架构存在一定的性能缺失。

　　（3）实现多租户的网络隔离

　　为了实现多租户的网络隔离，采用一种 L2 over L3 的隧道技术来构建一张虚拟网络，隧道封装协议可选择包括虚拟扩展局域网（Virtual Extensible LAN，VxLAN）、基于多协议标签交换的标准路由封装（MPLS over GRE）、基于

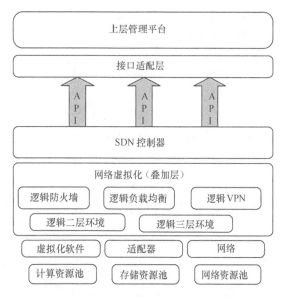

图4-114　基于叠加的SDN解决方案

网络虚拟化的标准路由封装（NV-GRE）、无状态传输隧道（Stateless Transport Tunneling，STT）等，基于 VMware 公司在业界的领先地位，目前获得支持较多的是其提出的 VxLAN。VxLAN 的工作原理是创建 L2 层的逻辑网络，并将其封装在标准的 L3 层 IP 包中，不需要依赖传统的 VLAN 等二层隔离手段，即可实现多租户的逻辑区分，使用户可以很方便地在现有网络上大量创建虚拟域，并且使它们彼此之间以及与底层网络完全隔离。

　　（4）SDN/NFV 解决方案面临的问题

　　SDN/NFV 解决方案以较低的成本实现了云计算 IDC 网络的智能化，简化了网络配置，实现了多租户隔离，但作为新兴技术，在现阶段也不可避免地存在一些问题。

　　① 可靠性问题。传统数据中心网络设备采用高可用性的专有电信设备，可靠性高达 99.999%，而虚拟化核心网络设备基于通用服务器，可靠性要低于专用电信网络设备。当然，通过虚拟机集群化部署、实时监控、管理备份等手段在一定程度上也可以提高软件定义系统的可靠性。

　　② 转发性能问题。传统网络设备采用专用的特殊应用 ASIC 芯片以及优化的交换背板，数据存储转发能力要优于通用的服务器，其瓶颈问题主要集中在 I/O 接口的数据转发性能上。从一般的测试结果来看，和传统设备相比，该方案大概会有 30% ～ 40% 的性能损失。但通过定制底层设备，优化操作系统，优化业务层软件等方式，未来可以将差距缩小到 10% 以内。

　　③ 标准化问题。SDN/NFV 的虚拟化架构与传统的电信标准化工作差异非常大，并且采用

的接口和协议涉及多个标准化组织及开源组织，标准化难度较大且进展缓慢，整个虚拟化网络的标准化工作任重而道远。

5. 实际使用案例分析或应用建议

（1）利用 SDN+VxLAN 技术构建 vDC

虚拟化数据中心（virtual Data Center，vDC）是将云计算概念运用于 IDC 的一种新型的数据中心形态。通过传统 IDC 业务与云计算技术相结合，建设统一创新型 vDC 运营管理系统，应用虚拟化、自动化部署等技术，构建可伸缩的虚拟化基础架构，采用集中管理、分布服务模式，向用户提供一点受理、全网服务的基础 IT 设施方案与服务。SDN+VxLAN 构建 vDC 示意如图 4-115 所示。

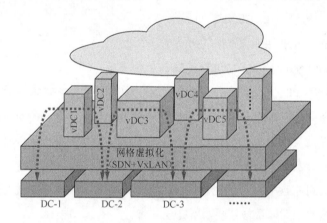

图4-115　SDN+VxLAN构建vDC示意

① 业务模式。

vDC 可带来的新业务模式见表 4-33。

表4-33　vDC可带来的新业务模式

业务模式	场景描述	带来优势	为企业带来优势
vDC 机架租赁模式	将IDC机房和网络资源（包括零散机架）整合，为用户提供跨机房、高弹性、高扩展性的机架租赁服务	增加盈利点。 • 通过资源整合租赁，提高资源利用率 • 引入更多现场增值服务 • 高效、快速提供防火墙和入侵预防系统（Intrusion Prevention System，IPS）等网络增值服务	业务需求。 • 满足机架和网络平滑扩展的需求

（续表）

业务模式	场景描述	带来优势	为企业带来优势
vDC 公有云模式	企业用户业务全部在公有云上运行（跨 IDC 机房的云资源池），只须租赁公有云资源即可，不需要投入云的建设和维护	增加盈利点。 • 提供虚拟机、存储、网络管理和增值服务租赁，扩展 IDC 运营商传统业务模式 • 未来可出租资源：TOR 接入端口、VNI 资源、DC-LAN 带宽、层次化安全服务（租户内/间）、VM 和存储等	• 跨机房资源租赁，提升基础资源的冗灾安全性 • 基础资源开通加速 • 采用服务外包的方式简化现场运维 经济效益。 • 租用零散资源，费用较低
混合云模式	企业高私密业务部署在私有云内，其余业务在公有云上运行	增加盈利点。 • 扩展业务空间，提供跨城域、灵活部署的混合云业务简化运维 • 业务快速开通与业务可视化	

② 实现方式。基于 SDN 的技术实现了 VxLAN 大二层组网，提供 IDC 间东西向与底层无关的二层互通能力。VxLAN 大二层组网示意如图 4-116 所示。

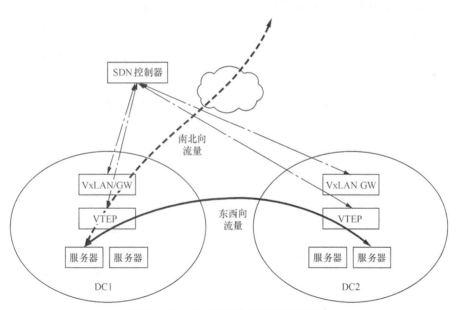

图4-116　VxLAN大二层组网示意

（2）利用 SDN 进行 DC 之间流量调优

① 谷歌 B4 网络经典案例。谷歌的 B4 网络是世界上著名的基于 SDN 技术的商用网络，一

方面因为谷歌本身的技术实力，另一方面是因为谷歌在该网络的搭建上投入的资金多、周期长，最后的验证效果也很好，是 SDN 发展早期为数不多的大型 SDN 商用案例，是一个充分利用了 SDN 优点（特别是 OpenFlow 协议）的经典案例。

谷歌的广域网由两张骨干网平面组成：外网用于承载用户流量，被称为 I-scale 网络；内网用于承载数据中心之间的流量，被称为 G-scale 网络。这两张网络的需求差别很大，流量特性也存在很大的差别。根据 G-scale 网络的需求和流量特性，也为了解决广域网在规模经济下遇到的问题，谷歌试图利用目前备受关注的 OpenFlow 协议，通过 SDN 解决方案来实现目标。

在开始这个项目时，谷歌发现没有合适的 OpenFlow 网络设备能够满足需求，因此谷歌决定自己开发网络交换机，此交换机采用了成熟的商用芯片，还有基于 OpenFlow 开放的路由协议栈。

每个站点部署了多台交换机设备，保证可扩展性（高达 T 比特的带宽）和高容错率。站点之间通过 OpenFlow 交换机实现通信，并通过 OpenFlow 控制器实现网络调度。多个控制器的存在就是为了确保不会发生单点故障。谷歌还在这个广域网矩阵中建立了一个集中的流量工程模型。这个模型从底层网络收集实时的网络利用率和拓扑数据，以及应用实际消耗的带宽。有了这些数据，谷歌计算出最佳的流量路径，然后利用 OpenFlow 协议写入程序中。如果出现需求改变或者意外的网络事件，模型会重新计算路由路径，并写入程序中。谷歌的数据中心广域网以 SDN 和 OpenFlow 为基础架构，提升了网络的可管理、可编程能力，以及网络利用率和成本效益。2010 年 1 月，谷歌开始采用 SDN 和 OpenFlow，2012 年年初，谷歌全部数据中心骨干连接都采用了这种架构，其网络利用率也从原来的 30% ～ 35% 提升到 95%。

② 运营商的 SDN 流量调优方案。

a. IDC 出口方向灵活选择。目前的 IDC 和城域网带宽相对独立，资源利用率较低，网络资源静态化，难以根据用户或应用需求进行实时调整。经分析，城域网的流量特点是入流量远大于出流量，而 IDC 的流量特点是出流量远大于入流量。传统的路由技术很难做到实时根据各方向链路负载灵活地选择流量方向。为解决此问题，可充分利用 SDN 技术的转发与控制分离的特点，整合城域网出口和省 IDC 专网出口带宽形成全省统一的出省带宽资源池，疏通 IDC 至省外流量，消除城域网、IDC 带宽忙闲不均的现状，提升整体带宽利用率；同时，将 IDC 服务对象分为同城、省内、省外 3 类，通过 SDN 控制业务流量合理分流，由传统、分散的路由策略优化过渡为集中 SDN 转发策略。

b. 基于源地址的 VIP 大客户的保障。在传统模式下，所有客户共享 IDC 出口的链路。在技术层面做不到对 VIP 大客户进行更有效的服务质量保证，而通过 SDN 技术，可以实时地监测各条链路的状态，从而将 VIP 客户的流量引导到高优先级的链路上，保障其拥有更优的业务体验。

采用 SDN 技术,不仅可以优化网络架构,提升网络带宽利用率,同时也提高了业务平台资源的利用率,从而减少基础设施的数量,达到节能减排的效果。

4.5 智能化节能与创新

4.5.1 数据中心基础设施运营管理平台

伴随着互联网的迅速发展,各企业的信息化建设步伐不断加快,从大数据分析、数据挖掘到人工智能,信息化时代应用于管理的 IT 资源发生了翻天覆地的技术变革,从独立、分散的功能性资源发展成为以数据中心作为承载平台的创新的服务型管理模式。客户通过租赁的方式从数据中心获取高效、专业的 IT 资源及增值服务,进而更加专注于自身业务的创新与发展。

在各种基础设施及运营数据快速增长的同时,数据中心的规模和复杂性也在不断增加,在数据中心的整个运营过程中,主要存在以下问题。

1. 运营手段较原始,人力资源投入较多

传统数据中心的日常运营依靠运维人员人工巡检、纸质化登记,在 5G 以及大数据时代,按照传统的运维作业,将需要投入更多的人力资源,难以适应数据中心业务的快速发展。

2. 资源管理不清晰,管理方式手工化

数据中心缺乏空间资源规划、动力资源规划、制冷资源规划以及资产自动化管理。日常业务维护过程中,在空间资源、动力资源、制冷资源管控方面的力度不足,同时在资产管理方面缺乏资产的查询、定位、导航可视化经营工具,方式比较落后。

3. 能耗控制手段少,数据支撑弱

动环监控系统目前被用于采集底层数据,仅提供监控作用,未能与能耗调节紧密结合,采集的数据也和运维数据割裂,虽然采集的数据类型较多,但无法对能耗调控和运维作业进行有效的支撑,对能耗的管理仅仅体现在展示呈现能耗数据,无调控降耗作用,对降低 PUE 指标的目标和能耗优化仍处于原始阶段。

以上 3 个问题与现状严重制约了数据中心业务的发展,如何降低总体拥有成本(Total Cost

of Owership，TCO）、提升运营管理效率、增进业务创新能力成为焦点问题。数据中心基础设施运营管理平台（Datacenter Construction Operation Management，DCOM）融合数据中心行业管理经验和领先的技术创新理念，为数据中心提供面向数字化运营的解决方案，解决目前数据中心高成本、低效益的问题。

4.5.2 数据中心系统架构

数据中心基础设施运营管理平台涵盖多种被监控对象，覆盖面较广，功能复杂，平台设计遵循模块化开发与部署，平台从底层到最上层的图形用户接口可分为 5 层，每一层实现不同的功能。数据中心基础设施运营管理平台系统架构如图 4-117 所示。

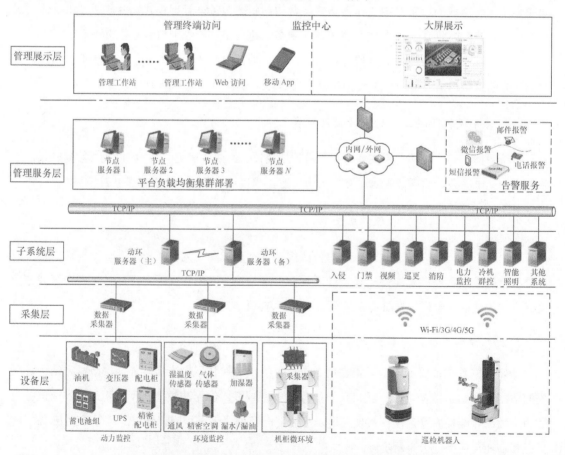

图4-117　数据中心基础设施运营管理平台系统架构

1. 设备层

设备层主要包括数据中心的机房环境设备、暖通设备、电力设备以及安防设备等被管理的实体。该类设备是需要进行实时监控的对象，也是原始监控信息的来源。设备本身具备对外的智能接口，管理对象可通过标准或私有协议的方式向上层提供各种功能和事件数据。例如，基于 Modbus 协议的 RS485/RS232、SNMP 等协议的接口。

2. 采集层

采集层主要包括数据采集器、采集服务器、I/O 采集模块等采集设备，对数据中心动力、环境及安防系统中设备运行数据进行协议解析、采集处理，以及各子系统的采集、管理等，将数据上传至动环或运营管理平台。该层主要包含两个具体功能：一是对管理实体中的数据进行数据采集；二是根据要求对数据进行必要的整合。

3. 子系统层

子系统层主要包括机房动环监控系统、电力监控系统、冷源群控子系统、安防子系统（入侵报警子系统、电子巡更子系统、门禁子系统、视频监控子系统）、消防报警子系统等第三方系统，各个子系统均能够向上提供软件接口（例如 OPC、SNMP、BACnet 等标准协议的接口），通过接口模块将各个子系统采集到的数据进行协议和信息模型转换，将"事件""告警""资源"等数据转换成集成管理系统可识别的统一的数据模型。

4. 服务层

服务层主要由集成采集服务器、应用服务器、Web 服务器、数据存储服务器、报警设备和管理软件组成。管理服务层可部署高可用负载均衡集群架构，根据需求站点平滑地进行扩容。该架构具备千万级以上测量点接入能力，平台具备负载均衡能力，可动态调整每台服务器的负载，极大地提高了数据采集的及时性，确保平台的高稳定性及高可靠性。同时，服务层负责对平台使用的所有业务逻辑进行集中管理以及协调各子系统之间的服务调用，该层是其平台管理的核心层。其主要功能具体体现在以下几个方面。

① 性能管理：对基础设施进行实时监控，采集各种指标数据，并与告警模块关联，在产生异常时及时发出告警。

② 告警管理：提供告警相关的主动通知、告警统计、告警相关性分析等功能。

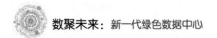

③ 统一事件处理：集中收集基础设施事件与告警，并提供告警相关性分析，辅助管理员排除故障。

④ 基于服务实现运维管理功能：包括值班管理、工单管理、变更管理、访客管理、配置管理、服务级别管理、知识管理、巡检管理等模块。

5. 展现层

展现层是平台与运维人员之间的人机交互接口，平台采用 Web 化的客户端界面，运维人员在具有一定的网络基础条件下，只须使用浏览器即可使用任意一台计算机随时接入系统，平台支持门户（Portal）功能，可以根据用户的需要呈现不同的功能和数据。另外，平台还支持邮件、短信、声光等多种方式的事件通知形式。通过北向接口及标准协议，系统可将监控、采集数据推送至第三方管理平台及 3D 展示平台。

4.5.3 数据中心系统集成

DCOM 设计应充分考虑应用场景的开发性和可扩展性需求，可以有效地容纳和支持基础设施规模的不断扩大、复杂度的增加以及业务种类的增多，能够在设施体系结构和软件模块划分两个方面支持整个应用的良好扩展。系统预留业界通用的接口，可以方便地实现与各类第三方系统的集成。

DCOM 可集成第三方的系统包括动环监控系统、电力监控系统、安防系统（视频监控系统、门禁系统、入侵报警系统、进出口管理系统等）、冷机群控系统、消防系统、照明系统、IDC 运维管理平台、DC 管理平台、巡检机器人控制系统等，以达到统一监控的目的。

同样，DCOM 也应具备被另外的业务系统集成的能力。系统应提供多种开放的标准化对外接口，适合接入各种子系统的数据和告警，每一种对外接口均包含报警数据接口和监控数据接口，应支持通过 Trap、Webservice 接口、HTTP 接口、JMS 等方式进行对接和整合。除以上接口类型外，DCOM 还应支持 TCP/IP、SNMP、API 以及 BACnet 网关接口、OPC 系统网关。

数据中心基础设施运营管理平台集成内容见表 4-34。

表4-34　数据中心基础设施运营管理平台集成内容

子系统名称	接口协议	设备类型	集成内容
动环监控系统	标准接口	动环监控系统或数据中心基础设施综合管理平台	数据中心基础设施综合管理平台与动环监控子系统对接，可以获取每个动环设备的实时数据

（续表）

子系统名称	接口协议	设备类型	集成内容
电力监控系统	电总、Modbus、SNMP 通信协议	电力监控系统	相电压、线电压、相电流、频率、功率因数、视在功率、有功功率、无功功率、开关运行状态、故障告警事件等
门禁系统	TCP/IP（SDK 开发包）协议或提供门磁状态	门禁系统或门禁管理主机	支持门开关状态展示，图形化界面显示布置门禁的实际位置，实时监测门禁的状态和告警，历史数据查询功能
视频监控系统	TCP/IP（SDK 开发包）协议	视频监控系统或视频管理主机	根据点位查看、补调录像、下载录像功能，图形化界面布置显示前端摄像头位置，支持点选并打开实时视频查看窗口
入侵报警系统	TCP/IP、RS485 协议或干接点信号	入侵报警系统或入侵报警主机	实时入侵报警状态、入侵报警信息等
进出口管理系统	标准接口	进出入口管理系统	人员认证信息、人员进出入时间、人员具体位置
冷机群控系统	BACnet、OPC 等协议	冷机群控系统	集成冷机群控的相关参数和状态；获取设备数据和告警，并可对设备进行控制；系统可提供冷冻水系统拓扑图，展示冷冻水系统的整体运行状态，在重点节点处显示重要指标，具体展示的指标支持用户自定义
消防系统	消防报警干接点信号	消防报警主机	系统支持获取消防告警信号，并在相应的机房视图中显示消防告警信号
巡检机器人控制系统	标准接口	巡检机器人控制系统	机器人操作指令、路线规划操作等
极早期报警系统	BACnet、SNMP 协议	早期报警系统	实时监控各个吸气式火灾探测器设备，当出现早期火灾报警时在组态视图上实现闪烁提示

4.5.4 数据中心系统功能

1. 基础设施展示

系统一般采用浏览器/服务器（Browser/Server，B/S）架构，通过 Web 客户端进行访问和浏览，采用友好的操作界面，界面应达到企业总控中心（Enterprise Command Center，ECC）的展示效果。

系统提供基于角色的日常运维流程管理的集中页面，可建立不同角色来区分"决策""管理""执行"等不同层级的用户，不同角色可基于权限自定义关注内容和页面，显示自己关注或与自己相关的运维管理工作，只要打开系统，就能立即查看自己所关心的、自己所要做的工作。

用户可根据需求自定义组件来展示重要指标，可选择任意预置组件、组态页面、系统页面作为自定义组件，并且可任意调整自定义组件展示大小。用户可以按照管理角色，跨模块选择多维度的管理内容集中展示，包括空间设备运行状态、资产统计、能效状况、容量状况、工单状况（任务、上下架、日常运维等），也可以直接连接到详细内容进行展示，实现日常运维流程的高效管理。

2. 基础设施监控

基础设施监控系统以统一的空间设备对象维度集中展示数据中心设备的运行数据、资产、容量、能效、运维等各业务的关键信息和实时运行状态，提供基于空间层级的设备分类展示，实现空间和逻辑展示维度的快捷切换，实时直观地显示数据中心空间设备、子系统的运行数据和状态，且可对场景动态仿真。基础设施集中监控采用一体化的监控采集系统，主要具备以下功能。

机房设备监控：系统自身提供各种设备通信接入端口，连接各种设备，例如红外、烟感、水浸、门禁、视频、空调、电源、UPS、发电机、服务器等，一旦发现异常，系统会自动报警，发送报警通知信息并与联动策略关联进行联动控制。

动力监控：支持监控 UPS、市电电量、配电开关、蓄电池组、精密配电柜、ATS/STS、电源支路电流、PDU 机柜电源、防雷器、发电机等设备。

环境监控：支持监测空调、漏水、温湿度、空气质量、光照度、粉尘含量等。

安防、消防监测：支持视频监控、门禁管理、入侵检测、火灾检测。

微环境监控：支持监控机柜内的温度湿度状态、线路状态、供电状态，保障核心设备的稳定运行，辅助分析机房的局部环境及能源应用情况。

联动控制：对所有设备设置报警上下限，任何设备数据超出范围后，系统能够产生报警信息，并联动控制其他接入设备，例如录像、喷淋、新风机、空调等。

3. 基础设施管理

数据中心日常运维的工作核心是保障业务系统不间断运行，而承载这些业务的物理载体是各类资产。然而，由于缺乏有效的技术手段，数据中心运行一段时间后，资产管理工作普遍遇到信息维护难、资产定位难、资产盘点难、生命周期管理难等各种困扰，导致资产管理混乱、信息不准确、管理效率低下，出现资产闲置、浪费，进而造成业主运维成本高，甚至直接影响业务系统的健康运行。

（1）资产管理

资产管理模块是数据中心管理解决方案的特色功能模块之一，旨在简单、有效地对数据中心资产进行操作和维护，提高资产的运行效率和维护效率，减少因为无法实时获取资产状态和相关信息导致的资产空置、浪费甚至遗失的风险。系统按照实际生产过程中资产的使用场景归纳出几种资产的状态，包括在库（进入仓库）、上下电（等待业务流程审批）、维修中（处于正在维修的状态）、在架 / 部署（上架到机柜 U 位或部署到机房的相关位置）、已迁出（迁出数据中心，离开系统），采用资产状态间的变换（通过对资产的各种操作）作为资产管理活动的驱动方式（用于模拟现实场景下资产状态变化），并以操作项实现。资产管理包含资产台账管理、资产全生命活动周期管理、固定资产智能定位等。

（2）容量管理

在容量管理模块中，平台需要提供容量管理功能，实现对数据中心基础设施的容量进行实时监测、容量预占、容量资源分配和容量分析功能，确保数据中心的容量是经济合理的，并且能够及时满足当前和未来的业务需求。

在容量管理功能中，首先根据通过加装采集或转换模块读取前端配电柜、UPS 和 PDU 等设备的电力信息，实时计算出其相应的负载率及剩余可带载能力，生成相应的容量报表及历史趋势图。当数据中心机房需要加入设备时，根据机房的电力容量的剩余量判断当前增加的设备是否超过剩余量；如果超过，那么系统应能进行电力低容量报警。

根据各空调所在的机房，统计出各机房的制冷量总量。按照各机房的实际面积、可容纳机柜数，实际使用机柜位数，统计出各机房的物理空间使用量，并计算出相应的物理空间利用率。系统还会提供机房的可视化设备视图。当机房中的设备发生变化时，系统应根据修改后的内容实时计算出最新的物理空间利用率，并生成相应的容量报表及历史趋势图；当可用容量低于一定的数值时，进行低容量报警。

数据中心机房容量管理可按需求分为 4 类：空间容量管理、电力容量管理、制冷容量管理、网络容量管理（IP、带宽、网络端口）。

（3）能效管理

信息化发展使数据中心能耗逐年上升，运行费用成为较大的经济负担，巨大的碳排放也污染了环境，数据中心高能耗已经成为公众关注的社会问题。能源消耗和空间利用是数据中心最大的成本所在。对于数据中心管理者而言，这也是限制数据中心扩容的重要因素，但要确定一个数据中心的能效水平的高低远比一般人想象的复杂。数据中心能效管理主要是先通过前端的数据采集系统计算出各个分项能耗，然后通过统计、对比分析，通过系统的智能判断与报表的分析结果，告诉管理人员如何对数据中心的能耗进行优化改进。能效分析模块为用户提供能效视图，让用户清楚整体数据中心的能源消耗在哪些环节，并且该模块还提供分析工具，帮助用户找到各种异常的用电行为，进而找到可以节能的环节。

（4）运维管理

基础设施作为构建数据中心的主要组成部分，发挥着不可或缺的作用。而在互联网高速发展的今天，随着数据中心的建设规模与业务不断扩大，数据中心的运维人员面临资产管理颗粒度不精细、运维管理方式未流程化和未标准化等问题，导致资产信息管理混乱、运维效率低下，造成企业投入的运维成本与人力成本持续升高。

运维管理模块的主要功能涵盖数据中心运维活动的各个环节，包括日常各类请求的管理，例如受理、记录、派单、转发等环节，确保各类请求和保障信息通过统一接口进行接收和处理；日常维保活动的管理，例如维保计划定义、任务下发、定期审查和考核等内容；日常运维活动的管理，例如故障受理、派单、跟踪、超时提醒等内容；运维人员排班活动的管理，例如人员交接班、值班安排、工单派发策略管理等；服务交付目标的管理，例如受理要求、完成要求及超时设置等内容；运维相关知识的管理，例如故障处理经验和各类预案；日常设备巡检的管理；其他内容的管理，例如用户管理、权限管理等。

4.5.5　三维可视化

基础设施三维可视化管理主要功能模块包括以下 6 个方面。

一是数据中心资产可视化管理：整合用户已有的信息诸如设备台账信息，实现在三维场景中直观展示当前数据中心各层级资产信息（例如空调、UPS、配电柜、机柜、设备、端口等信息），实现对数据中心资产的高度可视化、精细化管理。

二是数据中心容量管理：支持在三维场景中针对数据中心的各类容量资源（例如空间、承重、用电和信息接入点）进行精确统计和分析，快速判断当前数据中心的资源使用状况，高效进行数据中心资源分配和合理规划。

三是数据中心配线管理：以用户当前设备配线信息为基础数据，用三维虚拟现实为主要技术手段，实现对数据中心配线的三维立体化管理，实现对机房内各个设备的配线信息点资源可视化管理；同时可以内嵌"智能配线"功能，帮助用户直接进行机房内线缆走向的规划。跳线长度计算功能可以有效指导运维人员进行跳线操作。

四是数据中心能耗管理：在三维平台中整合相关能耗监控系统的数据，例如微环境监控、电力使用监控等系统可以利用三维可视化技术实时展现数据中心相关能耗使用情况（包括能耗分布趋势分析、PUE 的趋势分析），帮助数据中心管理者实时发现数据中心的能耗使用情况，快速做出相关决策。

五是数据中心运维管理：系统内嵌设备上下架流程管理、任务指派和确认的功能，方便数据中心不同用户间分工协作；同时针对配线操作，也增加了结果导入、指派和确认的操作入口，方便用户根据指南进行操作和快速确认。

六是数据中心三维一体化监控平台：基于三维可视化技术，通过对接数据中心已有的各类监控系统（动环监控、IT 监控），实现在这个立体化平台上直观展示所有当前数据中心各类资产的运行状态，为数据中心三维一体化监控平台建设打下坚实的基础。

1. 环境可视化

通过三维仿真建模技术将整个数据中心的场景进行仿真建模，包括但不限于园区、楼宇、楼层、机房、基础设施、IT 设备、端口等。园区可视化应能够完整地呈现数据中心园区的外貌，包括园林、河流、道路和土石，以达到与真实园区一致的虚拟环境展示效果。

对于园区内部的建筑，环境可视化将重点实现专业机房所在的建筑外观、专业机房所在的楼层以及专业机房内部环境的虚拟仿真，3D 建模的效果应与真实环境保持一致，包括结构、尺寸以及内部装修风格等。环境可视化示例如图 4-118 所示。

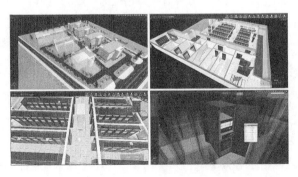

图4-118　环境可视化示例

2. 温度场可视化

温度场可视化统一运用等温图技术，实时接收机房环控系统的监测数据，通过颜色变化直观地显示机房热点分布情况以及机柜微环境，全方位监测机房、机柜热点，以云图的方式使用户能够直观、清晰地监视机房及机柜的温度变化情况。温度场可视化示例如图4-119所示。

图4-119　温度场可视化示例

温湿度传感器所监测到的数据形成了温度云图，用户通过俯视可纵观整体机房的热分布情况，以便及时调整空调制冷量。

3. 监控可视化

通过连接监控平台，监控可视化能够在三维可视化系统中对温湿度、漏水感应绳、烟感、配电柜、UPS、精密空调、机柜等设备进行监控信息展示；根据温湿度数据采集的情况，采用温湿度面板、湿度气泡等形式，动态展示实时的机房内部温湿度数值、运行状态等信息。监控可视化示例一如图4-120所示。

监控可视化也支持动环设备，例如，配电柜、UPS、精密空调的实时运行状态和主要参数在三维可视化系统中做集中展示，点击设备即可查看设备相应的参数。监控可视化示例二如图4-121所示。

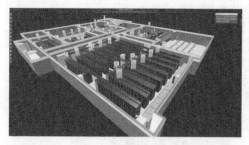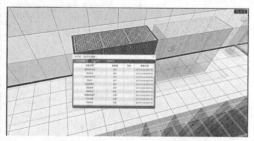

图4-120　监控可视化示例一　　　　　　图4-121　监控可视化示例二

监控可视化也支持将机房视频监控系统的摄像头按其实际方位进行展示，调取实时监控视频；可以与多个主流视频厂家的视频监控摄像机对接，在 3D 环境中点选某个摄像头，可直接调取其实时视频流，在 3D 环境内展示监控视频内容。

通过集成机房的门禁监控系统，三维可视化管理功能可以在三维场景中展示各个门禁出入口人员的进出情况；管理人员可以查看各门禁系统进出的信息，并通过调用接口实现远程控制开关门操作。三维可视化管理支持在三维视图中展示告警，显示出现告警的位置，并用不同颜色区分不同的告警等级。

4. 资产可视化

资产可视化主要帮助数据中心提升资产管理水平，减少在资产查找、盘点、统计方面的无效投入，通过资产信息与配置信息相结合，实现"账""物"合一的管理模式，同时利用资产可视化的灵活查询，运维人员可以方便地获取所需信息，从而有效支撑 IT 运维。

资产可视化的主要功能如下。

独立设备可视化：空调、机柜、发电机、配电柜等独立设备的查看浏览。

架式设备可视化：主机、网络设备、存储等架式设备的建模以及查看浏览。

板卡级可视化：刀片服务器的查看浏览；板卡、电源模块的查看浏览。

端口级可视化：可实现设备外连端口级建模，真实反映设备的端口使用情况。

设备搜索可视化：提供强大的信息搜索查询功能，包括模糊搜索和高级搜索两种方式。搜索结果可在三维场景中标注出来，实现设备的快速定位并可以快捷跳转到对应的设备页面。

模糊搜索方式：支持以关键字进行全局信息检索，检索结果以层次化的方式列出所属机柜、机房、建筑和园区的树形对象索引，点击查询结果，三维场景将自动切换到该设备位置视角，进一步获取明细信息。

高级搜索方式：支持用户自定义复杂的搜索条件组合，系统中的资产配置属性，例如设备类型、负责人、供应商、地址段等均可成为搜索条件，通过搜索关键字，可自由组合匹配条件，支撑复杂的信息查询需求，可根据设备的任何属性进行组合查询或模糊查询。

5. 容量可视化

容量可视化功能可以三维可视化机房空间利用率、承重利用率、容量利用率、功率利用率、配线连接情况，对于已用空间和可用空间进行精确统计和虚拟仿真展现。可视化的容量管理方式帮助运维人员更加有效地管理机房的容量资源，让机房的各类资源的负荷更加直观。

在三维可视化环境中，容量可视化功能支持机房机柜空间容量统计、分布统计；能模拟仿真目前机房环境中已经使用的机位与剩余机位的情况；能根据不同颜色区分相关机柜的 U 位使用情况，例如已经使用的 U 位和剩余 U 位；支持机房机柜额定功率分布统计，能根据不同的颜色区分相关的机柜功率大小；支持对机房机柜功率的分布图进行可视化渲染展示；并可与监控可视化结合，实现对机柜实时功率分布统计和机房能效 PUE 展示。

（1）空间 U 位可视化

可透视机房内空间以及每一个机柜的 U 位使用情况，例如，已经使用的 U 位与剩余 U 位。空间可视化如图 4-122 所示。

（2）承重可视化

可透视每一个机柜的承重负荷情况，同时了解地板的承重分布情况。承重可视化如图 4-123 所示。

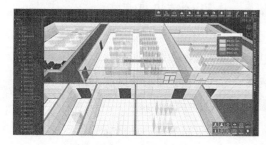 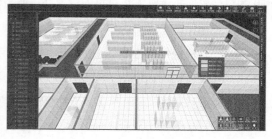

图4-122　空间可视化　　　　　　　　图4-123　承重可视化

（3）功耗可视化

可透视每一个机柜的总功耗和可用功耗情况，以了解机房的能耗分布情况。功耗可视化如图 4-124 所示。

6. 配线可视化

配线可视化帮助数据中心梳理日益密集的电气管道与网络线路，让管理人员与技术人员从平面的图纸及网络跳线表中解脱出来，更加直观地了解数据中心的管线分布及走线情况，可以快速地排查和修复管线类故障。

按设备连接查看：查看一个设备的所有对外的网络连接，包括经过的每一个中间设备的每一个端口信息。

按线路连接查看：查看一条网络链路的所有跳线信息，包括经过的每一个中间设备的每一个端口信息。

线路维护可视化：支持在三维可视化环境中手工拖拽进行网络配线的维护操作。配线可视化如图 4-125 所示。

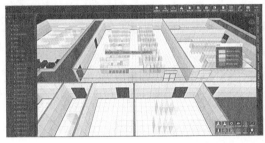

图4-124　功耗可视化

图4-125　配线可视化

7. 故障可视化

可视化显示设备的故障，对机房内产生故障的设备、链路进行红色预警显示，可以在上方移动，显示详细信息。故障可视化如图 4-126 所示。

图4-126　故障可视化

4.5.6　智能巡检机器人应用

随着人工智能和大数据技术的飞速进步，数据中心基础设施管理向智能化方向发展。实现运维自动化、降低人工运维的强度和频次是提高运维管理水平的有效途径。

目前，大型数据中心是由很多规模宏大的集群系统组成，其安全至关重要。层出不穷的新技术使数据中心的安全运维变得越来越复杂，包括机房环境监控的维护、机房空调与配电设备维护管理、机房供水系统、电路及照明线路的维护、UPS 设备及电池维护、机房基础维护管理、机房主机设备维护管理、IT 设备维护管理等。

因此，应将成熟的全自动人工智能技术引入数据中心行业，打造以机器视觉、大数据、物联网技术为核心的数据中心智能巡检解决方案。该方案以智能机器人为核心，旨在取代人工，完成部分数据中心运维工作，并针对人工方式无法覆盖的范围进行延展。

智能巡检机器人集成了智能识别相机、红外成像、环境监测传感器、激光导航、超声波传感等多个智能单元模块，除本身能够自动巡视、自主避障、自主充电、实时监控遥控之外，还可以对数据机房环境、场地设施、机架设备进行智能周期性巡检；并进行全方位的移动式立体环境监测、数据联动移动可视化、智能巡检、智能引导、远程控制、多方专家诊断会议等多项检查测试。

将已有的监控系统及管理平台与机器人巡检系统进行深度融合，形成"动环监控系统＋人工智能巡检＋专业工程师"相结合的3道安全防线，保证数据中心状态实时可视可控以及数据的准确性。尤其是在恶劣环境或高辐射下，数据中心人工智能巡检系统不仅能替代人工实现标准化作业，减少人员投入，降低故障率，高效运维，还延伸了数据中心运维人员的管理视角，实现了数据中心状态实时可视可管。

数据中心人工智能巡检系统的开发使用，是对传统人工运维模式的改革和创新，促进了数据中心的标准化作业，提升了信息安全水平，实现了低成本升级改造，提升了运维及故障解决效率。未来，人工智能巡检系统在运维体系中将扮演越来越重要的角色。巡检机器人部署架构如图4-127所示。

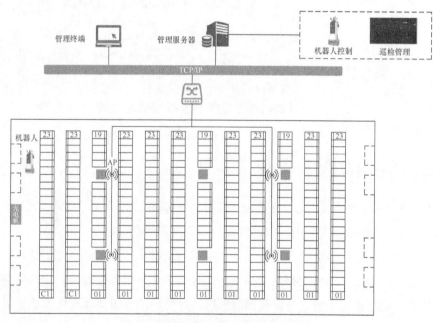

1. AP为设备节点，英文Access Point的缩写。

图4-127　巡检机器人部署架构

巡检机器人业务功能包括机器人管理与远程控制。

机器人管理与远程控制功能主要用于在平台中新增、编辑以及查看机器人状态；并在机器人接入平台后，提供机器人远程控制功能，快速查看现场环境。

（1）机器人管理

当前数据中心全部在线的机器人以列表形式展现，运维人员可以进行包括添加、编辑、查看等管理操作；机器人的信息详细页可展示机器人的基本信息，例如名称、IP 地址等，并可展示机器人当前在机房中的实际位置与朝向，以及机器人当前的任务列表。

机器人外观及构造如图 4-128 所示。

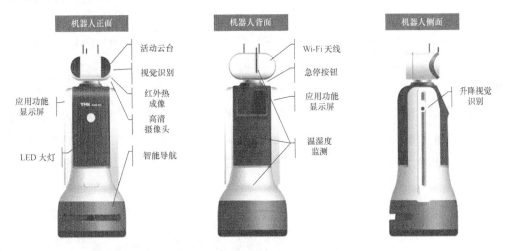

图4-128　机器人外观及构造

（2）远程控制

在机器人联网状态下，运维人员可进行机器人的远程控制。机器人搭载的云台摄像头可以实时回传画面，并提供行走控制（前进／后退／左转／右转）以及机器人头部控制（俯视／仰视／水平左转／水平右转）。远程控制界面将提供缩略机房地图并标识机器人当前所在位置以及朝向。

远程控制界面提供各类采集单元的实时采集值展示，例如温度、空气粒子、红外热成像；并展示当前机器人的运行状态，例如电量、秒速、秒转弯角度等。

机器人远程控制如图 4-129 所示。

① 巡检管理。数据中心巡检活动作为监控

图4-129　机器人远程控制

的补充，具备高频度、标准化的特征，采用机器人全天执行计划性的巡检工作，可显著降低人力成本，并通过机载的各类采集单元来获取人类无法发现的异常情况。

② 环境移动监测。环境移动监测具备温湿度监测、温湿度测量极限、噪声监测、空气质量监测、有害气体监测、烟雾浓度监测等功能。

③ 智能识别。仪器仪表识别包括配电柜智能仪表、空调面板的数字显示内容、指示灯的识别。

各类服务器和网络设备的故障报警灯智能识别可以进行指示灯状态监测，实时监测各设备的运行状态，记录和处理相关数据，及时侦测故障和报警并通知人员处理。

④ 机柜热成像。热成像功能可以对机柜整体红外扫描，统计并展示机柜内 U 位的温度数据，生成温度云图，易于找到孤岛热点；同时展示该机柜在过去 24 小时、一周、一个月、一年的温度曲线。

⑤ 资产容量。该功能是指与资产系统对接，批量导入资产信息，实现机器人在线设备盘点。机器人系统可将设备位置与机柜 U 位进行关联展示。

⑥ 节能。机器人巡检机柜的微环境，展示出机柜进风口和出风口的风温数据，便于控制能耗。

⑦ 智能随工。机器人巡检系统可以实现在数据中心机房内进行数据中心导览工作。

⑧ 远程视频协助。数据中心运维人员在进行现场操作，尤其是进行故障处理时，为保证快速恢复业务，降低数据中心损耗，会出现需要与相关专业的人员进行会诊的场景。因此，机器人将作为远程视频协助平台，提供现场人员与非现场人员的视频沟通服务。多方通话界面如图 4-130 所示。

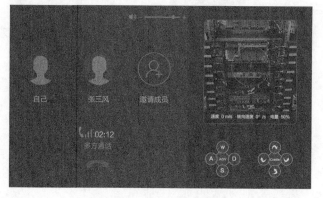

图4-130　多方通话界面

第 5 章

案例分析

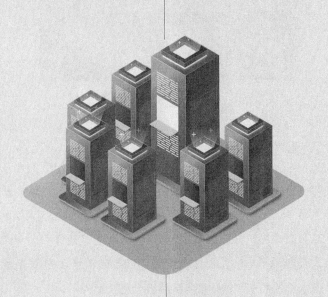

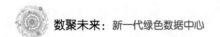

5.1 中国电信某数据中心案例

5.1.1 选址

中国电信华东某数据中心位于江苏省南京市，占地面积约为 680000m²，总规划建筑面积为 287700m²，共规划建设了 12 栋高标准数据中心机楼，总投资规模约为 50 亿元，是中国电信华东地区最大的数据中心。

该数据中心依托国家级互联网骨干直联点的区域优势，可为客户提供高达 400Gbit/s 处理能力的国际一流的数据处理设备和传输设备，提供通往 163、CN2 及客户专用通道等不同互联网出口的灵活带宽选择。

项目所处地块水电资源充足，园区自建了 220kVA 变电站，引入两路 220kV 外市电，可满足园区长期用电需求；引入两路自来水引入管，可满足园区长期用水需求。园区效果如图 5-1 所示。

图5-1 园区效果

5.1.2 建设规模和建设标准

目前，1#、2#、3# 数据中心机楼、1# 配套用房、1# 变电站均已建成并投产。

数据中心三期工程正在建设中，三期工程包括 4#、5# 数据中心机楼，4# 数据中心机楼建筑面积为 20850m²，5# 数据中心机楼建筑面积为 19944m²，总建筑面积为 40794m²。两栋数据中心机楼均为一类高层，局部地下一层，主体有 7 层（局部有 8 层），建筑高度为 39.9m。地下室为消防水池、空调补水水池及其水泵房；集装箱油机设置在室外。

4# 和 5# 两栋数据中心机楼建设规模见表 5-1。

表5-1　4#和5# 两栋数据中心机楼建设规模

项目	4# 楼建设规模	5# 楼建设规模
机架数	2002 架（7kW）	1758 架（8.8kW/24kW）
负荷总容量	24678kVA	26610kVA
电源引入	引入 4 路（2 主 2 备）150000kVA	引入 4 路（2 主 2 备）150000kVA
空调主机	2 套（"2+1"）4400kW 低压变频离心式冷水机组	1 套（"5+1"）4400kW 低压变频离心式冷水机组
空调末端	微模块集成列间空调 冷冻水机房专用空调	冷冻水列间空调微模块 部分热管背板
高低压配电	共 28 台变压器（8 台 2500kVA，4 台 2000kVA，16 台 1600kVA）	共 28 台变压器（8 台 2500kVA，20 台 2000kVA）
柴油发电机组	单台主用功率 1800kW 发电机共 12 台（2 套 "6+0"）	单台主用功率 1800kW 发电机共 18 台（2 套 "8+1"）
不间断电源	无单独电力室，配置在微模块内，一路市电 + 一路 240V 直流供电系统，后备时间按系统满载 30min 配置	电力室物理隔离，采用 240V 2N 直流供电系统，后备时间按系统满载 30min 配置

4# 和 5# 两栋数据中心机楼分别依据《数据中心设计规范》（GB 50174—2017）A 级机房标准及客户技术要求建设。机楼建设标准对比见表 5-2。

表5-2　机楼建设标准对比

系统	GB 50174—2017 A 级	4# 楼建设标准：国标 A 级 + 客户要求	5# 楼建设标准：国标 A 级 + 客户要求
电力系统	• 供电电源：双路 • 变压器：2N • 后备柴油发电机组："N+X" • 不间断电源系统：2N • 蓄电池后备时间：15min • 末端空调风机、控制系统、冷冻水泵需 UPS 带载 • 2N 完全物理隔离	• 供电电源：双路 • 变压器：2N • 后备柴油发电机组：N • 不间断电源系统：微模块 IT 及列间空调——市电 +240V；水泵、群控等——双路 UPS • 蓄电池后备时间：系统满载 30min • 2N 完全物理隔离	• 供电电源：双路 • 变压器：2N • 后备柴油发电机组："N+1"（$N \leqslant 8$） • 不间断电源系统：整机柜 IT 及列间空调——市电 +240V；水泵、群控等——双路 UPS • 蓄电池后备时间：单系统满载 15min • 2N 完全物理隔离

（续表）

系统	GB 50174—2017 A 级	4# 楼建设标准： 国标 A 级 + 客户要求	5# 楼建设标准： 国标 A 级 + 客户要求
空调系统	• 设备："N+X"（X=1～N） • 冷通道或机柜进风区域：温度18℃～27℃，相对湿度不大于60% • 蓄冷罐时间不小于不间断电源设备的供电时间 • 冷冻水供回水管网：双供双回 / 环路 • 冷却水补水 12h	• 设备："N+X"（X=1～N）核心区 2N • 冷通道或机柜进风区域：温度 18℃～27℃，相对湿度不大于 60% • 蓄冷罐时间为15min • 冷冻水供回水管网：环路 • 冷却水补水 12h • 冷通道封闭	• 设备："N+1"（空调末端每列1台备份，主机 N≤5），核心区 2N • 冷通道或机柜进风区域：温度为 23℃ ±2℃，相对湿度为 40%～60%，不得结露，送回风温差为 12℃ • 蓄冷罐时间为 15min • 冷冻水供回水管网：环路 • 冷却水补水 12h • 冷源考虑 10% 富裕度 • 热通道封闭 • 电池间保证负压
BMS	• 监控每一个蓄电池的电压、内阻、故障和环境温度 • 发电机房、变配电室、电池室、动力站等均采用读卡器出入控制、视频监控	• 监控每一个蓄电池的电压、内阻、故障及单体温度、环境温度 • 发电机房、变配电室、电池室、动力站等均采用读卡器出入控制、视频监控	

5.1.3　节能减排技术

1. 供配电系统节能

（1）供电系统节能措施

合理选择变电所的位置，使变电所尽量接近负荷中心；缩小低压供电半径，有效降低配电系统的能耗；变压器选用 SCB11 系列或更节能环保、低损耗、低噪声的型号，接线组别为 D，yn11 的干式变压器，其能效值应符合《电力相关变压器能效限定值及能效等级》（GB 20052—2020）空载损耗和负载损耗值的相关规定。变压器自带温控器和强迫通风装置。

变压器低压侧设置低压无功补偿装置，要求补偿后高压供电进线处功率因数不小于 0.95（低压电源进线处设置无功补偿装置，要求补偿后功率因数不小于 0.9）。无功补偿装置具有过零自动投切功能，并有抑制谐波和抑制涌流的功能。分相补偿容量不小于总补偿容量的 40%。

电动机应采用高效节能产品，其能效应符合《中小型三相异步电动机能效限定值及能效等级》（GB 18613—2012）节能评价值的规定。

电梯应具有节能拖动及节能控制装置，单台电梯应具备集选控制、闲时停梯操作，多台电梯集中排列时，应具备同时遵守按规定程序集中调度和控制的群控功能。

（2）电气照明的节能措施

① 照明光源选用：除需二次装修的场所之外，门厅、走道等场所照明采用 LED 灯管，其他场所均需采用高效节能光源和高效灯具，应急照明光源必须选用能瞬时点亮的光源；除特殊要求外，光源显色指数 $Ra \geq 80$，色温为 4000K。

② 灯具和附件：灯具选择应与环境特征相适应，优选高效节能型灯具；灯具光效必须满足节能要求。

③ 照明控制方式：针对走廊、楼梯间、门厅等公共场所的照明，结合其使用功能和自然采光等条件，合理采取分区、分组、集中和分散等控制措施；房间照明采取分组控制，小房间内照明采用单灯或者分组控制，且满足每个照明开关所控制的光源数不应过多，每个房间照明开关的设置不少于 2 个（只设置 1 个灯具除外），房间内近窗的灯具，采用独立控制的照明开关。

（3）能耗监测

① 建筑能耗监测系统电量应分项进行计量。

② 给水系统应根据不同用水性质分别计量；空调补充水、生活用水均需单独计量。

2. 空调系统节能

① 充分利用自然冷源。空调冷源方案为冷水机组 + 节能板换直接供冷，在室外低温时段（10℃以下），全部或部分冷水机组将停止工作，利用自然冷源，热量通过冷却塔散出。

根据南京全年气象参数统计，空调主机系统运行工况见表 5-3。

表5-3　空调主机系统运行工况

室外干空气温度	全年时长 /h	供冷形式
$t < 9.5℃$	2184	完全自然冷却工况
$t > 15.5℃$	5242	电制冷工况
$9.5℃ \leq t \leq 15.5℃$	1334	部分自然冷却工况

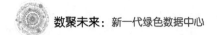
空调系统运行方式示意如图 5-2 所示。

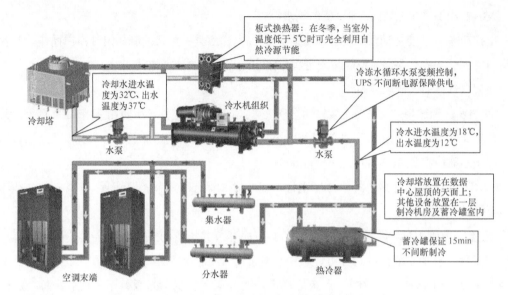

板式换热器：在冬季，当室外温度低于 5℃时可完全利用自然冷源节能

冷却水进出水温度为32℃、出水温度为37℃

冷水机组织

冷冻水循环水泵变频控制，UPS 不间断电源保障供电

冷却塔

水泵

水泵

冷水进水温度为18℃，出水温度为12℃

冷却塔放置在数据中心屋顶的天面上；其他设备放置在一层制冷机房及蓄冷罐室内

集水器

蓄冷罐保证 15min 不间断制冷

空调末端

分水器

热冷器

图5-2 空调系统运行方式示意

② 提高冷冻水出水温度可以提高主机效率，延长自然冷却运行时间，提高空调系统的整体运行效率。据可靠研究，冷水出水温度每提高 1℃，冷水机组能效比（Energy Efficiency Ration，EER）可提高 3%。但是末端精密空调由于冷水温度的上升，表冷器换热温差减少，换热效果变差，所以制冷量有所下降，中央空调系统冷水温度的提升及提升的幅度，需要综合考虑末端精密空调的匹配度。

③ 根据业主的功能要求及节能方案，设置相应的空调系统自控及监测系统。

④ 采用离心式水冷空调系统，其特点是制冷量大并且整个系统的能效比较高（EER 值能达到 6 以上），且冷水主机、水泵、冷却塔风机均采用变频控制，保证在低负荷时高效运行。

⑤ 采用冷通道封闭技术，将机房内冷、热气流完全隔离，优化机房内气流组织。机房地板下送风＋冷通道封闭如图 5-3 所示。

⑥ 采用列间空调、散热背板等新型末端空调，直接对机柜、服务器进行散热，提升冷量利用效率。列间空调示意如图 5-4 所示。背板空调现场示意如图 5-5 所示。

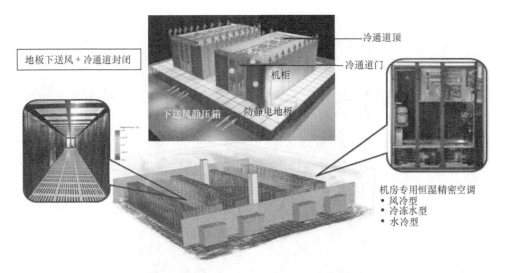

地板下送风＋冷通道封闭

冷通道顶

冷通道门

机柜

下送风静压箱　防静电地板

机房专用恒湿精密空调
- 风冷型
- 冷冻水型
- 水冷型

图5-3　机房地板下送风+冷通道封闭

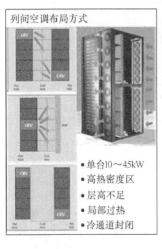

列间空调布局方式

- 单台10～45kW
- 高热密度区
- 层高不足
- 局部过热
- 冷通道封闭

风冷冷凝器　R407C　XDH　KDV　XDO
水冷/乙醇冷却　R134a
XDC主机　制冷末端

① 风冷/水冷型
- 适用于小型数据机房，需要有室外机平台

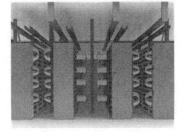

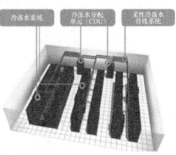

冷冻水系统　冷冻水分配单元（CDU）　柔性冷冻水管线系统

② 冷冻水型
- 冷冻水直接进机房，且到服务器附近，管路接头阀门需要提高施工工艺，制冷效率较高

图5-4　列间空调示意

图5-5　背板空调现场示意

5.1.4　节能减排效果及效益

本项目空调冷源运行有电制冷、免费制冷（冷却塔＋板换自然冷却）、部分免费制冷3种工况，根据3种工况的运行时长，测算出4#、5# 两栋机楼的 PUE 值均在 1.4 以下。4# 机楼 PUE 测算见表 5-4。

表5-4　4#机楼PUE测算

运行工况	时长 /h	设备总功耗 /kW	空调总功耗 /kW	电源功耗 /kW	建筑照明等功耗 /kW	PUE
电制冷工况	5242	14014	4372.52	1401.4	420	1.44
完全自然冷却工况	2184	14014	2080.04	1401.4	420	1.28
部分自然冷却工况	1334	14014	3660.40	1401.4	420	1.39

5# 机楼 PUE 测算见表 5-5。

表5-5　5#机楼PUE测算

运行工况	时长 /h	设备总功耗 /kW	空调总功耗 /kW	电源功耗 /kW	建筑照明等功耗 /kW	PUE
电制冷工况	5242	17662	5119.20	1766.20	420	1.41
完全自然冷却工况	2184	17662	2097.00	1766.20	420	1.24
部分自然冷却工况	1334	17662	4653.45	1766.20	420	1.39

5.2 中国移动某数据中心案例

5.2.1 选址

中国移动某数据中心位于江苏省南京市，土地性质为工业用地，占地面积约为 424000m²。

项目所处地块水电资源充足，且园区自建 110kVA 变电站，引入两路 110kV 外市电，可满足园区长期用电需求；引入两路自来水引入管，可满足园区长期用水需求。

5.2.2 建设规模和建设标准

项目分两期建设，其中一期已建设完成，二期拟建设总规模约为 90954m²，包含两栋数据中心机楼及一栋 110kV 变电站。其中，2 号数据中心机楼的建筑面积为 36814m²；4 号数据中心机楼的建筑面积为 50140m²；一栋 110kV 变电站的建筑面积为 4000m²。

2 号数据中心机楼为某互联网客户定制机楼，地上有 6 层，地下有 1 层；配套油机房为地上两层。

4 号数据中心机楼为 IDC/电信云机楼，地上有 9 层（2～5 层为自用机房，6～9 层为外租机房），地下有 1 层；配套油机房为地上两层。园区总平面示意如图 5-6 所示。2 号数据中心机楼和 4 号数据中心机楼的建设规模见表 5-6。

数聚未来：新一代绿色数据中心

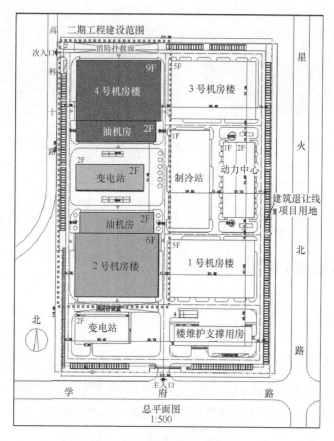

图5-6　园区总平面示意

表5-6　2号数据中心机楼和4号数据中心机楼的建设规模

项目	2号数据中心机楼的建设规模	4号数据中心机楼的建设规模
机架数	4502架（7kW）	6624架（7kW）
负荷总容量	47511kVA	56164kVA
电源引入	8路10000kVA（4主4备） 2路8500kVA（1主1备）	10路10000kVA（5主5备） 2路9500kVA（1主1备）
空调主机	6×2000 RT、2×1400 RT（6主2备） 高压水冷机组	7×2500 RT（6主1备） 高压水冷机组
空调末端	微模块集成列间空调、冷冻水机房专用空调	列间空调、冷冻水机房专用空调

（续表）

项目	2号数据中心机楼的建设规模	4号数据中心机楼的建设规模
高低压配电	共 34 台 2500kVA 变压器（17 主 17 备）	共 52 台 2000kVA 变压器（26 主 26 备）
柴油发电机组	单台备用功率 2000kW 发电机共 27 台（2 套"11+0"，1 套"5+0"）	单台备用功率 2000kW 发电机共 30 台（3 套"10+0"）
不间断电源	无单独电力室，配置在微模块内，一路市电 + 一路 240V 直流供电系统，后备时间按单机满载 15min 配置	电力室物理隔离，自用机房采用 UPS 2N 交流供电系统，外租机房采用一路市电 + 一路 336V 直流供电系统，后备时间按单机满载 15min 配置

本项目主要以中国移动内部相关数据中心建设标准和意见为依据，同时参照《数据中心设计规范》（GB 50174—2017）A 级机房的建设标准，其中，2 号数据中心机楼为某互联网客户定制机楼，严格按照客户定制化要求执行。

2 号数据中心机楼和 4 号数据中心机楼的建设标准见表 5-7。

表5-7　2号数据中心机楼和4号数据中心机楼的建设标准

类别	国标 A 级	集团五星级	2 号数据中心机楼	4 号数据中心机楼
用电负荷估算		自用系统同时系数≤0.85，需要系数≤0.9；IDC 同时系数≤0.9，需要系数≤1	同时系数、需要系数均取 1	同时系数、需要系数均取 0.9
主机房消防形式	气体灭火系统	气体灭火系统	预作用自动喷淋系统	气体灭火系统
冷（热）通道间距	面对面布置间距不宜小于 1200mm，背对背不宜小于 800mm，维修测试间距不小于 1000mm	正面维护净间距为 1200mm，背面维护净间距为 800mm	封闭冷通道冷、热通道间距均为 1200mm	封闭热通道冷通道间距为 1200mm，热通道间距为 800mm
空调主机	"N+X"（X=1～N）	"N+1"	"N+1"（2 套冷源系统）	"N+1"
变压器	2N	2N	2N	2N
变压器负载率		50%	45%	50%

（续表）

类别	国标 A 级	集团五星级	2 号数据中心机楼	4 号数据中心机楼
油机配置	按基本功率 PRP "N+X"（X=1～N）	按照备用容量（LTP）计算 N	按照主用容量（COP）计算 N	按照备用容量（LTP）计算 N
油机负荷率		100%	100%	100%
储油时间	12h	8h	12h	8h
高压直流		市电 + 336V	市电 + 240V	市电 + 336V
UPS 系统	2N 或 M（"N+1"）M=2、3、4……	2N 或 3N UPS 系统		2N 系统
蓄电池后备时间	15min	15min	15min	15min
空调末端	"N+X"（X=1～N）	"N+1"	微模块（列间空调）"N+1"	列间空调 "N+1"
核心机房空调末端			双冷源	单冷源
容错配置的变配电设备物理隔离	物理隔离		物理隔离	
机电设备			短名单	集中采购

5.2.3　节能减排技术

该数据中心主要采用了一些绿色节能技术，以空调系统为例。

① 冷水机组能效比 *EER* 大于 7，综合部分负荷性能系数 *NPLV* 大于 12.3。

② 水泵包含冷机机械制冷、板换自然冷却制冷、联合供冷 3 种运行工况，水泵耗电输冷（热）比不作为水泵选型依据，本次按照《清水离心泵能效限定值及节能评价值》（GB 19762—2007）中节能评价值作为水泵节能选型依据。

③ 冷冻水循环泵、冷却水循环泵、冷却塔风机等均采用变频控制。

④ 将冷冻水供回水温度提高至 15℃/21℃（15℃表示冷冻水供水温度，21℃表示冷冻水回水温度），大幅度提高主机效率，减少水泵流量以及输送管道管径，还可以减少空调系统用电容量及建设投资等。

⑤ IDC 机房采用独立的湿膜加湿，节约电能消耗。

⑥ 离心冷水机组采用 10kV 高压，减少线路的压降和损失，节省运行能耗并减少变压器损耗。

⑦ 将采用高能效比的高压变频水冷的冷水机组作为冷源，机组制冷能效比较高，可节约能源，降低运行费用。

⑧ 提高 IT 设备的进风温度，相应地可以提高冷冻水供回水温度，提高冷水机组能效比及增加自然冷源的利用时间。

⑨ 采用自然冷却系统，通过阀门切换，实现全年 3 类工况运行：机械制冷工况、自然冷却 + 机械制冷联合供冷工况以及自然冷却完全供冷工况。

5.2.4　节能减排效果及效益

本项目空调冷源运行有电制冷、免费制冷（即冷却塔 + 板换自然冷却）、部分免费制冷 3 种工况，根据 3 种工况的运行时长，测算出的 2 号、4 号数据中心机楼的 PUE 值均在 1.4 以下。2 号数据中心机楼的 PUE 测算见表 5-8。4 号数据中心机楼的 PUE 测算见表 5-9。

表5-8　2号数据中心机楼的PUE测算

运行工况	时长 /h	设备总功耗 /kW	空调冷源系统功耗 /kW	空调末端功耗 /kW	电源功耗 /kW	建筑照明等功耗 /kW	PUE
电制冷工况	4418	31388	7595	2511	2511	470	1.417
完全自然冷却工况	3094	31388	1796	2511	2511	470	1.232
部分自然冷却工况	1248	31388	5011	2511	2511	470	1.335

表5-9　4号数据中心机楼的PUE测算

运行工况	时长 /h	设备总功耗 /kW	空调冷源系统功耗 /kW	空调末端功耗 /kW	电源功耗 /kW	建筑照明等功耗 /kW	PUE
电制冷工况	4418	38547	8903	3084	3084	650	1.408
完全自然冷却工况	1248	38547	6153	3084	3084	650	1.336
部分自然冷却工况	3094	38547	3403	3084	3084	650	1.265

5.3　某互联网公司数据中心案例

5.3.1　选址

某互联网公司数据中心位于江苏省南通市，占地面积约为5974.74m²，总建筑面积为23629.43m²。其中，地上建筑面积为23104.59m²，地下建筑面积为524.84m²，建筑高度为30m。

5.3.2　建设规模和建设标准

本项目数据中心机楼为地上4层、局部地下一层。2～4层为数据机房，每层分为两个模块，采用标准化、模块化布局。其中，在数据中心楼两层的两侧各设置一个运营商机房，满足从两个不同的路由引入运营商光纤的需求。本项目数据中心机楼建设规模见表5-10。

表5-10　本项目数据中心机楼建设规模

项目	机楼建设规模
机架数	1080架（12～20kW）
负荷总容量	19642kVA
电源引入	4路10000kVA（2主2备）
空调主机	6×1200RT（2套，每套2主1备）变频离心式冷水机组
空调末端	冷冻水机房专用空调

（续表）

项目	机楼建设规模
高低压配电	共 3 台 2500kVA 变压器
柴油发电机组	单台备用功率 2000kW 发电机，共 12 台（"11+1"冗余）
不间断电源	IT 负荷：240V 2N 直流供电系统后备时间按单机满载 15min 配置 空调末端：一路市电 + 一路 UPS 交流供电系统 后备时间按单机满载 15min 配置

本项目数据中心机楼分别依据《数据中心设计规范》（GB 50174—2017）A 级机房标准及该互联网公司租用 IDC 机房技术规范要求建设。建设标准见表 5-11。

表5-11　建设标准

系统	GB 50174-2017 A 级	本项目机楼建设标准： 国标 A 级 + 该互联网公司技术规范
电力系统	• 供电电源：双路 • 变压器：2N • 后备柴油发电机组："N+X" • 不间断电源系统：2N • 蓄电池后备时间：15min • 末端空调风机、控制系统、冷冻水泵需 UPS 带载	• 供电电源：双路 • 变压器：2N • 后备柴油发电机组："N+1"（N ≤ 12） • 不间断电源系统：240V 2N • 蓄电池后备时间：单机满载 15min
空调系统	• 设备："N+X"（X=1 ～ N） • 冷通道或机柜进风区域：温度 18℃～ 27℃，相对湿度不大于 60% • 蓄冷罐时间不小于不间断电源设备的供电时间 • 冷冻水供回水管网：双供双回 / 环路 • 冷却水补水 12h	• 设备："N+1" • 蓄冷罐时间为 15min • 冷冻水供回水管网：环路 • 冷却水补水 12h • 热通道封闭
电池管理系统	• 监控每一个蓄电池的电压、内阻、故障和环境温度 • 发电机房、变配电室、电池室、动力站等均采用读卡器出入控制、视频监控	• 监控每一个蓄电池的电压、内阻、故障和环境温度 • 发电机房、变配电室、电池室、动力站等均采用读卡器出入控制、视频监控

5.3.3　节能减排技术

① 机房楼冬季或过渡季节使用节能板换，减少或停止冷水机组开启，延长机组的使用寿命，

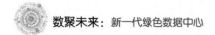

减少空调冷源系统的运行功耗。

② 空调末端采用封闭热通道技术，将机房内的冷、热气流完全隔离，提高冷量的利用率。

③ 提高冷冻水供回水温度，提高机房内回风温度，降低冷水机组功耗，同时增加自然冷却运行时间，提高空调系统整体的运行效率。

④ 通风以及空调设备选用节能、环保产品，满足《公共建筑节能设计标准》并根据使用要求设置相应的消声器、减震垫，减震吊钩，吸音墙等。

⑤ 水系统空调补水管设有水表监测用水量，以便调整系统用水，减少能源损耗，加强用水管理。

⑥ 本项目采用新型电源系统，柔性集成 10kV 交流中压配电、隔离变压、模块化整流器及输出配电等环节，并从 10kV 交流电到 240V 直流电对整个供电系统做了优化集成。其中，新型电源系统采用了移相变压器取代工频变压器。与传统数据中心的供电系统相比，该系统占地面积减少约 50%，设备及工程的施工量可节省约 40%，功率模块的效率高达 98.5%。该系统具有高效率、高可靠性、高功率密度、高功率容量及维护方便等特点，可以根据客户需求进行灵活配置。

⑦ IT 负荷采用 240V 直流系统供电，与传统的 UPS 系统相比，减少了逆变环节，并采用了具有休眠功能的模块，提高供电系统效率。

⑧ 将低压配电母线设为 SVG 模式，补偿后 10kV 侧功率因数达到 0.95 以上。

⑨ 选用 SCB13 型低损耗变压器等供配电设备，尽量降低设备损耗。

⑩ 变压器宜采用经济运行方式，在安全、经济、合理的前提下，调整负载，提高负荷率，使变压器在经济运行区的优选运行段内工作。

⑪ 变电所的所有进出线回路需要安装电能仪表，监测电能用量，以便调整负荷，减少系统能源损耗，加强电能管理。

5.3.4 节能减排效果及效益

本项目空调冷源运行有电制冷、免费制冷（冷却塔＋板换自然冷却）、部分免费制冷 3 种工况，根据 3 种工况的运行时长，测算出本项目数据中心机楼 PUE 平均值在 1.4 以下。

PUE 测算见表 5-12。

表5-12　PUE测算

运行工况	时长 /h	IT 设备总功耗/kW	空调总功耗/kW	配电损耗功耗 /kW	建筑照明等功耗/kW	PUE
机械制冷工况	5987	12900	4237	667	356	1.41
部分自然冷却工况	1573	12900	3178	667	356	1.33
完全自然冷却工况	1200	12900	2239	667	356	1.25

5.4　国家电网某数据中心案例

5.4.1　选址

国家电网某数据中心园区位于甘肃省兰州市，项目用地平整，便于开展建设。本项目是首个落地建设的国家电网公司云数据中心"3+N"产业布局示范项目，具有"高效性、高密度、高容量"等超大规模数据中心特点。项目于 2018 年 7 月 9 日在第二十四届"兰洽会"签约，属于省级重点项目。本项目选址具备以下优势。

① 交通区位条件：位于兰州新区，周围机场、高铁等交通便利。

② 自然条件优越：年平均气温为 6.9℃，可节约数据中心空调能耗。

③ 产业扶持政策：甘肃省具备招商引资、大数据产业扶持政策条件。

④ 能源资源丰富：该省新能源资源充足，可用于数据中心电力供应，到户电价可低至 0.28 元 / 千瓦时。

⑤ 通信资源丰富：数据中心所在区域互联网通道出口可达 40TB，内网通道出口可达 10GB。

⑥ 人才技术产品：国家电网在该省已储备成熟的云数据、云服务方面人才、技术和产品，具备丰富的数据中心建设运营经验和能力。

⑦ 配套设施完善：该省电力新区基地已建成并投入运行。

数据中心区域鸟瞰示意如图 5-7 所示。

图5-7　数据中心区域鸟瞰示意

5.4.2 建设规模和建设标准

国家电网某数据中心建设项目规划建设用地面积约为 417000m², 规划建设 5 栋数据中心，远期规划 20000 架机柜。园区主要建设指标见表 5-13。

表5-13 园区主要建设指标

主要经济技术指标			
序号	项目	单位	数量
1	规划建设用地面积	m²	68667.01
2	总建筑面积	m²	113070
	地上建筑面积	m²	109670
	地下建筑面积	m²	680
3	建筑基底面积	m²	30000
4	容积率		1.60
5	建筑密度	%	44
6	绿地率	%	15

园区一期建筑面积约为 13070m²，主要包括一栋数据中心（A 栋）。本次主要介绍 A 栋数据中心及其配套工程情况。

A 栋数据中心大楼，局部有地下一层，层高为 4.8m，设有消防水池、消防水泵、空调水泵等。主体为两层，一、二层高为 5.1m，局部三层高为 3.3m，建筑高度为 10.8m。一层设有门厅、主机房、电力电池室、高低压配电室、运营商接入间、消防监控室、会议室、监控中心等主要功能区域；二层设有主机房、电力电池室、高低压配电室等功能区域；三层设有电梯机房、屋顶水箱间、钢瓶间、排烟机房等功能区域。一层平面示意如图 5-8 所示。

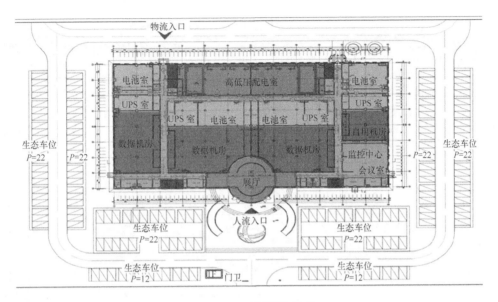

图5-8 一层平面示意

A 栋数据中心建设规模见表 5-14。

表5-14 A栋数据中心建设规模

项目	机楼建设规模
机架数	712 架（7kW）
负荷总容量	19642kVA
电源引入	3 路 8500kVA
空调主机	6×1200 RT（2 套，每套 2 主 1 备）变频离心式冷水机组
空调末端	冷冻水机房专用空调
高低压配电	共 16 台变压器（2500kVA 4 台，2000kVA 12 台）
备用电源	一路 8500kVA 市电独立于正常电源
不间断电源	IT 负荷：UPS 2N 交流供电系统后备时间按单机满载 15min 配置 空调末端：一路市电 + 一路 UPS 交流供电系统 后备时间按单机满载 15min 配置

本期项目主要参照《数据中心设计规范》（GB 50174—2017）A 级机房的建设标准建设。A 栋数据中心建设设计标准对标见表 5-15。

表5-15　A栋数据中心建设设计标准对标

项目内容		A级信息机房要求	机房设计标准	A级机房
空气调节	冷水机组、冷冻水泵	"$N+X$"冗余（$N=1\sim X$）	"$N+1$"（$N\le 5$）	符合标准
	机房专用空调	"$N+X$"冗余（$N=1\sim X$），主机房中每个区域冗余一台	"$N+1$"	符合标准
电气技术	供电电源	双重电源供电	3路电源	符合标准
	变压器	$2N$	$2N$	符合标准
	后备柴油发电机系统	"$N+X$"冗余（$N=1\sim X$）	第3路10kV进线作为后备电源	符合标准
	不间断电源系统配置	$2N$	$2N$	符合标准
	不间断电源系统电池备用时间	柴油发电机作为后备电源时按15min配置	系统按15min配置	符合标准
	空调系统配电	双路电源（一路应急电源），末端切换	一路UPS，一路市电，末端切换	符合标准
消防	主机房设置洁净气体灭火系统	宜	主机房设置洁净气体灭火系统	符合标准
	变配电、不间断电源系统和电池室设置洁净气体灭火系统	宜	变配电、不间断电源系统和电池室设置洁净气体灭火系统	符合标准

5.4.3　节能减排技术

① 采用自然冷却系统，实现全年3种工况运行：机械制冷工况、自然冷却＋机械制冷联合工况、完全自然冷却工况。

② 空调末端采用热管背板技术，在机房内部（除背板风扇外）基本无能耗。

③ 多联机、风冷冷水机组制冷剂采用R410A环保冷媒。

④ 矩形风管弯管的曲率半径，可采用一个平面边长的内外同心弧形弯管；如果采用其他形式的弯管，当其平面边长大于500mm时，必须设置弯管导流叶片。

⑤ 变电所位置靠近负荷中心，减少供电半径，减少线路损耗。

⑥ 选用低损、低噪、高效、节能变压器，接线组别为D，yn11。

⑦ 机房、办公等均采用LED节能灯具。

⑧ 尽量采用变频电机，对空调机组、风机、水泵等采用自动控制措施，减少空载运行时间，以节约能源。

⑨ 根据用电性质和用电区域，所有的供电负荷均安装电表。

5.4.4 节能减排效果及效益

本项目空调冷源运行有电制冷、免费制冷（即冷却塔＋板换自然冷却）、部分免费制冷 3 种工况，根据 3 种工况的运行时长，可测算出本项目数据机楼的相关参数。PUE 测算见表 5-16。

表5-16 PUE测算

运行工况	时长 /h	设备总功耗 /（kW·h）	空调总功耗 /（kW·h）	电源功耗 /（kW·h）	蓄电池充电 /（kW·h）	建筑照明等功耗 /（kW·h）	PUE
电制冷	3090	33415260	13658109	3341526	267322	602550	1.535
部分免费冷却	4148	44856472	12361455	4485647	358852	808860	1.402
冷却塔＋板换自然冷却	1522	16458908	913352	1645891	131671	296790	1.182

5.5 某政府数据中心案例

5.5.1 选址

某政府数据中心位于江西省上饶市，地势平坦，地理位置优越，交通便捷。数据中心鸟瞰效果如图 5-9 所示，数据中心正面效果如图 5-10 所示。

图5-9 数据中心鸟瞰效果

图5-10 数据中心正面效果

5.5.2 建设规模和建设标准

本项目所征地块用地性质为商务用地，规划建设单栋数据中心楼，地块主要建设指标见表5-17。

表5-17 地块主要建设指标

主要经济技术指标			
序号	项目	单位	数量
1	总用地面积	m²	19999.9
2	总建筑面积	m²	25299.79
	地上建筑面积	m²	23488.71
	地下建筑面积	m²	1811.08
3	建筑占地面积	m²	7025
4	容积率		1.17
5	建筑密度	%	36
6	绿地率	%	25.3

本建筑为单栋建筑，建筑主体为4层，局部有地下一层，具体划分为两个部分功能区，即机房区和办公配套区。

1. 机房区平面功能

地下一层为空调冷冻机房、水泵房、消防水池、空调蓄水池；一层为门厅、高低压配电室、UPS室、电池电力室、运营商接入间、光缆进线间；二层为数据机房（无人值守）、钢瓶间、备件库等；三层为数据机房（无人值守）、电池电力区（无人值守）、备品备件库等；四层为数据机房（无人值守）、钢瓶间、备件库等，屋顶布置出屋面楼梯间、电梯机房及水箱间，设备机组等。

2. 办公配套区平面功能

一层为展厅、物业、餐厅、变配电室、消防控制室等；二层为ECC监控、办公室、健身室等；三层为办公室、会议室；四层为办公室、会议室、员工公寓等。数据中心机房建设规模见表5-18。

表5-18 数据中心机房建设规模

项目	机房建设规模
机架数	2041架（4～6kW）
负荷总容量	15955kVA

（续表）

项目	机房建设规模
电源引入	4 路 8000kVA（2 主 2 备）
空调主机	2×1600RT（高压离心式冷水机组） 2×800RT（低压变频离心式冷水机组） （2 套，每套 1 主 1 备）
空调末端	冷冻水机房专用空调
高低压配电	共 10 台 2500kVA 变压器（5 主 5 备）
柴油发电机组	单台主用功率 1800kW 发电机共 9 台
不间断电源	IT 负荷：UPS 2N 交流供电系统后备时间按单机满载 15min 配置 空调末端：一路市电 + 一路 UPS 交流供电系统 后备时间按单机满载 15min 配置

数据中心机房主要参照《数据中心设计规范》（GB 50174—2017）A 级机房的建设标准建设。

数据中心建设设计标准对标见表 5-19。

表5-19　数据中心建设设计标准对标

项目内容		A 级信息机房要求	机房设计标准	A 级机房
空气调节	冷水机组、冷冻水泵	"N+X" 冗余（N=1～X）	"N+1"	符合标准
	机房专用空调	"N+X" 冗余（N=1～X），主机房中每个区域冗余一台	"N+1"	符合标准
电气技术	供电电源	双重电源供电	双路电源	符合标准
	变压器	2N	2N	符合标准
	后备柴油发电机系统	"N+X" 冗余（N=1～X）	"N+1"	符合标准
	不间断电源系统配置	2N	2N	符合标准
	不间断电源系统电池备用时间	柴油发电机作为后备电源时按 15min 配置	系统按 15min 配置	符合标准
	空调系统配电	双路电源（一路应急电源），末端切换	一路 UPS，一路市电，末端切换	符合标准
消防	主机房设置洁净气体灭火系统	宜	主机房设置洁净气体灭火系统	符合标准
	变配电、不间断电源系统和电池室设置洁净气体灭火系统	宜	变配电、不间断电源系统和电池室设置洁净气体灭火系统	符合标准

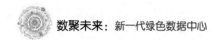

5.5.3 节能减排技术

该数据中心主要采用了一些绿色节能技术，下面以空调系统为例进行介绍。

① 机房空调系统冷冻水供回水温度为 13℃ /18℃（13℃表示冷冻水供水温度，18℃表示冷冻水出水温度），冷水机组能效提升约 7% ~ 10%。

② 机房空调系统采用集中水冷空调系统，提高空调系统冷冻水供回水温差，可减少系统所需的冷冻水流量，进而降低冷冻水泵能耗，同时还可降低冷冻水管路系统的造价。

③ 考虑到数据中心全年制冷的特点，采用热回收技术，使配套用房冬季免费用热。

④ 由于上饶地区冬季及过渡季节时间较长，所以机房空调系统适合采用自然冷却技术——水侧自然冷却（节能板换）。

⑤ 初期配置的 2 台 800 冷吨冷水机组采用了磁悬浮变频机组，配合初期低负荷工况提高主机运行效率。

⑥ 采用水蓄冷技术，闭式承压蓄冷罐既可以作为先期机房低负荷状态下冷源，又可以作为灾备冷源。

⑦ 采用合理的群控方案，保证机房温度、湿度控制在合理范围。

⑧ 空调和通风设备采用低噪声型，安装时采取消声减振措施，满足室内外要求。

⑨ 机房空调送风方式有风帽上送风、风管上送风、铺设架空地板下送风等方式。后期根据通信设备的安装情况，综合考虑节能性与实用性，选择合适的气流组织。

5.6 某国外数据中心机房案例

5.6.1 选址

Facebook 把数据中心建在美国俄勒冈州普林维尔，这里空气干燥，全年最高温度为 40.6℃，而 Facebook 数据中心设计的可耐高温为 43.3℃。美国很多 IT 公司都把数据中心建设在这里，例如亚马逊和谷歌。

5.6.2 节能减排技术

Facebook 数据中心采用了风扇墙技术。室外新风经过过滤处理后，再进行加湿降温处理，然后通过风扇墙送入机架的进风口，室外新风经服务器加热后排到室外。Facebook 数据中心冷却系统工作原理如图 5-11 所示。

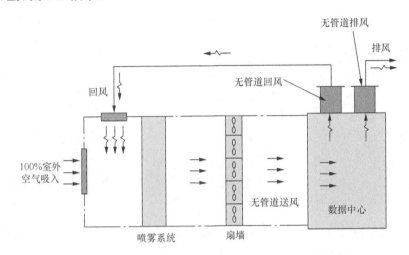

图5-11 Facebook数据中心冷却系统工作原理

这种方式要求室外的空气质量非常好，因此，结合当地的气候和环境的特点，需要一系列巨大的"处理"空气的房间。

第一个房间用于过滤空气；第二个房间用于进一步过滤；空气进入第三个房间，此房间控制混合空气的湿度和温度（如果它是冷的室外空气，就把数据中心内部的热量带到这儿，并在这里混合），并且在其他一侧，有一排巨大的风扇，每一个都有 3.6kW 电机。处理室外观一如图 5-12 所示，处理室外观二如图 5-13 所示。

图5-12 处理室外观一

图5-13 处理室外观二

处理室的墙扇强制送风一段距离，并且穿过过滤网／处理室。墙扇外观如图 5-14 所示。

空气进入数据中心之前，在最后一步，喷雾室中会有少量喷雾水进入空气中来冷却空气，再使用过滤网确保没有水进入数据中心。喷雾室外观如图 5-15 所示，喷雾效果如图 5-16 所示。

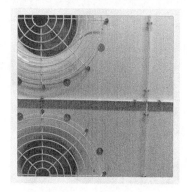
图5-14　墙扇外观

图5-15　喷雾室外观

图5-16　喷雾效果

5.6.3　节能减排效果及效益

Facebook 公司的创始人马克·扎克伯格仅用 3 个工程师和一年半的时间就打造出了 Facebook 的首座数据中心，这座数据中心比普通数据中心能效提高了 38%，建设成本却低了 24%，打破了数据中心建设投资高、运行能耗高的固有壁垒。该数据中心当时号称全球最节能的数据中心，其 PUE 值达到 1.07，远低于业界平均水平。

制冷系统是数据中心节能的关键，这座数据中心充分利用了当地的自然资源，采用新风制冷，一年中 60% ～ 70% 的时间只须引入室外空气就可以降低数据中心的温度；其余 30% ～ 40% 的时间配以蒸发冷却，保持温度和湿度，极大地节省了制冷系统的初期投资和后期运行费用，而且在冬季还可以回收一部分数据中心的热量，为办公区域供暖，为我国数据中心制冷系统的建设提供了借鉴。

结　语

随着我国国民经济的快速增长，国家的能源供需矛盾越来越明显，党中央、国务院对节能减排工作高度重视，专门印发了《"十三五"节能减排综合工作方案》，明确了节能减排的总体要求和目标，要求到 2020 年全国万元国内生产总值能耗比 2015 年下降 15%，全国挥发性有机物排放总量比 2015 年下降 10% 以上。

企业应当履行社会责任，全力支撑深化企业战略转型，实现节能降耗，降本增效，促进企业的可持续发展。企业要坚持节能减排工作与企业发展相结合、企业自身节能与助力社会节能相结合、管理创新与技术创新相结合的三大原则，在保证网络运行安全的前提下，优先选择投资回收期短、经济效益高的成熟节能减排技术。

针对未来数据中心建设的新要求，大力提倡和快速推进绿色数据中心的建设和应用显得意义重大。随着信息大爆炸和各行业对数据中心依赖程度日益加深，构建绿色数据中心已经成为国家、企业发展乃至人们生活不可或缺的部分；也是国家信息化发展以及通信、金融、电力、互联网等各行业实现"数据集中化、系统异构化、应用多样化"的有力支撑和重要保障；同时，还是企业承担节能减排的社会责任，构建精细化维护管理体系，实现降本增效的必然要求。

希望本书能够为通信行业节能减排，保护地球环境做出一定贡献。

缩略语

英文缩写	英文全称	中文
AI	Artificial Intelligence	人工智能
AP	Access Point	无线接入点
APF	Active Power Filter	有源电力滤波器
API	Application Program Interface	应用程序接口
AR	Augmented Reality	增强现实
ASHRAE	American Society of Heating Refrigerating and Airconditioning Engineers	美国采暖、制冷及空调工程师协会
ASIC	Application Specific Integrated Circuit	专用集成电路
ASP	Application Service Provider	应用服务供应商
ATCA	Advanced Telecommunications Computing Architecture	高级电信计算架构
B/S	Browser/Server	浏览器 / 服务器模式
BIM	Building Information Modeling	建筑信息模型
BUM	Broadcast Unknown-unicast Multicast	广播，未知单播，多播
CAM	Computer Aided Manufacturing	计算机辅助制造
C/C	Client/Cloud	客户端 / 云端
CCHP	Combined Cooling, Heating and Power	燃气冷热电三联供
CIO	Chief Information Officer	首席信息官
CIFS	Common Internet File System	通用网络文件系统
CLF	Cooling Load Factor	制冷负载系数
CPM	Critical Path Method	关键线路法
CVR	Central Video Recorder	中心级视频网络存储设备
DAS	Directed Accessed Storage	直接依附存储系统
DCIE	Data Center Infrastructure Efficiency	数据中心基础设施效率
DCIM	Data Center Infrastructure Management	数据中心基础设施监控管理
DCOM	Datacenter Construction & Operation Management	数据中心基础设施运营管理平台

（续表）

英文缩写	英文全称	中文
DMaaS	Datacenter Management as a Service	数据中心管理即服务
EC	Electronic Commerce	电子商务
ECC	Enterprise Command Center	企业总控中心
EDC	Enterprise Data Center	企业级数据中心
FC	Fibre Channel	光纤通道
GERT	Graphical Evaluation and Review Technique	图示评审技术
HA	High Availability	高可用性
HDA	Horizontal Distribution Area	水平配线区
IaaS	Infrastructure as a Service	基础设施即服务
ICP	Internet Content Provider	互联网内容服务商
IDA	Intermediate Distribution Area	中间配线区
IDC	Internet Data Center	互联网数据中心
IIS	Internet Information Services	互联网信息服务
IoT	Internet of Things	物联网
IPC	IP Camera	网络摄像机
IPLV	Integrated Part Load Value	综合部分负荷性能系数
IPMI	Intelligent Platform Management Interface	智能平台管理接口
IRR	Internal Rate of Return	内部收益率
ITIL	Information Technology Infrastructure Library	信息技术基础架构库
LADN	Local Area Data Network	本地区域数据网
MDA	Main Distribution Area	主配线区
MES	Manufacturing Execution System	生产制造执行系统
MPLS-VPN	Multi-Protocol Label Switching-Virtual Private Network	多协议标签交换虚拟专用网
NAS	Net-Attached Storage	附网存储系统
NFV	Network Functions Visualization	网络功能虚拟化
NOS	Network Operating System	网络操作系统
NVR	Network Video Recorder	网络视频录像机
ODBC	Open Data Base Connectivity	开放数据库互联

（续表）

英文缩写	英文全称	中文
OPC	OLE for Process Control	用于过程控制的 OLE
OSI	Open System Interconnection	开放式系统互联
PaaS	Platform as a Service	平台即服务
PERT	Program Evaluation and Review Technique	计划评审技术
PLF	Power Load Factor	供电负载系数
PMDC	Portable Modular Data Center	可移动式模块化数据中心
PODC	Performance Optimized Data Center	性能优化数据中心
POE	Power Over Ethernet	以太网供电
PUE	Power Usage Effectiveness	电能利用效率
QoS	Quality of Service	服务质量
RAID	Redundant Arrays of Independent Disks	磁盘阵列
RFID	Radio Frequency Identification	射频识别
SaaS	Software as a Service	软件即服务
SAN	Storage Area Network	存储区域网络
SAS	Serial Attached SCSI	串行连接 SCSI
SATA	Serial Advanced Technology Attachment	串行高级技术附件
SBC	Server Based Computing	基于服务器计算模式技术
SCSI	Small Computer System Interface	小型计算机系统接口
SDN	Software Defined Network	软件定义网络
SLA	Service Level Agreement	服务等级协议
SOA	Service Oriented Architecture	面向服务的架构
SSD	Solid State Drive	固态硬盘
STP	Spanning Tree Protocol	生成树协议
STT	Stateless Transport Tunneling	无状态传输隧道
SVG	Static Var Generator	静止无功发生器
TCO	Total Cost of Ownership	总拥有成本
TDM	Time Division Multiplexing	时分多路复用
TOR	Top Of Rack	机柜顶部布线

（续表）

英文缩写	英文全称	中文
UPF	User Plane Function	用户面功能
UPS	Uninterruptible Power System	不间断电源系统
vDC	virtual Data Center	虚拟化数据中心
VDI	Virtual Desktop Infrastructure	虚拟桌面基础架构
VLAN	Virtual Local Area Network	虚拟局域网
VMM	Virtual Machine Monitor	虚拟机监控器
VR	Virtual Reality	虚拟现实
VTEP	VxLAN Tunnel End Point VxLAN	隧道终端
VxLAN	Virtual Extensible LAN	虚拟扩展局域网
WBS	Work Breakdown Structure	工作分解结构
WUE	Water Usage Efficiency	水利用效率

参考文献

[1] 谷立静，杨宏伟，胡姗．美国数据中心节能经验和启示 [J]．中国能源，2015．

[2] 张海明．点、线、面在建筑外立面中的韵律设计 [J]．城市建筑，2016．

[3] 胡登科，赵中华．严寒地区数据中心建筑节能设计 [J]．邮电设计技术，2017．